Louis Edgar Andés

Die trocknenden Öle

ihre Eigenscaften, Zusammensetzung und Veränderungen

Louis Edgar Andés

Die trocknenden Öle

ihre Eigenscaften, Zusammensetzung und Veränderungen

ISBN/EAN: 9783742808615

Hergestellt in Europa, USA, Kanada, Australien, Japan

Cover: Foto ©Angelika Wolter / pixelio.de

Manufactured and distributed by brebook publishing software
(www.brebook.com)

Louis Edgar Andés

Die trocknenden Öle

Die
rocknenden Oele,

ihre

Eigenschaften, Zusammensetzung und Veränderungen

sowie

Fabrikation der Firnisse aus denselben zu Anstrichen
und für Buchdrucker, genaue Darstellung der Fabrikation aller
Anstrich-, Buchdruck-, Stein- und Kupferdruckfarben.

Ein Handbuch

für

**Lack-, Firniß- und Farbenfabrikanten, Kaufleute, Anstreicher,
Lackirer, Maler u. s. w.,**

nach dem

neuesten Stande dieser Industriezweige, unter Benutzung der hervorragendsten
Literatur und nach eigenen vieljährigen Erfahrungen dargestellt

von

Louis Edgar Andés,

Lack- und Firniß-Fabrikant in Wien.

Mit 49 in den Text eingedruckten Holzstichen.

Braunschweig,
Druck und Verlag von Friedrich Vieweg und Sohn.
1882.

Vorwort.

Seit achtzehn Jahren befasse ich mich mit praktischen und theoretischen Untersuchungen der trocknenden Oele, der daraus dargestellten Firnisse und Farben, und habe in diesem langen Zeitraume viel Gelegenheit gehabt, das wirklich Gute und Vortheilhafte von dem Ballaste der unzähligen Vorschläge, welche auf diesem Gebiete gemacht worden sind, zu scheiden. Wenn ich die Resultate dieser Untersuchungen, erläutert und mit vielen Zeichnungen der Apparate für Firniß- und Farbenbereitung versehen, heute der Oeffentlichkeit übergebe, so geschieht es, weil — und glaube hier nicht zu viel zu sagen — ich den Mangel eines praktische und theoretische Belehrung bietenden Sammelwerkes lebhaft empfinde und viele Andere ebenso denken werden, wie ich.

Die chemische Constitution der trocknenden Oele und ihre Verwendungen habe ich an der Hand Mulder's, dessen vortreffliches Werk mir zur Seite stand, in möglichst kurzer und klarer Form zu erläutern versucht; die praktischen Mittheilungen, Rathschläge ꝛc. stammen theils aus hervorragender Quelle, theils sind sie das Produkt meiner eigenen Erfahrung, und ich übergebe

vorliegende Arbeit mit dem Wunsche der Oeffentlichkeit, daß sie
weder in dem Laboratorium der Lack=, Firniß= und Farbenfabri=
kanten, noch in der einfachen Werkstätte des Anstreichers und ver=
wandten Geschäftsmannes fehlen möge.

Wien, im Juni 1882.

Louis Edgar Andés.

Inhalt.

Allgemeines über trocknende Oele.

Verwerthung der trocknenden Oele zur Farbenbereitung.

Verwendung der Firnisse für sich allein und in Verbindung mit Farben als Anstrich.

Fabrikation der Buchdruck-, Lithographie- und Kupferdruckfarben.

Inhalt.

Einleitung.

Unter dem Ausdruck „trocknende Oele" verstehen wir eine Reihe flüssiger Pflanzenfette (es sind zwar auch aus dem Thierreiche trockenfähige Fette bekannt geworden, doch gehören diese nicht zu den im Großen und in der Technik verwendeten), welche die Fähigkeit haben, durch Aufnahme von Sauerstoff, sei es aus der Luft oder aus den etwa zugesetzten sauerstoffreichen chemischen Verbindungen, namentlich des Bleies und Mangans, also durch Oxydation, sich zu zersetzen und harzartige Körper zu bilden, welche erhärten und einen festen elastischen Ueberzug geben.

Zu diesen trocknenden Oelen gehören das Leinöl (von Linum usitatissimum), Mohnöl (von Papaver somniferum), Nußöl (von Juglans regia), Hanföl (von Cannabis sativa), Ricinusöl (von Ricinus spec.), Sonnenblumenöl (von Helyanthus annuus), Gurkensamenöl (von Cucumis sativus), Baumwollsamenöl (von Bombax spec.), Traubenkernöl (von Vitis vinifera L.) und das Bankulöl (von Aleuritis triloba), welches auf der Wiener Weltausstellung 1873 das erste Mal zur Ansicht gebracht wurde. Dr. C. von Scherzer erwähnt unter den neuen Pflanzenstoffen auf der Wiener Weltausstellung 1873 auch noch:

Feines Oel von Dipterocarpus crispalatus (Kai-dan-long der Annamiten), welches auf 40 Frcs. pro. 60 kg zu stehen kommt, und Oel von Dipterocarpus laevis (Kai-dan-reir der Eingeborenen), welches 30 Frcs. pro 60 kg kostet und welche beide sich vorzüglich zur Firnißbereitung eignen sollen.

Alle trocknenden Oele bestehen aus Kohlenstoff, Wasserstoff und Sauerstoff, der Kohlenstoff herrscht in demselben vor; der Unterschied der Zusammensetzung ist, wie später nachgewiesen wird, kein wesentlicher, so daß der eigentliche Unterschied, der unter den verschiedenen Oelen sich geltend macht, in den zufälligen mechanischen Beimengungen zu suchen ist.

Mulder giebt in seinem Werke „Die Chemie der austrocknenden Oele" als Hauptbestandtheil des Leinöls, des Mohnöls, Nußöls und wahrscheinlich aller austrocknenden Oele das „Linolein", $C_3H_5(OC_{16}H_{27}O)_3$, an, während Linoleïnsäure (Leinölsäure), $C_{16}H_{27}O.OH$, die Säure des Linoleïns ist und bei der Verseifung (auch beim Kochen) von dem Glycerin getrennt wird.

Anhydrid von Leinölsäure, $C_{32} H_{54} O_3$, stellt eine Masse dar wie geschmolzenes Kautschuk und resultirt bei längerem Kochen des Leinöles bei einer 300° C. über=
steigenden Temperatur.

Die für uns wichtigste Verbindung ist die Linorysäure, $C_{16} H_{23} O_4 OH$ (?), das Orydationsproduct von Leinölsäure an der Luft, von der Säure im freien Zustande und von der Säure in Verbindung mit Bleioryd. Von dieser Säure kommen zwei Formen vor: eine farblose und eine blutrothe. Sie können beide eine in die andere übergeführt werden; Wärme macht die weiße roth; Licht macht die rothe weiß. Alkalien verändern die weiße in rothe, ebenso wirken stärkere Säuren.

Das Linoryn, $C_{16} H_{23} O_6$ (?), indifferent, ist das Product der Orydation des Leinöls, Mohnöls und Nußöls an der Luft. Durch Basen (also auch Blei=
Sauerstoffverbindungen) wird es in Linorysäure verändert. Auch hier haben wir wieder rothes und weißes Linoryn zu unterscheiden, welches denselben Ver=
änderungen wie die Linorysäure unterworfen ist.

Ich werde an der Hand Mulder's versuchen, bei den verschiedenen trock=
nenden Oelen ihre chemischen Eigenschaften und Veränderungen möglichst kurz zu skizziren, da ja heute jeder Fabrikant mindestens das Nothwendigste über seine Artikel, welche er verwendet, wissen muß und vielleicht dem einen oder dem anderen nach genauem Stubium manches erklärlich wird, was er bisher vergebens zu enträthseln versuchte.

Leinöl.

Das Leinöl ist unter allen trocknenden Oelen das seines billigen Preises und massenhaften Vorkommens wegen am meisten bekannte und am häufigsten ver=
wendete.

Leinsamen wird allenthalben gebaut, so in England, Holland, Rußland, Oesterreich, Deutschland, doch würde alle in diesen Ländern gewonnene Saat dem Bedarfe nicht genügen und wird heute das größte Oelquantum aus ostindischer Saat gewonnen, welche in Schiffsladungen nach England und Holland gelang und borten auf Oel verarbeitet wird.

Das ursprüngliche Vaterland des Flachses ist Hochasien, und war diese werth=
volle Pflanze bereits im Alterthume bekannt, wie die mikroskopischen Untersuchun=
gen der Gewebe, aus denen die Umhüllungen der Mumien bestehen, beweisen; den Samen dagegen scheinen die alten Aegypter nicht angewendet zu haben.

Die Frucht des Leines bildet eine kugelige Kapsel von der Größe einer dicken Erbse (Leinknollen) mit zellenförmigen Fächern oder Abtheilungen, deren

jede ein eirundes, glattes, zusammendrückbares, am einen Ende stumpfes, am anderen Ende spitzes, röthlich gefärbtes Samenkorn enthält.   Die Oberfläche dieser
Körner ist mit einer Art Firniß überzogen, welche mit Wasser eine schleimige
Masse bildet, die nach dem Verdampfen einen nur schwachen Rückstand hinterläßt.
Die Samen von guter Leinsaat sind etwa 5 mm lang und über $^4/_{10}$ mg
schwer.   Ebenso schwer und lang sind Samen von keimunfähig gewordenem
guten Leinsamen, und eine derartige Schlagsaat ist als Material für die Oelgewinnung stets einer aus unausgereiften Samen bestehenden vorzuziehen, deren
Körnchen kleiner, leichter und meist auch stärker grünlich gefärbt sind.   Am Leinsamen kann man leicht und deutlich drei Theile, den Keim, ein Sameneiweiß
und die Samenschale, unterscheiden.   Das Sameneiweiß schließt sich eng an die
Schale an.   Im Innern des Samens liegt der grünlich gelbe Keim, mit dem
etwa millimeterlangen Würzelchen von dem weißlich erscheinenden Sameneiweiß
umhüllt.

Die dichte, harte und zerbrechliche Samenschale setzt sich aus fünf Gewebs-
schichten zusammen.   Die äußere Schicht ist eine aus ungefärbten Zellen bestehende
Oberhaut, deren nach außen zu liegenden Verdickungsschichten in Wasser enorm
aufquellen.   Hierauf folgt eine aus zarten, collabirten Elementen geformte Zellen-
lage, an die sich eine aus in die Länge gestreckten Sklerenchymzellen gebildete
Gewebsschicht anschließt, welche der Schale des Leinsamens ihre Härte und
Festigkeit verleiht.   Die nun folgende vierte Gewebsschicht hat mit der unter der
Oberhaut liegenden viele Aehnlichkeit; auch sie setzt sich aus zarten, zusammengefallenen Zellen zusammen.   Die fünfte, innerste, Haut besteht aus polygonal
begrenzten, parallel zur Fläche der Samenschale abgeplatteten Zellen, welche einen
braunen, körnigen ·Inhalt führen.   Diese Gewebsschicht giebt der Schale des Leinsamens die eigenthümliche braune Färbung.

Beim Vermahlen der Leinsamen werden die Gewebe der Samenschale bis
auf die Sklerenchymzellen und bis auf die Elemente der innersten Haut zerstört.
Wohlerhaltene Stücke der dritten und fünften Schicht sind im Leinsamenmehl stets
aufzufinden und können stets dazu benutzt werden, dieses Mehl als solches oder
im abgepreßten Zustande, und selbst dann auch noch zu erkennen, wenn letzteres
als betrügerischer Zusatz im Getreidemehl vorkommt.

Das Sameneiweiß besteht aus zarten, polyedrischen Zellen, welche zur Zeit
der Samenreife Fetttröpfchen und Aleuronkörner, im unreifen Zustande auch etwas
Stärke in seinen kleinen Körnchen enthalten.   Der Durchmesser der Zellen beträgt
0,009 bis 0,013 mm.

Die Gewebe des Keimes setzen sich zum größten Theile aus Zellen zusammen,
die in Form, Größe und Inhalt sehr nahe mit den Elementen des Samen-
eiweißes übereinstimmen.   Zwischen diesen Zellen treten stark in die Länge ge-
streckte, in strangförmige Gruppen vereinigte Elementarorgane auf [1].
Die chemische Zusammensetzung des Leinsamens ist nach Loufferpoult:

---

[1] Wiesner, Rohstofflehre des Pflanzenreichs, S. 724. C. Deite, Industrie
der Fette, S. 51.

Oel . . . . 19 Proc.
Organische stickstofffreie Substanz . . 39 „
Organische stickstoffhaltige Substanz . . 20,5 „
Cellulose . . . . 3,2 „
Phosphate und andere Salze . . . . 6 „
Wasser . . . . 12,3 „

Die Asche des Leinsamens enthält nach Lichtenweiß:

Kali . . . . 25,9 Proc.
Natron . . . . 1,3 „
Kalkerde . . . . 26 „
Magnesia . . . . 0,2 „
Eisenoxyd . . . . 37 „
Phosphorsäure . . . . 40,1 „
Schwefelsäure . . . . 1 „
Chlor . . . . 19 „
Kieselsäure . . . . 19 „

Die Gewinnung des Oeles geschieht vielfach mit den gewöhnlichen Mitteln der alten oder neueren Oelmüllerei und besteht hauptsächlich im Zerkleinern der Samen auf Stampf- und Walzwerken, auch zwischen Mühlsteinen und Auspressen

Fig. 1.

Der Flachs mit Frucht.

des so erhaltenen Mehles in Säcken mittelst Keil-, Schrauben- oder hydraulischen Pressen. Für technische Zwecke wird alles Leinöl warm gepreßt, das heißt, das Mahlgut wird auf eisernen Platten mittelst Feuer oder Dampf auf 90° C. erhitzt und dann sofort in die Presse gegeben. Das kalte Auspressen, bei dem das Oel von heller Farbe und gutem Geschmacke ist, wird nur da geübt, wo es zu Genußzwecken dient, z. B. in Rußland, Ungarn, Krain 2c. In Holland und England bestehen Oelfabriken, in denen mit allen Mitteln der neuesten Maschinentechnik das Oel gewonnen wird, doch erzeugt man namentlich in letzterem Lande schon sehr viel Oel durch die Extraction mittelst Schwefelkohlenstoff. Diese Methode ist zuerst in Deutschland von Deis vorgeschlagen und naturgemäß auf die dort vorwaltenden Oelfrüchte, Rübsen, Raps 2c., angewendet worden, hat indessen hier nur zweifelhaften Erfolg gehabt, so daß sie nur in wenigen Fabriken noch in Verwendung steht.

In England ist das Verfahren dagegen schon eingebürgert und können diese Fabriken auch nur dann prosperiren, wenn sie durch Anwendung eines einfachen Apparates die Entweichung des so flüchtigen Schwefelkohlenstoffs auf ein Minimum reduciren. Einen derartigen Apparat hat van Hecht zu Molenbeck St. Jean bei Brüssel construirt und finden wir hier zwei höher stehende Extractionscylinder, zwei Destillirblasen, zwei Kühlfässer mit doppelten Kühlschlangen, zwei im Boden eingesenkte Reservoirs zur Aufnahme des Schwefelkohlenstoffs, der durch eine Wasserschicht vor dem Verdunsten geschützt ist. Eine Mühle zerquetscht den Samen, derselbe wird in die Extractionscylinder eingefüllt, ein Deckel aufgesetzt und dicht verschlossen. Eine Pumpe hebt den Schwefelkohlenstoff in den Cylinder und nachdem sich die Masse genügend gesättigt hat, zieht man die Lösung in die Destillationsblase ab, um den Schwefelkohlenstoff durch Dampfschlangenheizung abzutreiben. Auf gleiche Weise wird der im Extractionscylinder nach völliger Entfettung bleibende Rest von Schwefelkohlenstoff übergetrieben und in der zweiten Kühlschlange condensirt. Dampfkessel und Dampfmaschine sind durch Mauerwerk vollständig von der eigentlichen Fabrik isolirt, um die Gefahr einer Entzündung zu vermeiden, und die Rohrleitung ist so eingerichtet, daß die paarweise vorhandenen Apparate nach Belieben mit einander combinirt werden können.

Man erhält aus den Leinsamen bis ungefähr 22 Proc. Leinöl auf dem Wege des Pressens; das Extractionsverfahren steigert die Ausbeute bis nahe an den wirklichen Gehalt der Leinsamen, welcher 33 bis 34 Proc. beträgt, doch verlieren die Preßkuchen bei letzterem Verfahren ihren Werth fast vollständig, da sie sehr wenig Oel mehr enthalten, vielmehr nur ein Pulver und keine feste Masse mehr darstellen. Die beim mechanischen Auspressen erhaltenen Preßrückstände sind reicher an Stickstoff als die Colzakuchen, indem sie etwa 6 Proc. von diesem Stoffe enthalten; sie sind zur Viehmast ebenso gesucht als zur Düngung und enthalten nach den Analysen von Girardin und Soubeiran:

Oel . . . . 12 Theile
Organische Substanz . . . 70 „
Aschenbestandtheile . . . . 7 „
Wasser . . . . 11 „

Kalt ausgepreßt geben die Samen ein beinahe farbloses, gelbliches Oel; warm, wenn es im Großen geschieht, ein mehr oder weniger gefärbtes Oel; durch Extraction gewonnenes Oel ist ebenfalls sehr hellgelb gefärbt. Der Geschmack des Leinöls ist von dem der nicht trocknenden Oele verschieden, er ist ganz eigenthümlich süßlich bitter, hinterher kratzend. Ebenso ist der Geruch des Oeles ein ganz speciell ihm eigenthümlicher, den Mulder nicht allein von flüchtigen Fettsäuren, wie Buttersäure, Baldriansäure, Capronsäure [1]), abgeleitet wissen will. Er sagt hierüber: Leinöl, welches frisch bereitet war, und den eigenthümlichen Geruch hatte, gab, in einer Retorte im Wasserbade auf 100° erhitzt, sehr unbedeutende Spuren einer farblosen Flüssigkeit, welche vollkommen geruchlos war und sehr schwach sauer reagirte, eine Spur von Silber reducirend — alles aber

---

1) Mulder, Chemie der trocknenden Oele, S. 15.

sehr unbedeutend. Nach zehnstündigem Kochen bei 100° hatten 10 000 Theile des Oeles nur 4 Theile, also ¹/₄₀₀ Proc., an Gewicht verloren. Welcher Ursache immer der Geruch des frischen Leinöles zuzuschreiben sein mag, von gut trennbaren und gut wahrnehmbaren flüchtigen Fettsäuren rührt er nicht her. Das Leinöl wird erst viele Grade unter 0 fest, Gusseron behauptet schon bei — 16°, wenn es bei dieser Temperatur einige Tage erhalten wird, nach de Saussure bei —27,5° und ich möchte seinen Erstarrungspunkt noch niederer ansetzen, da es mir auch während der allerstrengsten Winterkälte, 28 bis 29°, nie gelungen ist, Leinöl in festem Zustande zu erhalten.

Es ist in 16 Theilen Aether und in 40 Theilen Alkohol von gewöhnlicher Temperatur, in 5 Theilen kochendem Alkohol löslich; mit Terpentinöl mischt es sich in allen Verhältnissen.

Sein specifisches Gewicht ist

bei + 12° 0,9395
„ + 25° 0,9300
„ + 50° 0,9125
„ + 94° 0,8815

Das Leinöl siedet bei 130° C., gutes Oel soll an der Oelwage 30° zeigen. Doch sind die Untersuchungen mit diesem Instrumente nicht vollkommen zuverlässig, da verschiedene Oele auch verschiedene Grade zeigen. Es folgt hier eine Tabelle der Resultate von Untersuchungen, welche darlegen, daß trübe und schleimige Oele selbst nur 28,5° anzeigen.

Provenienz des Oeles	Eigenschaften	Grade
Englisches.	klar und hell	30,5
Holländisches alles	klar und hell	29,75
Englisches.	klar	30,5
Englisches.	trübe	29,25
Holländisches mercantiles	rein	29,25
Englisches.	klar	30,80
Englisches.	trübe und schleimig	28,50
Oesterreichisches	krystallhell	29,30
Englisches.	hell, sehr bitter schmeckend	29,50
Englisches.	dunkel, bitter und kratzend	30
Englisches.	hell	31,5
Englisches.	hell	30

Bei einer Temperatur von 320 bis höchstens 330° C. fangen die schon bei 210° sich entwickelnden übelriechenden weißlich grauen Dämpfe von selbst zu brennen an und das Oel brennt dann mit rother Flamme unter kolossaler Rauchentwickelung.

Mehrere Stunden bei 250° bis 290° C. gekocht, wird das Leinöl ganz dick (siehe Buchdruckfirnisse) wie Syrup und erzeugt auf Papier gebracht keinen Fettfleck mehr. Das frische Leinöl ist leicht verseifbar, mit Natron bildet es eine gelbe weiche Seife, aus deren wässeriger Lösung sich durch Salzsäure ein dünnflüssiges Oel oder eine Fettsäure abscheiden läßt, aus welcher sich nach dem Erkalten Krystalle von Stearin- und Palmitinsäure bilden.

Das Leinöl hat in hohem Grade wie kein anderes trocknendes Oel die Eigenschaft, aus der Luft und beim Kochen mit sauerstoffreichen Metalloxyden Sauerstoff an sich zu ziehen, seine Bestandtheile ganz wesentlich zu verändern und das zu bilden, was wir Firniß und Firnißüberzug nennen.

Daß Leinöl in Verbindung mit vegetabilischer Faser (alten Lappen, Papier ꝛc.) sich sehr bedeutend erhitzt, daß auf solche Weise leicht Brände entstehen können, ist eine bekannte Thatsache, auf die ich hier nicht weiter hinweise, dagegen war es mir unbekannt, daß eine derartige Erhitzung selbst in Verbindung mit Farben vorkommen kann.

So ließ ein Fabrikant in Plymouth vor einiger Zeit Minium mit Leinöl zusammenreiben; ein Faß mit dieser Mischung hatte man bei Seite gestellt und sie war hart und vollkommen unbrauchbar geworden. Es wurde einige Monate darauf zerschlagen und der Inhalt gepulvert, um ihn vielleicht doch benutzen zu können. Dies war Abends geschehen und das Pulver in ein Gefäß gebracht worden. Am anderen Morgen bemerkte man Brandgeruch und es fand sich, daß Rauch aus dem Fasse aufstieg. Es wurde Wasser darauf gegossen und nach dem Erkalten der Inhalt untersucht. Der Boden des Fasses fand sich verkohlt, die Substanz an demselben braun und das Blei theilweise reducirt. Dies erstreckte sich bis zum Mittelpunkte der Masse, von wo aus sie sich chokolabefarbig bis zur Oberfläche abschattirt fand, die ihre rothe Farbe behalten hatte, aber wie die ganze übrige Masse hart und zusammengebacken war.

Verfälschungen ist das Leinöl in bedeutendem Maße unterworfen. So besonders mit Rüböl, Baumwollsamen- (Cotton-)öl, Hanföl, Fischthran, namentlich aber mit rectificirtem Harzöl.

Es giebt eine große Zahl von Mitteln, die Art der fetten und auch der trocknenden Oele nachzuweisen, ebenso auch die Verfälschungen mit Fischthran, Harzöl ꝛc., und lasse ich hier einige derselben folgen.

Dieselben gründen sich:

1) auf die Verschiedenheit der Temperatur, bei der sie gefrieren;
2) auf die Verschiedenheit der Dichtigkeit bezw. des specifischen Gewichtes;
3) auf die Entwickelung eines mehr oder weniger bedeutenden Grades von Wärme, welche sie bei der Berührung mit Schwefelsäure entwickeln;
4) auf die Reactionen, welche verschiedene chemische Verbindungen, mit denselben in Berührung gebracht, zeigen.

Wirkung der Schwefelsäure. Maumené, später Fehling beobachteten, daß beim Mischen von fetten Oelen mit Schwefelsäure eine Temperaturerhöhung stattfindet, welche bei verschiedenen Oelen verschieden ist. Die genannten Chemiker benutzten dies, um in manchen Fällen die Reinheit des käuflichen Oeles zu prüfen. Sie fanden, daß die trocknenden Oele sich bei der Berührung mit Schwefelsäure weit stärker erhitzen, als die nicht trocknenden fetten Oele, daß selbst schweflige Säure sich bildete.

So erhielt Maumené

		Erhitzung
für Olivenöl	42	Grad
„ Mohnöl	74,5	„
„ Colzaöl	58	„
„ Süßmandelöl	53,5	„
„ Bucheckeröl	65	„
„ Sesamöl	68	„
„ Ricinusöl	47	„
„ Wallnußöl	101	„
„ Hanföl	98	„
„ Leinöl	133	„

Um vergleichbare Resultate zu haben, muß man unter absolut gleichen Verhältnissen arbeiten, denn die Temperaturerhöhung ist nicht allein von der ben angebeuteten Fetten eigenthümlichen Wirkung, sondern auch von mehrfachen Nebenumständen bedingt; so von der Menge und dem Concentrationsgrade der angewendeten Säuren, von der Temperatur beider Flüssigkeiten, von der Dauer des Mischens selbst, von der Beschaffenheit der Gefäße u. s. w.

Nachdem man die Temperatur des Oeles notirt, ebenso die der Säure, wiegt man beide in kleinen Glasgefäßen ab, mischt sie unter Umrühren mit einem guten, empfindlichen Thermometer und beobachtet sorgfältig das Minimum der Temperaturerhöhung.

Die Verfälschung mit Fischthran soll nachgewiesen werden, indem man 10 Theile des zu prüfenden Oeles in einem Cylinder mit 3 Theilen Schwefelsäure unter Umrühren mischt und der Ruhe überläßt, bis die Oel- und die Säureschicht sich vollständig getrennt haben. Enthielt das Oel Thran, so nimmt dasselbe eine dunkelbraune Farbe an und die Säure wird orangegelb bis gelbbraun, während reines Oel anfangs wassergrün, später schmutzig gelbgrün wird und die Säure eine mehr hellgelbe Farbe annimmt.

Durch Chlor kann diese Art der Fälschung des Leinöls auch noch nachgewiesen werden, da ersteres damit behandelt sich entfärbt, während alle thierischen Fette mit Chlor behandelt sofort braun, dann immer dunkler und zuletzt ganz schwarz werden.

Fischthrane, mit Ausnahme des Leberthranes von Baya und der Thrane der Cefanen, lassen sich auf diese Weise augenblicklich nachweisen. Unter den thierischen Fetten ist außerdem noch das Klauenfett das einzige, das durch Chlorgas nicht schwarz wird.

Eine Verfälschung mit Thran ist ferner noch bis zu 1 Proc. mit Aetznatron zu erkennen. Man soll hierzu 5 Volumen Oel und 1 Volumen Natronlauge von 1,34 specifischem Gewicht erhitzen und entstehen bei Siedehitze folgende Färbungen.

Dunkle Färbungen.

Fischthran:

Wallfischthran   }
Delphinthran   } roth.
Leberthran   }

Pflanzenöle:

Hanföl   braun und dick,
Leinöl   gelb und flüssig.

Lichte Färbungen.

Thieröle:

Klauenfett   schmutzig gelbbraun,
Schweineschmalz   röthlich weiß.

Pflanzenöle:

Colzaöl   schmutzig,
Mohnöl   gelblich,
Nußöl   }
Ricinusöl   } weiß,
Erdnußöl   }
Galipoliöl   }
Olivenöl   } gelb.

Die Verfälschung mit Colofonium und anderen Harzen läßt sich erkennen, wenn man das zu untersuchende Oel mit rectificirtem Weingeist von 0,88 bis 0,99 specif. Gew. einige Minuten lang kochen läßt, nach dem Erkalten die Lösung abzieht und dieselbe mit einer Lösung von essigsaurem Bleioxyd in Weingeist versetzt. Waren Harze vorhanden, so entsteht ein klumpiger, weißer Niederschlag, im anderen Falle nur eine Trübung.

Zur Nachweisung des Harzöles bienen allein Geruch und Geschmack. Namentlich der letztere ist auch bei geringen Zusätzen so deutlich kratzend und hat den charakteristischen Harzgeschmack, daß man diese Verfälschung sofort erkennen wird. Auch das Reiben eines Tropfens zwischen beiden Handflächen bient als vorzügliches Erkennungsmittel, da sofort der deutliche Harzgeruch sich bemerkbar macht.

B. Glaßner hat zur Prüfung fetter Oele nachfolgende Tabelle zusammengestellt.

5 Volumen Oel werden mit 1 Volumen Kalilauge von 1,34 tüchtig geschüttelt; die Masse ist:

bei gewöhnlicher Temperatur				nach dem Aufkochen		
schneeweiß	gelblich	grünlich	rosa	roth	braun und starr	gelbbraun und flüssig
Mandelöl	Mohnöl	Leinöl	Raffinirtes Rüböl	Thran	Hanföl	Leinöl
Sehr gutes	Olivenöl	Hanföl				
Rüböl	Rüböl	kupferhaltige				
Gebleichtes	Sesamöl	und künstlich				
Olivenöl		gefärbte				
		Oele				

In einem Reagensgläschen werden vorsichtig gleiche Volumen Oel und rothe rauchende Salpetersäure zusammengegossen, an der Berührungsstelle bildet sich eine Mittelzone. Diese ist

Schmal und hellgrün, wird flockig und undurchsichtig	Dunkelgrün, nach oben zu rosa	Breit und schön hellblaugrün	Braunroth
Mandelöl	Mohnöl	Olivenöl	Leberthran

Grün nach oben roth	Das ganze Oel färbt sich nach einiger Zeit roth	Braunroth nach unten grünlich
Leinöl	Leinöl	Rüböl

In einem Reagensgläschen wird das Oel mit reiner concentrirter Schwefelsäure versetzt. Die Berührungsstelle des Oeles mit
der Säure ist gefärbt (10 Tropfen Oel, 2 Tropfen Säure):

Schön grün mit braunen Streifen	Gelb, beim Schütteln bräunlich-olivengrün	Rothe, bald schwarz werdende Streifen ziehen sich in Schlangenwindungen durch die Flüssigkeit	Beim Schütteln schön grün
Rüböl	Mohnöl Mabiaöl	Thran	Rüböl

Grün	Roth	Nach der Säure mit dem 20fachen Volumen Schwefelkohlenstoff prachtvoll violette rasch ins Braune übergehende Färbung
Leinöl Hanföl	Thran	Thran

Bei der Elaidinprobe wird die Oelprobe:

Fest, krümlich weiß	Fest, krümlich gelb	Wachsartig und weiß
Gebleichtes Rüböl Mandelöl	Rüböl	Ricinusöl

Unverändert	Fest und roth	In der Elaidinmasse zeigen sich Oelstreifen und Tropfen
Leinöl Mohnöl Nußöl	Sesamöl	Oelgemische, in denen sich trocknende Oele befinden

Beim Kochen mit Bleioxyd und Wasser entsteht Pflaster, dessen Consi
stenz ist:

Fest	Schmierig	Schmierig und trocknend
bei Olivenöl	Rüböl	die trocknenden Oele
	Mandelöl	
	Sesamöl	

Ein weiteres Erkennungszeichen bildet die Löslichkeit in Alkohol, die Tem
peraturen, bei benen die Oele fest werden, und das specifische Gewicht, um beffer
Bestimmung sich namentlich Stillurel Verdienste erworben hat.

Löslichkeit eines Theiles Oel in Alkohol.

Ricinusöl	1 Oel in	1 Alkohol
Mohnöl	1 „ „	25 „
Hanföl	1 „ „	30 „
Leinöl	1 „ „	40 „
Mandelöl	1 „ „	60 „

Temperatur, bei der die Oele fest werden.

Leinöl	— 28° C.
Hanföl	— 27 „
Ricinusöl	— 18 „
Sonnenblumensamenöl	— 16 „
Sesamöl	— 5 „

Nach Stillurel ist das specifische Gewicht einiger Fette wie folgt:

bei + 18° C.

Wallrath	0,8815
Elain	0,900
Palmöl	0,9046
Unschlitt	0,9137
Ochsenklauenöl	0,9142
Weißes Rapsöl	0,9144
Gelbgrünes Olivenöl	0,9144
Haselnußöl	0,9154
Blasses Olivenöl	0,9163
Dunkelgelbes Rapsöl	0,9168
Dunkles Olivenöl	0,9199

Schweineschmalz	0,9175
Leberthran	0,9215
Rohes Cottonöl	0,9224
Raffinirtes Cottonöl	0,9230
Labrador-Leberthran	0,9230
Mohnöl	0,9245
Roher Robbenthran	0,9246
Kokosnußöl	0,9250
Roher Wallfischthran	0,9254
Weißer Wallfischthran	0,9258
Reiner Leberthran	0,9270
Ausgepreßter Robbenthran	0,9268
Weißes Cottonöl	0,9288
Rohes Leinöl	0,9299
Gekochtes Leinöl	0,9411
Ricinusöl	0,9667

Chateau's neue Reactionen für Leinöl.

Chateau hat eine Reihe neuer Reactionen beobachtet, mittelst deren sich icht allein die Reinheit der Oele erkennen, sondern auch die Oelsorten verhiebener Productionsorte unterscheiden lassen.

Beim Versetzen des zu prüfenden Oeles giebt dasselbe mit:

Calciumbisulfuret: Lebhafte goldgelbe Emulsion, die sich nicht entfärbt.

Schwefelsäure 2 Tropfen.

Ohne Umrühren: Hellbraune Adern; dann grünlich braune, zuletzt röthlich braune Färbung.

Beim Umrühren: Schmutzig hellgrüne, dann schmutzig gelbgrüne Färbung. Die Mitte wird zuletzt dunkel grünlich braun, während die Ränder gelblich grün erscheinen. Auf Zusatz von noch 2 bis 3 Tropfen Schwefelsäure färbt sich das Oel rothbraun. Die Oberfläche zeigt einen bläulich grauen Ton.

Zinnchlorid: Bräunlich gelbe Adern, zum Theil ins Grüne ziehend. Beim Umrühren sehr durchsichtige braune Färbung; das Oel wird ziemlich rasch dick und giebt eine hellsepiafarbene, faserige Masse.

Phosphorsäure: Bei gewöhnlicher Temperatur gelbe Emulsion, die grünlich gelb, dann gelblich grün, grasgrün, hierauf bläulich grün und zuletzt matt seegrün wird. Beim Erhitzen wird die Farbe röthlich, dann braun, in der Mitte dunkler schwärzlich grauer Schaum.

Salpetersaures Quecksilberoxyd: Das Oel entfärbt sich bei gewöhnlicher Temperatur und wird erst hell seegrün, dann hellgelb und verdickt sich. Auf Zusatz von Schwefelsäure wird die Farbe dunkler.

Aetzkali: Hellgelbe, grüngeaderte homogene Seife.

Ammoniak: Hellgelbe, sehr blasige Emulsion.

Gust. Merz schlägt in der „Deutschen Inb.-Ztg." vom 25. Nov. 1875 folgende Methode vor, die Aechtheit der Oele zu prüfen.

Diese Prüfung erfordert den Besitz einer kleinen Partie unzweifelhaft ächten Oeles von der Gattung des auf die Aechtheit zu untersuchenden. Mischt man in einem Glasgefäße zwei Oele verschiedener Gattung, so zeigen sich dabei in Folge des optischen Verhaltens sogenannte „Schlieren", eine Erscheinung, welche Jedem von Bereitung des Zuckerwassers her bekannt ist.

Entstehen nun diese Schlieren beim Vermischen eines zu prüfenden Oeles mit ächtem Oele der gleichen Sorte nicht, so ist auf die Aechtheit des zu prüfenden Oeles zu schließen.

Man gießt in eine etwa 2 cm weite Proberöhre eine etwa 4 cm hohe Schicht des zu prüfenden Oeles und in ein anderes Gefäß eine ähnliche Partie von dem ächten Oele. Beide Proberöhren stellt man etwa 10 Minuten lang in ein Becherglas mit Wasser von gewöhnlicher Temperatur, damit die Oele gleiche Temperatur erlangen. Alsdann gießt man das eine Oel in das noch im Wasser stehende andere Oel, rührt mit einem Draht in Absätzen um und beobachtet, ob sich während der Mischung Schlieren bilden.

Nach diesen Bemerkungen über die allgemeinen Eigenschaften des Leinöles werde ich nun die chemischen Veränderungen, welchen dasselbe unterworfen ist und welche nothwendig sind, um Firnisse und taugliche Anstrichfarben zu erzielen, behandeln.

Einwirkung der Luft auf Leinöl bei gewöhnlicher Temperatur.

Es ist eine bekannte Thatsache, daß Leinöl wie überhaupt alle fetten — auch die nicht trocknenden — Oele an der Luft Sauerstoff aufnehmen, oxydiren und ranzig werden; in diesem Falle würde die Linoleïnsäure höher oxydirt und liefert dann flüchtige Fettsäuren, wie Buttersäure ꝛc., und diese bedingen das Ranzig werden.

Um den Einfluß der Luft auf die Oxydation trocknender Oele kennen zu lernen, müssen wir fragen: welches ist der Einfluß auf jeden der einzelnen Bestandtheile derselben?

Auf Linoleïn ist er nicht bekannt und wir müssen ihn aus dem auf die trocknenden Oele kennen lernen, welche Gemenge sind; reines Linoleïn ist noch nicht dargestellt worden.

Unverdorben war der Einzige, welcher sich vor Mulber mit den Bestandtheilen sogenannten getrockneten Leinöls beschäftigt hat, wenn man Leuchs unerwähnt läßt, welcher sagt, daß Leinöl in dünnen Lagen angestrichen zu einer durchsichtigen, harzartigen, mehr oder weniger elastischen Masse eintrocknet, welche beim Erhitzen nicht schmilzt, sondern verbrennt und verkohlt. Unverdorben vermischte Leinöl mit Kreide zu einem Teige, stellte es vier Wochen an die Luft und fand dann das Leinöl trocken. Er extrahirte den Kalk mit Salzsäure, den Rückstand mit Aether, wodurch eine weiße Masse von theerartiger Consistenz abgelöst wurde, welche sich wie in der Luft veränderte Leinölsäure verhielt. Der Rückstand war gelblich, zusammengezogen, unauflöslich in Alkohol, Aether und fetten Oelen.

In Alkohol mit Salzsäure vermischt wurde er zu einer theerartigen Masse, welche sich in Aetzkali auflöste. Dies ist alles, was Mulber von den Producten beim Trocknen des Leinöles aus früheren Arbeiten bekannt geworden ist. Mulber setzt nun selbst seine Versuche fort und bringt Leinöl auf Blech und gläsernen Platten in dünnen Lagen bei gewöhnlicher Temperatur an die Luft, so lange bis das Oel ganz trocken geworden ist. Alsdann wurden die Oelschichten mit Aether befeuchtet, wodurch sie leicht vom Blech und Glase gelöst werden konnten.

Das getrocknete Leinöl wurde darauf mit Aether, Alkohol und Wasser extrahirt und der Rückstand, soweit er unauflöslich war, über Schwefelsäure getrocknet. Die alleinige Behandlung mit Aether ist ausreichend, sofern sie gut ausgeführt wird. Alkohol zieht dann nichts mehr aus und der zurückbleibende Stoff ist beinahe weiß, mehr oder weniger elastisch, wie Leder oder Guttapercha. Die Zusammensetzung desselben (man nennt ihn Linoxyn) ist merkwürdig und die Analyse ergab:

$$C \dots 62,2$$
$$H \dots 8,9$$
$$O \dots 28,9$$

Wir haben also hier ein Oxydationsproduct des Anhydrids der Leinölsäure, $C_{32} H_{54} O_3 + O_8$. Es ist die wichtigste Grundlage aller Leinölfarben und das Product des trocknenden Leinöles.

Die Leinölsäure selbst wird sehr leicht höher oxydirt, wenn sie mit großer Oberfläche der Luft ausgesetzt wird, sehr wenig, fast gar nicht bei Erwärmung auf 100° C. bei beschränktem Zutritt der Luft. Auf einem Wasserbade kann sie mit beschränktem Luftzutritt zur Oberfläche erwärmt werden, ohne merklich sich zu verändern. Sind aber Basen anwesend, alkalische Erden oder Bleioxyd, so wird sie schnell oxydirt und dabei theils röthlich, so daß die Farbenveränderung einen Maßstab für die Oxydirung giebt.

Bei gewöhnlicher Temperatur in sehr dünnen Lagen der Luft ausgesetzt ist die Oxydation der Leinölsäure in wenigen Tagen zu einem Maximum gestiegen und bleibt die Säure dabei farblos. Durch Wärme wird aber diese oxydirte Säure blutroth.

Kali, Natron, Ammoniak bilden mit der Leinölsäure in Wasser leicht lösliche Seifen; Baryt, Kalk, Strontian, Magnesia und schwere Metalle unlösliche. Die von Baryt und Kalk sind beim Kochen in Alkohol löslich und beim Abbrühen werden sie nicht krystallinisch, sondern flockig niedergeschlagen. Wie die Seifen der Elainsäure backen die Seifen von Kalk und Baryt mit kochendem Alkohol behandelt zusammen. Die Seifen der Leinölsäure von Kalk, Zink, Kupfer, Blei sind in Aether auflöslich, aber krystallisiren nicht aus dieser Lösung.

Die farblosen Seifen von Kalk und Blei werden in einem Strome von Wasserstoff bei 100° alle ein wenig gefärbt.

Wird eine ätherische Lösung von leinölsaurem Blei in dünnen Lagen auf

Glasplatten gebracht, so wird die Lage nach Verdampfung des Aethers weiß, binnen wenigen Stunden durchscheinend und in einigen Tagen hart und trocken. Mit einem scharfen Gegenstande kann man weiße Blättchen ablösen, die stark elektrisch sind.

Die Linoleïnsäure in Verbindung mit Bleioxyd ist bei dieser Berührung mit Luft vollkommen oxydirt und in eine Säure verwandelt, welche farblos, in Verbindung mit Bleioxyd hart und zerbrechlich, aber für sich, d. h. im freien Zustande, terpentinartig ist. Es ist ein bemerkenswerthes Beispiel von Oxyda= tion einer Säure, welche mit einer Basis verbunden ist und eine neue Säure bildet, welche mit der Basis verbunden bleibt.

Alles Bleioxyd des verbrauchten leinölsauren Bleies kommt darin vor, über= dies auch Bestandtheile von Linoleïnsäure, aber es ist Sauerstoff in reichlichem Maße aufgenommen und ein Theil Wasserstoff verschwunden.

Die oxydirte Leinölsäure in der neuen Verbindung gebildet nennt man Linoxysäure. Sie ist im freien Zustande $C_{16} H_{25} O_4 OH$. (?)

Es ist leicht, die weiße Linoxysäure aus ihrer Verbindung mit Blei zu isoliren. Man bringt das Bleisalz in Alkohol, führt Schwefelwasserstoff hindurch und scheidet das gebildete Schwefelblei durch ein Filtrum. Wenn man Wasser dieser alkoholischen Lösung zusetzt, so entsteht ein rein weißer Niederschlag der in Wasser unlöslichen weißen Linoxysäure. Wird die farblose alkoholische Solution auf einem Wasserbade verdampft, so hinterläßt sie einen Rückstand, ähnlich dem venetianischen Terpentin, welcher erst wenig gefärbt ist, aber all= mälig blutroth wird. Die weiße Linoxysäure geht dabei in die rothe über, welche dieselbe Zusammensetzung hat.

Wird Linoleïnsäure in sehr dünnen Lagen der Luft ausgesetzt, so wird sie stets schwerer und erhält schließlich ein sich gleichbleibendes Gewicht; es ist dann eine klebrige, harzartige, farblose, durchscheinende Substanz entstanden, ein Hydrat der weißen Linoxysäure.

Wird Linoleïnsäure in dünnen Schichten sehr lange der Luft ausgesetzt, so ent= steht weiße Linoxysäure, welche, wie oben erwähnt, terpentinartig und klebrig ist, aber das Klebrige immer mehr verliert. Erst nach vielen Monaten hat sie die Eigenschaft verloren und ist dann erst trocken. Leinöl an und für sich trocknet in so viel Tagen, als Leinölsäure Monate gebraucht.

Hier findet eine langsame Umsetzung statt. $C_{16} H_{26} O_5$ (Linoxysäure) bildet eine in Aether unauflösliche, neutrale, weiße Substanz, welche wir schon einmal erwähnt haben, das Linoxyn ($C_{16} H_{28} O_6$), welches durch Alkalien in der Wärme sogleich in die rothe Linoxysäure umgesetzt wird.

Die Veränderung der Linoxynsäure in Linoxyn kann man beschleunigen, wenn man erstere in dünnen Lagen der Luft aussetzt und durch Aether dann und wann die Lagen in Bewegung bringt. Zuerst wird alles in Aether auf= gelöst, nach einigen Tagen sieht man bei Erneuerung des Aethers weiße Flocken auftreten, diese nehmen zu, und nach einigen Monaten ist das Terpentinartige ganz verschwunden und in Aether unlöslich geworden. Dann ist es Linoxyn.

Von gekochtem Leinöl in dünnen Lagen erhält man das Linoxyn in wenigen Tagen.

Das Trocknen von Linoleïnſäure beruht alſo auf zwei Proceſſen:
1) Bildung der klebrigen Linoxyſäure, $C_{16}H_{26}O_5$. Dieſe iſt in wenigen Tagen vollbracht.

2) Bildung des nicht klebrigen Linoxyns, $C_{16}H_{23}O_6(?)$. Dieſes bedarf Monate. Iſt Linoleïnſäure an Bleioxyd gebunden und wird die Verbindung der Luft ausgeſetzt, ſo wird der zweite Proceß nicht vollendet. Es wird linoxyſaures Blei gebildet, welches zerbröcklich iſt. Wird Linoleïnſäure mit alkaliſchen Erden im Ueberſchuß der Luft ausgeſetzt, ſo wird zuerſt eine weiße Verbindung gebildet, welche jedoch ſpäter roth wird.

Beim Trocknen des Leinöls haben wir alſo zwei Perioden zu unterſcheiden; die erſte verläuft in den erſten Monaten und läßt Palmitinſäure, Myriſtinſäure und Elainſäure unverändert, dagegen wird Linoxyn gebildet. So lange die erſte Pe= riode dauert, wird die geſtrichene Decke ſtets trockner, aber ſie bleibt elaſtiſch. Iſt die zweite eingetreten, dann wird ſie bröcklich und die Farbe verdirbt. Die erſte Periode dauert bei niedriger Temperatur und beim Ausſchluß des Sonnenlichtes lange, bei Wärme und dem directen Sonnenlichte kurz. Bei Wärme und Licht ſcheinen ungefähr dieſelben Producte erzeugt zu werden; bei niedriger Temperatur und Abſchluß des Sonnenlichtes wieder dieſelben; aber die Producte unterſcheiden ſich theilweiſe bei den zwei erſten und den zwei letzten Zuſtänden.

Jedenfalls nimmt das Oel an Gewicht zu, aber mehr bei niedriger Tem= peratur und außerhalb des directen Sonnenlichtes, als bei höherer Temperatur und im Sonnenlichte. Man wird erſehen, daß 100 Theile Leinöl bei gewöhn= licher Temperatur und in diffuſem Lichte auf 111 bis 112 Theile ſteigen, wovon in der Wärme von 80° C. 4 bis 5 Theile verloren gehen. Wenn Leinöl bei 80° der Luft ausgeſetzt wird, ſo nehmen 100 Theile Leinöl nur ungefähr 7 Theile auf. Wird Leinöl dem directen Sonnenlichte ausgeſetzt, ſo iſt die Gewichtszunahme ſtets geringer als 7 zu 100.

Ebenſo iſt die Zunahme größer, wenn Baſen im Oele ſind, beſonders Bleioxyd, und dann kann die Gewichtszunahme 8 und mehr Procent betragen, d. h. bei 80° getrocknet gedacht. Hieraus geht hervor, daß die Baſen Säuren zurückhalten, welche bei Abweſenheit der Baſen verflüchtigt wären.

Unter allen Umſtänden verliert Leinöl, wenn es der Luft ausgeſetzt wird, ungeachtet der Zunahme im Gewichte, flüchtige Stoffe: Kohlenſäure, Ameiſen= ſäure, Eſſigſäure und eine kleine Menge Acronſäure ($C_3H_4O_2$).

Neben dieſer Oxydation exiſtirt eine andere, wobei das Oel im Gewichte zu= nimmt und zwar ſo viel, daß nicht nur der Verluſt der flüchtigen Produkte im Gewichte compenſirt, ſondern daß im diffuſen Lichte bei gewöhnlicher Temperatur das Gewicht des urſprünglichen Oeles um 10 bis 12 Proc. vermehrt wird. — Das Anhybrid der Linoleïnſäure wird zu Linoxyn.

Das gebildete Linoxyn iſt elaſtiſch und feſt; es iſt die eigentliche Baſis der Farben: die Myriſtinſäure, Palmitinſäure und Elainſäure machen den Anſtrich weicher, elaſtiſcher, und ſpäter, wenn dieſe Säuren zerſetzt werden, beginnt auch die Farbenzerſtörung. End= lich wird das Linoxyn weiter oxydirt, bis die Farbe verſchwindet.

Einfluß des Lichtes auf die Oxydation von Leinöl in der Luft.

Das directe Sonnenlicht ist ein kräftiger Wecker der chemischen Thätigkeit in vielen Körpern, und gehören hierzu auch die trocknenden Oele.

Um die Wirkung des Lichtes auf Leinöl kennen zu lernen, hat Mulber von frisch bereitetem, ungekochtem und unvermischtem Oel Gebrauch gemacht und die Verhältnisse bei der Oxydation so gewählt, daß die Einwirkung des Lichtes gegenüber der des Schattens ersichtlich war.

Auf blecherne Kapseln von 220 qcm Oberfläche wurde frisch bereitetes Leinöl gebracht und die Kapseln wurden an einen Ort gestellt, wo täglich einige Stunden die Sonne, sofern sie schien, einwirken konnte, worüber aber keine besonderen Aufzeichnungen gemacht wurden. Die eine Kapsel wurde lose mit dickem grünen Papier bedeckt, so daß sie sich im Halbdunkel befand, aber die Luft frei zutreten konnte. Die Temperatur hierbei für beide Oelmengen gleich zu halten, war hier eine Hauptsache. Die Resultate waren hinsichtlich des Gewichtswechsels folgende:

	im Sonnenlichte	im Halbdunkel
29. April	6,860	7,802
30. „	0,030	—
2. Mai	0,174 [1]	0,004
3. „	0,226	0,004
4. „	0,044 [2]	—
9. „	0,034	0,034
14. „	— 0,041	0,180 [3]
20. „	— 0,030	0,378 [4]
28. „	+ 0,026	0,220
4. Juni	+ 0,024	0,012
11. „	— 0,043	— 0,028
18. „	— 0,014	— 0,000
26. Juli	+ 0,085	+ 0,033 [5]
19. August	+ 0,014	— 0,003
	+ 0,657	+ 0,865
In gewöhnl. Temperatur	— 0,128	— 0,037
	+ 0,529	+ 0,828
Bei 80° C.	— 0,106	— 0,235
	+ 0,423	+ 0,593
100 Theile Oel nehmen also in der Luft zu . . .	7,7	10,6
Bei 80° C.	6,2	7,6

[1] Das Leinöl war ganz farblos geworden. — [2] Das Leinöl war mit einer dicken Haut bedeckt. — [3] Noch flüssig, aber farblos. — [4] Theils fest geworden. — [5] Wieder gelb geworden.

Der Proceß war in jenem Oele, welches dem Sonnenlichte ausgesetzt war, noch nicht ganz abgelaufen, so daß den Zahlen 7,7 und 6,2 kein unbedingter Werth beigelegt werden kann. Die Lage Oel war auch hier ein wenig zu dick und zu ungleichmäßig. Beim Erwärmen auf 80° wurden die Lagen braunroth.

Bei einem anderen Versuche wurden 8,860 Theile zwei Tage dem Lichte ausgesetzt und andere 7,802 Theile ins Halbdunkel gesetzt, erstere waren nachher entfärbt und letztere braunroth gefärbt.

Beide hatten nach zwei Tagen im Gewichte zugenommen:

	8,860	7,802
	+ 0,050	+ 0,066
d. i. für 100 Theile . .	+ 0,73	+ 0,85

Die Einwirkung des directen Lichtes bedarf hier keiner näheren Er= klärung. Nach vier Tagen ist die Hauptwirkung vollbracht, während im Halbdunkel die Wirkung erst in 15 Tagen beginnt und dann drei Tage anhält. Hierbei muß bemerkt werden, daß das Oel im Halbdunkel die Wärme der directen Sonnenstrahlen hatte, wodurch dieses Oel stärker oxybirt wurde, als es bei niedriger Temperatur der Fall sein konnte. Es bleibt noch das Ge= färbtwerden der an der Luft trocken gewordenen Lagen zu erwähnen, und ist es das Linoxyn, welches diese Färbung erleidet. Es wird bei 100° sehr merklich gefärbt und erleidet dann zugleich einen Gewichtsverlust. Aber auch bei 80° ist es nicht mehr ganz farblos. Möglicher Weise kann aber auch die Oelsäure, welche mit demselben in dem getrockneten Oele vermischt ist, bei 80° erwärmt, mit die Farbe der Lage, zum Vorschein bringen. Nach Gottlieb wurde Oelsäure, nach= dem sie fünf Stunden bei 100° an der Luft erwärmt wurde, gelb und ranzig,

und aus $C_{16}H_{34}O_2$ wurde $\begin{matrix} C_{16}H_{33}O_2 \\ C_{16}H_{33}O_2 \end{matrix}\Big\rangle O$. Bei fernerer Oxydation entstanden braune Producte, welche ölartig zähe sind.

Ich nehme dies, sagt Mulder, von der Elainsäure an, wie sie in Lagen getrockneten Leinöls vorkommt und bereits durch die Luft verändert ist. Die von uns angestellten Versuche bestätigen dies. Die viel dunklere Farbe, welche die 7,802 Leinöl, welches sich im Halbdunkel befand, bei 80° erhielten, als die 6,860 im hellen Lichte befindlichen, harmonirt damit. Damit stehen auch die 7,7 und 10,6 Proc. Gewichtsvermehrung von Leinöl, dem Sonnenlichte und Halbdunkel ausgesetzt, in Verbindung. Das Sonnenlicht bewirkte in dem Elain die Entste= hung einer gewissen Quantität flüchtiger Substanzen, welche wohl auch im Halb= dunkel gebildet waren, die sich aber noch nicht verflüchtigt hatten, sondern erst bei 80° ausgetrieben wurden.

Mit anderen Worten: Der Prozeß der Oxydation von Linoleïn war sowohl im Lichte als auch im Halbdunkel derselbe; er dauerte aber im Halbdunkel bedeutend länger. Die entstandene Elainsäure wurde im Lichte viel kräftiger angegriffen als im Halbdunkel. Ob Myristinsäure und Palmitinsäure auch an der Oxydation im directen Sonnenlichte Theil nehmen, ist Mulder unbekannt; das Linoxyn wenigstens nicht in kurzer Zeit, da es in dem= selben zuerst weiß bleibt und an Gewicht nichts verliert.

2*

Einfluß der Wärme auf die Oxydation von Leinöl in der Luft.

Die Wärme, von welcher hier gesprochen wird, ist Wärme von höherer Temperatur als die der gewöhnlichen Luft, und ist uns bereits bekannt, daß Wärme und Licht den färbenden Stoff im Leinöl zur Oxydation antreiben. Erwärmung auf 80 oder 100° ist indeß nicht hinreichend, um die Oxydation kräftig einzuleiten; die Erwärmung des Oeles, wenn sie nicht zugleich mit der Oxydation gepaart geht, das heißt, wenn die Oberfläche nicht groß ist und die Luft nur beschränkten Zutritt hat, veranlaßt bei 80 oder 100° nicht zum schnellen Trocknen.

2,980 Leinöl, welches 10 Stunden in einer Retorte 100° ausgesetzt gewesen war, wurde am 20. August auf einem Bleche von 220 qcm Oberfläche im diffusen Lichte der Luft ausgesetzt und zwar bei gewöhnlicher Temperatur.

Die Gewichtszunahme war

21. August	—
22. „	—
23. „	—
24. „	0,005
25. „	—
26. „	—
27. „	—
31. „	0,027
3. September	0,062
5. „	—
7. „	0,112 [1])

Man sieht, daß dieses Leinöl kein größeres trocknendes Vermögen hat als gewöhnliches Leinöl, welches im August sicher 7 bis 10 Tage nöthig haben wird, um activ zu werden.

Die Ansicht also, daß Leinöl bei 70 bis 100° erwärmt besser trocknen sollte als gewöhnliches, ist vollkommen unrichtig.

Einfluß des Lichtes auf die Oxydation des Leinöles, welches früher erwärmt war.

Luft und Wärme befördern das Trocknen des Leinöls einestheils so lange, als erstere auf letzteres einwirkten, aber sie befördern es auch durch Nachwirkung, d. h. Leinöl, welches eine gewisse Zeit lang erwärmt in größerer Berührung mit der Luft gewesen, trocknet nach der Erwärmung stärker und schneller. Mulder

---

[1]) Fängt an zu trocknen.

hat nun beide Quellen der Wirkung benutzt, um zu sehen, ob auf diese Weise ein anderes Maximum von Orybation erreicht werden kann.

Frisch gepreßtes Leinöl wurde auf Bleche von 220 qcm Oberfläche gebracht. — Ein Theil Oel wurde während ³/₄ Stunden gekocht und auf Bleche gebracht; ferner wurde ein Theil dieses gekochten Oeles noch ¹/₂ Stunde gekocht, wobei es dickflüssig wurde. Auch hiervon wurde auf gleiche Weise eine gewisse Quantität auf Bleche von 220 qcm Oberfläche gebracht und sämmtliche Bleche neben einander gestellt; drei ins directe Sonnenlicht, die drei anderen lose mit Papier bedeckt. — Das ungekochte, das ³/₄ Stunden und das ⁵/₄ Stunden gekochte Oel befanden sich also in denselben Umständen während des Versuches.

Die Gewichtszunahme war folgende:

	Ungekochtes Leinöl		$\frac{3}{4}$ Stunden gekochtes Leinöl		$\frac{5}{4}$ Stunden gekochtes Leinöl	
	im Sonnenlicht	im Halbdunkel	im Sonnenlicht	im Halbdunkel	im Sonnenlicht	im Halbdunkel
7. April	0,589	0,668	1,064	1,539	2,156	—
28. „	0,011	0,008	0,005	0,004	0,034	—
29. „	0,070[1]	0,021	0,103	0,005	0,049	—
30. „	0,010	0,020	0,003	0,009	0,020	—
2. Mai	—	0,025	0,004	0,015	0,014	—
3. „	—	0,037[2]	0,004	0,060	0,034	—
4. „	—	0,002	0,004	0,047	0,014	—
9. „	−0,018	0,001	—	0,020	0,004	—
14. „	−0,020	−0,005	−0,015	0,040	0,020	—
20. „	−0,008	−0,015	−0,015	−0,010	0,003	—
28. „	−0,002	−0,011	−0,012	−0,010	—	—
4. Juni	+0,012	+0,005	+0,009	−0,002	0,019	—
11. „	+0,012	+0,003	−0,003	+0,002	0,009	—
18. „	−0,005	+0,016	−0,016	−0,009	−0,015	—
26. Juli	−0,002	−0,003	−0,008	−0,002	—	—
29. August	−0,004	0,005[3]	+0,005	+0,002	−0,002	—

Resultate

Obgleich die zweite Menge mit grauem Papier bedeckt war, ist doch wieder der Einfluß der Umgebung in 0,668 von der Umgebung bemerkbar. Es war die Höhere, durch die Sonnenstrahlen hervorgebrachte Temperatur. Für ungetochtes Leinöl haben wir also:

Auch hier sieht man einen gewissen Einfluß der Sonnenstrahlen, die Oxydation im Halbdunkel fand hier wieder etwas schneller statt als im directen Sonnenlichte. Die Ursache ist die Sonnenwärme. — Berechnet haben wir:

					Für dieses Oel ist das Resultat
Bei 80° C.	$+0{,}103$ / $-0{,}071$	$+0{,}122$ / $-0{,}055$	$+0{,}137$ / $-0{,}069$	$+0{,}203$ / $-0{,}041$	$+0{,}229$ / $-0{,}015$ — / —
	$+0{,}032$ / $-0{,}008$	$+0{,}067$ / $-0{,}016$	$+0{,}068$ / $-0{,}038$	$+0{,}162$ / $-0{,}030$	$+0{,}214$ / $-0{,}049$ — / —
Also an der Luft	$+0{,}024$ $+5{,}4$ Proc.	$0{,}051$ $+10$ Proc.	$+0{,}090$ $6{,}4$ Proc.	$+0{,}002$ $10{,}5$ Proc.	$+0{,}165$ $9{,}9$ Proc. — / —

¹) Weiß und fest. — ²) Weiß. — ³) Sehr gelb.

Aus diesen Resultaten schließt Mulder:

1) Daß länger gekochtes Leinöl, dem directen Sonnenlichte ausgesetzt, mehr an Gewicht zunimmt als die zwei anderen Sorten. Beim Kochen hat es vorzüglich Verlust an Gewicht erlitten.

2) Auf dasselbe folgt das ³/₄ Stunden auf den Kochpunkt erwärmte Leinöl, während

3) das ungekochte Leinöl am wenigsten an Gewicht zunahm. — Es tritt aber hier noch eine andere sehr bemerkenswerthe Erscheinung auf, und diese ist, daß alle im Halbdunkel befindlichen Oele nahezu das Doppelte an Gewicht zugenommen, beziehungsweise an flüchtigen Stoffen weniger verloren haben, als die dem Sonnenlicht ausgesetzten! — Die Erklärung dieser Thatsache scheint Mulder übersehen zu haben, vielleicht ist ihm der Umstand auch gar nicht aufgefallen, doch ist sie wohl darin zu finden, daß eben das Linoxyn im Sonnenlichte noch weiter und rascher oxybirt und die elastische, weiche Schicht durch Veränderung bezw. Verflüchtigung erhärtet wurde.

Bei diesen Versuchen ist nur die Rede von Gewichtsveränderung des ausgetrockneten Leinöls, welches frei von jedem Zusatz war. — Das oxybirte Product, welches als fester Körper zurückbleibt, ist stets das lederartige Linoxyn. Linoxysäure war dabei nicht gebildet.

Einfluß der Schwefelsäure auf das Oxybiren.

Frisch gepreßtes Leinöl wurde mit starker Schwefelsäure gemischt, geschüttelt und damit 24 Stunden in Berührung gelassen, darauf durch Wasser die Schwefelsäure vollkommen ausgewaschen. Dieses Oel wurde im diffusen Lichte in einer Menge von 0,430 Theilen auf einer gläsernen Platte von 150 qcm der Luft am 8. April ausgesetzt.

Wir haben hier wieder in der Gewichtszunahme ein Maß für das Trocknen. Ist das Oel stark trocknend, dann muß der Oxydationsproceß in den ersten zwei Tagen der Hauptsache nach vollbracht sein. Die Gewichtszunahme war nun von 0,430 Theilen Leinöl

11. April	0,001
16. „	0,020
22. „	0,052
26. „	0,003
30. „	0,002
4. Mai	—
14. „	— 0,002
21. „	— 0,006
28. „	0,004
11. Juni	—
18. „	—
26. Juli	+ 0,002
19. December	— 0,005

Erst am achten Tage ist eine Wirkung bemerkbar, und es unterscheidet sich also das durch Schwefelsäure gereinigte Leinöl nicht von gewöhnlichem Leinöl in Bezug auf die Zeit des Beginnes der Oxydation. Die Zunahme bis zur Beendigung des Processes betrug 14,7 Proc. — Mulber hatte starke Schwefelsäure angewendet, und diese mußte seiner Meinung nach Einfluß gehabt haben; er fand, daß er eine Zunahme von 11,6 Proc. gegenüber dem nicht mit der Säure behandelten Oele erreicht hatte. Starke Schwefelsäure ertheilt also dem Leinöle die Eigenschaft, mehr Sauerstoff aufzunehmen.

Einfluß thierischer Kohle auf die Oxydation.

Am 4. April wurden auf eine Glasplatte von 0,150 qcm 1,992 Theile mit thierischer Kohle vollkommen entfärbtes Leinöl ausgegossen. Das Resultat war

5. April	0,003
7. „	0,004
11. „	0,044
16. „	0,150
22. „	0,010
26. „	0,004
30. „	—
4. Mai	— 0,002
14. „	+ 0,002
21. „	—
28. „	+ 0,004
11. Juni	—
18. „	+ 0,002
26. Juli	— 0,002

Vom 4. bis 11. April sind sieben Tage, nach denen die Wirkung erst kräftig wurde, und erst am 16. April schien sie der Hauptsache nach vollbracht zu sein. Also wie beim gewöhnlichen Leinöl. Die ganze Zunahme in 3½ Monat ist 0,219, also 11 Proc. Aber bei 80° wird 0,068 ausgetrieben, so daß 0,219 — 0,068 = 0,151 übrig bleibt, b. i. 7,6 Proc.

Der folgende Versuch mit anderem frischgeschlagenen Leinöl vorgenommen geschah, indem Leinöl durch thierische Kohle filtrirt und dann auf einem Bleche von 220 qcm der Luft ausgesetzt wurde.

6. Mai	2,441 Oel
26. Juli	+ 0,155
26. „	— 0,019
in gewöhnlicher Temperatur. . . .	+ 0,236
bei 80° C.	— 0,156

somit nehmen zu 100 Theile:

bei gewöhnlicher Temperatur . . . . . . 9,7 Proc.

„ 80° C. . . . . 6,4 „

Wir sehen, daß sich die Mengen hier wieder in denselben früher schon erhaltenen Zahlen bewegen, doch schien der letzte Versuch noch nicht vollkommen be-
endet. — Das trockene Oxydationsprodukt war wieder einfach Linoxyn. Diese
Versuche mit Leinöl, welches durch thierische Kohle gereinigt war, bewiesen, daß
Schleim kein hemmendes Object im Oele ist, oder daß kein Schleim im Leinöl
vorhanden ist. Das durch thierische Kohle filtrirte und beinahe farblos gewordene
Oel brennt nicht schneller als gewöhnliches.

Borsaures Manganoxydul befördert die Oxydation von Leinöl sehr.

Auf eine Blechtafel von 220 qom Oberfläche wurde frisch gepreßtes Leinö
gebracht und auf eine andere Platte derselben Größe ein gleicher Theil Leinöl mi
ungefähr 2 Proc. borsaurem Manganoxydul. Beide wurden der Luft im biffusei
Lichte ausgesetzt.

	Leinöl	Leinöl mit 0,044 borsau-rem Mangan-oxydul
17. Mai.	3,331	2,760
18. „	—	0,015
19. „	—	0,204 [1]
20. „	—	0,000
21. „	—	0,003
28. „	0,025	0,028
4. Juni.	0,055	0,025
11. „	0,122	0,006
18. „	0,078	0,018
26. Juli	0,004	0,042
In gewöhnlicher Temperatur. .	+ 0,284	+ 0,341
Bei 80° C.	+ 0,166	+ 0,226

Die kräftige Wirkung von borsaurem Manganoxydul bedarf keiner weiterei
Erklärung. Ohne borsaures Manganoxydul war in derselben Zeit die Zunahm
8,5 Proc., mit borsaurem Manganoxydul 12,4 Proc. Bei 80° C. getrocknet, wa
an 3,331 aber 0,118 verloren, und an 2,760 0,115, so daß bei dieser Tem
peratur die Gewichtszunahme für das reine Leinöl 5 Proc., und für das mi
borsaurem Manganoxydul 8,2 Proc. sich berechnet.

Es ist begreiflich, daß borsaures Manganoxydul einen eigenthümlichen Che
mismus im Oele erleidet. Das Salz scheint zu wirken, indem es Sauer

---

[1] Weiß und trocken geworden.

ftoff aufnimmt, aber auch denfelben leicht wieder an das Oel ab=
giebt. Das fefte Oxybationsprodukt des Leinöls ift hier wieder Linoxyn.

Bleioxyd und Mennige befördern die Oxybation von Leinöl mehr
als Eifenoxyd und Zinkoxyd.

Auf einer ganz anderen Grundlage beruht die Wirkung von Bleioxyd und
Mennige, welche ebenfo gefchätzt zur Firnißbereitung find als borfaures Mangan=
oxybul.

Aber Bleioxyd und Mennige wirken hier nicht auf diefelbe Weife. Mennige
nehme ich hier einfach als $Pb_4 O_5 = PbO_2 + 3 PbO$; erfteres kann Sauerftoff
geben, letzteres als einfaches Bleioxyd wirken.

Mennigefarben find bekannt als fehr hart werdende Farben; PbO_2 giebt
in der That Sauerftoff ab und es entfteht linoxyfaures Bleioxyd in größerer und
geringerer Menge, ein hartes, zerreibliches Salz, die Mennige wirkt alfo theils durch
ihren Gehalt an Bleioxyd, theils oxybirend; in gewöhnlicher Temperatur entbehrt
Bleioxyd die Eigenfchaft, Leinöl fefter zu machen, und ift in feiner Wirkung
verfchieden, je nachdem es mit Leinöl gekocht oder nur vermifcht wurde.
Aber beide haben es gemein, daß fie viel leichter als Zinkoxyd oder Eifenoxyd
das Leinöl zum Trocknen bringen, wenn fie mit demfelben erwärmt worden find.

Mennige und andere Sauerftoff abgebende Subftanzen geben
Anlaß zur Bildung von Linoxyfäure (bei Mennige linoxyfaures Blei
bildend) und bringen alle anderen fchweren Metallbafen dann allein
eine linoxyfaure Verbindung hervor, wenn fie mit Leinöl gekocht
und der Luft ausgefetzt worden find.

Mulder berichtet nun über Verfuche, welche er mit frifchgepreßtem Leinöl,
welches er zwei Stunden im Wafferbade erwärmt und dann mit Bleioxyd, Men=
nige, Eifenoxyd und Zinkoxyd vermifcht, und jedes für fich angeftrichen auf Blechen
der Einwirkung des Lichtes und der Luft ausgefetzt hatte.
Es nahmen in der Zeit vom 28. April bis 26. Juli zu:

Erwärmtes Oel allein . . . . 11,9 Proc.
„   „ mit Eifenoxyd . . . . 11,4 „
„   „ „ Bleioxyd . . . . 12,5 „
„   „ „ Minium . . . . 13,2 „
„   „ „ Zinkoxyd . . . . 12,6 „

und fchließt Mulder hieraus:
1) Daß das zwei Stunden lang auf 100° erwärmte Oel kein größeres trock=
nendes Vermögen durch das Erwärmen in Maffe erhalten hat, als ein erwärmtes
Oel haben kann, denn in 12 Tagen begann es erft activ zu werden.
2) Daß Zinkoxyd nur ein geringes, Eifenoxyd kein Vermögen befitzt, um
das Leinöl activ zu machen, denn es forderte auch hier viel Zeit, ehe die Oxybation
begann.

3) Daß Bleioxyd und Mennige das Oel sehr activ machen, denn die Zunahme betrug

	mit Bleioxyd	mit Mennige
28. April	3,549	2,407
29. „	0,122	0,195
30. „	0,028	0,028

somit begannen beide Farben schon am Tage nach dem Anstrich zu trocknen, und der Proceß entwickelte sich sehr schnell.

4) Will man nur eine Oelfarbe, die schnell trocknet, so ist ein Kochen des Oeles unnöthig, und eine Digestion von zwei Stunden bei 100° mit Bleioxyd oder Mennige ist hinreichend.

Mulber erwähnt nun noch eine ganze Reihe von Versuchen, welche er mit den vorgenannten Farben und einem weiteren Zusatz von Pfeifenerde gemacht hat, doch sind diese nicht von Wichtigkeit; dagegen hat er noch Untersuchungen angestellt mit vorerwähnten Metalloxyden und gekochtem Leinöl des Handels, welches 2,6 Proc. Bleioxyd enthielt, und schließt aus den erwähnten Gewichtszunahmen:

5) Daß, was die Schnelligkeit der Oxydation betrifft, keine der vier beigemengten Oxyde etwas beiträgt oder schadet; es ist alles wie einfach gekochtes Leinöl. Somit kann die trocknende Eigenschaft des schon mit Bleioxyd gekochten Leinöles durch Zusatz von Metalloxyden nicht erhöht werden.

Leinöl in dicken Lagen und Farben in Massen.

Die Oxydation des Oeles hängt ab von der Oberfläche, und also auch von der Dünne der Lage, in welcher es der Einwirkung der Luft ausgesetzt wird. Deshalb streicht man dünn und mehrmals an. Beim Streichen des gekochten Leinöls sind dünne Lagen nach drei Tagen, selbst bei verhältnißmäßig ungünstiger Witterung, hinlänglich trocken, um darüber zu streichen. Die Lage, welche, wenn dick gestrichen wurde, sich bildet, schließt die Luft zu sehr ab und führt Mulber als Beweis Folgendes an:

In porcellanenen Tiegeln von ungefähr 6 qcm Weite wurden folgende Stoffe im Sandbade zwei Stunden erwärmt; die Tiegel wurden mit ihrem Inhalte in diffuses Licht gestellt und dann und wann gewogen.

Leinöl, altes	Leinöl mit 0,239 Eisenoxyd	Leinöl mit 0,372 Bleiweiß	Leinöl mit 0,206 schwefel- saurem Zink	Leinöl mit 0,438 essig- saurem Blei
2. April 5,650	5,647	5,905	5,510	3,956
Beim Erhitzen verloren . . 0,232	0,355	0,603	0,206	0,688
5,418	5,292	5,302	5,304	3,268
23. Juli zugenommen. . . 0,192	0,049	0,169	0,051	0,039

Die höchste Gewichtszunahme ist 3 Proc. und zwar beim Bleiweiß. Noch besser ersieht man den Einfluß der Luft bei folgenden Versuchen. Von demselben früher gebrauchten gekochten Leinöl wurde ein Theil mit Kreide, ein anderer mit Bleioxyd und Mennige zu sogenanntem Kitt vermischt. Der aus Kreide hergestellte Kittklumpen hatte 25 mm Durchmesser, der aus Bleioxyd angemachte 60 mm und 5 mm Dicke; sie wurden auf Glasplatten gebracht und in diffuses Licht gestellt. Hier zeigte sich, daß in der Zeit vom 3. April bis 23. Juli zugenommen hatte:

Kreidekitt . . . . + 0,3 Proc.
Bleiweißkitt . . . . + 1,0 Proc.

Wie wurden diese Substanzen hart? Von der Kreide ist bekannt, daß sie erst nach vielen Monaten hart wird, von dem Bleikitt, daß er sehr rasch hart wird.

Oxydation durch die Luft, wie bei dünnen Lagen, kann nicht stattfinden, dann müßten Gewichtszunahmen vorkommen, wie bei allen früheren Versuchen.

Bei der Kreide kommen überdies andere Umstände vor als bei dem Bleioxyd und der Mennige. Von der Mennige ist es gewiß, daß von dem Pb_4O_3 ein Theil des Sauerstoffs an das Linoleïn abgegeben wird; daß dadurch in der That Oxydation hervorgebracht wird, und daß die Säuren (Kohlensäure, Essigsäure, Ameisensäure oder hier Acronsäure) durch PbO gebunden werden, so daß unter der Oberfläche derselbe Proceß durch den Sauerstoff des Pb_4O_3 stattfindet, wie an der Oberfläche durch den Sauerstoff der Luft. Letzteres giebt dann die kleinen Gewichtsdifferenzen, welche wir gesehen haben. Ersteres kann keine Gewichts- differenzen geben, weil die gebildeten Säuren durch PbO gebunden werden.

Bei der Kreide kann diese Interpretation nicht gelten. Das Festwerden ist hier viel geringer als beim Bleioxyd und der Mennige und die Producte sind, hieraus bereits sichtbar, von ganz anderer Art. Es findet aber doch ein gewisses Fest- werden statt; Kreidefarbe war nach 3½ Monaten fester als kurz nach der Be- reitung, aber nach 10 Monaten war sie noch nicht hart. Zehn Monate nach der Bereitung des Mennigekittes wurde derselbe mit Alkohol übergossen und durch Schwefelwasserstoff zerlegt. Im Alkohol war eine ansehnliche Quantität Linoxy- säure aufgelöst; es hat also Verseifung stattgefunden, Bildung von Linoleïnsäure,

Oxydation und schließlich Bildung von weißem, linoxysaurem Blei. Der Kreidekitt wurde mit Essigsäure in der Wärme behandelt. Unter Entwicklung vieler Kohlensäure blieb eine Substanz zurück, von der nur ein kleiner Theil in Alkohol löslich war; die Hauptsubstanz war weißes Linoxyn. Hier hatte also keine Verseifung stattgefunden, aber Oxydation des Leinöls, so wie wir sie bei unvermischtem Leinöl beobachteten.

In beiden Fällen fand also Oxydation statt. Bei der Mennige kann diese den Sauerstoff gegeben haben und kann das Glycerin durch den Sauerstoff der Mennige, Acrousäure oder Glycerinsäure gebildet haben. Alle gebildeten Säuren können mit Bleioxyd verbunden sein; dann ist der Proceß des Erhärtens hier erklärt, während doch beinahe keine Gewichtsvermehrung zu beobachten war. Bei der Kreide kann allein der zugetretene Sauerstoff aus der Luft gekommen sein. Daß auch keine nennenswerthe Gewichtsvermehrung stattgefunden hat, mag allein davon abgeleitet werden, daß auch bei der Neutralisation der entstandenen Säuren Kohlensäure aus der Kreide entbunden wurde, und daß darin — zufällig in unserem Gemenge — eine gewisse Compensation für die Gewichtszunahme besteht.

Damit schließt Mulder seine Versuche über die Veränderungen der einzelnen Bestandtheile des Leinöles während des Trocknens für sich allein oder in Verbindung mit Farben; zusammengefaßt geben diese folgende Resultate:

1) Bei gewöhnlicher Temperatur und in sehr dünnen Lagen der Luft ausgesetzt, ist die Oxydation der Leinölsäure in wenigen Tagen zu einem Maximum gestiegen.

2) Die Linoleïnsäure in Verbindung mit Bleioxyd wird bei Berührung mit Luft vollkommen oxydirt und in Linoxyn verwandelt, welches für sich in freiem Zustande terpentinartig, bei längerer Anwesenheit von Bleioxyd aber hart und zerbrechlich ist.

3) Beim Trocknen des Leinöles sind zwei Perioden zu unterscheiden:

a. bis zur Bildung von Linoxyn (das Oel wird trocken, bleibt aber elastisch),

b. Ueberführung des Linoxyn in die sauerstoffreichere Verbindung (der Ueberzug wird bröckelig und hat seine Haltbarkeit verloren).

4) Die eigentliche Basis der Haltbarkeit aller Farben und Firnisse bildet das Linoxyn, und dieses bleibt länger unverändert — somit elastisch —, wenn das Sonnenlicht weniger einwirkt; mithin dauert der Proceß der Oxydation des Linoleïns im Halbdunkel bedeutend länger als im Lichte, ist aber im Uebrigen genau derselbe.

5) Die Annahme, daß Leinöl nur auf 70 bis 100° erwärmt besser trocknen solle als gewöhnliches, ist vollkommen unrichtig.

6) Starke Schwefelsäure macht das Leinöl für den Sauerstoff der Luft absorptionsfähiger.

7) Das borsaure Manganoxydul wirkt, indem es Sauerstoff aufnimmt, denselben aber auch leicht wieder an das Oel abgiebt.

8) Bleioryd ist in seiner Wirkung verschieden, je nachdem es mit Leinöl gekocht oder nur vermischt wurde.

9) Einfach durch thierische Kohle mechanisch gereinigtes Leinöl hat keine größere Trockenfähigkeit als rohes Leinöl; es sind also im rohen Leinöle keine Substanzen, welche hemmend auf dessen Trockenvermögen einwirken würden.

10) Mennige und andere Sauerstoff abgebende Substanzen geben Anlaß zur Bildung der Linoxysäure und bringen alle schweren Metallbasen nur dann allein eine linoxysaure Verbindung hervor, wenn sie mit dem Leinöl gekocht und der Luft ausgesetzt wurden.

11) Die trocknende Eigenschaft des schon mit Bleioryd gekochten Leinöles (Firniß) kann durch einfaches Vermischen mit sauerstoffreichen Metalloryden nicht erhöht werden.

Diese vorstehend erwähnten Folgerungen bilden die Hauptgrundlagen für die Trockenfähigkeit der Firnisse und der damit und mit Leinöl vermischten farbigen Erden und metallischen Verbindungen. — Es genügt allein das Leinöl, um Objecte jeder Art mit einer vor äußeren Einwirkungen schützenden Schicht zu versehen, ja es ist sogar allem auf was immer für eine Art gekochten Leinöl unbedingt vorzuziehen, da ja die Bildung der schützenden Decke lediglich auf der Entstehung des Linoxyns beruht, und dieses um so länger schützt, als es zu seiner Bildung Zit braucht.

Wir sehen also hier, daß das ungekochte Leinöl seiner Aufgabe am meisten gerecht wird, daß aber selten oder nie die Verhältnisse es gestatten, mit solchem Leinöl, welches 5 bis 10 Tage zum Trocknen braucht, zu arbeiten, daß man daher bemüht ist, das Leinöl schon vor der Verwendung zum Anstrich, vor der Vermischung mit Farben zu oxydiren (durch Verseifung des Oeles mit Metallbasen oder durch Zersetzung des Oeles unter Freiwerden eines Theiles der Leinölsäure), und dadurch die Bildung des Linoxyns, der elastischen zähen Substanz, nach dem Anstrich, nach dem Aussetzen der Einwirkung der Luft und Wärme, zu befördern, allerdings auf Kosten der Haltbarkeit, denn diese Haltbarkeit beruht auf dem längeren oder kürzeren Bestande des Linoxyns als solchem.

Aus den Versuchen Mulder's, des Einzigen, der sich mit den trocknenden Oelen in chemischer Beziehung befaßte, geht genau hervor, daß wir das Trocknen des Oeles nur beschleunigen können, wenn wir solchem eine größere oder geringere Quantität Sauerstoff bei erhöhter Temperatur (höchstens 240° C.) vor dem Anstriche zuführen; diese Zuführung verwandelt das Leinöl in ein verändertes, sauerstoffreicheres Product, welches wir Leinölfirniß nennen, und über welches in der Folge noch eingehend gesprochen wird. Ehe wir jedoch dieses behandeln, haben wir noch jene Veränderungen zu betrachten, welche mit dem Leinöle vorgehen, wenn es über 250° C. erhitzt wird.

Producte der trocknen Destillation des Leinöles.

Alle fetten Oele werden beim Erhitzen über 250° C. zerlegt. Unter dieser Temperatur wenig, darüber mehr und mehr, wenn letztere steigt. Die Zerlegungs-producte neutraler fetter Oele (trocknende und nicht trocknende) enthalten stets Acroleïn, ein Zersetzungsproduct des Glycerins, deshalb müssen dabei auch fette Säuren frei werden. Enthält das neutrale fette Oel Palmitin, so hat man im Destillate Palmitinsäure zu erwarten. Freie Palmitinsäure erhitzt, destillirt theils unverändert über, wird aber theilweise auch bei höherer Temperatur in Palmiton verändert, so daß zugleich Kohlensäure und Wasser frei wird. Da nun Palmitin im Leinöl vorkommt, hat man unter den Producten der Destillation des Leinöls bei hoher Temperatur außer Kohlensäure und Wasser Palmiton und Palmitinsäure neben Acroleïn zu erwarten. Diese Stoffe also entweichen auch beim Kochen von Leinöl und um so mehr, je länger man kocht.

Durch Kochen des Leinöls an der Luft erhält man erst gekochtes Leinöl, bei weiterem Kochen bei hoher Temperatur bildet sich eine nach dem Erkalten zähe Masse, noch weiter gekocht wird diese letztere immer dicker und hinterläßt auf Papier gebracht keinen Fettfleck. Der sich aus dem Oele in Folge Zersetzung ent-wickelnde Dampf entzündet sich hierbei gewöhnlich, doch ist dies nicht unbedingt nothwendig. Ueber ein gewisses Maß erhitzt, ist das Leinöl nicht mehr trocknend, wird aber klebrig oder elastisch. Um trocknend zu bleiben, muß es bis zur beginnenden Zersetzung von Linoleïn erhitzt werden; wenn das geschieht, be-ginnt das bisher bloß gekochte Leinöl in Firniß überzugehen. Unter den ersten Producten, welche beim Kochen ausgetrieben werden, findet man unverzüglich Producte von Oleïn, Myristin, Palmitin.

Wird Leinöl so weit erhitzt, daß es zähe geworden, und dann mit salpeter-saurem Wasser gekocht, so wird es stets fester. Die Trennung des Anhydrids der Leinölsäure und des Glycerins wird durch die Salpetersäure befördert, so daß der Acroleïngeruch bemerkbar wird. Zum Schlusse ist nach Jonas die Masse kautschukartig (Oelkautschuk) geworden, und klebt nicht mehr an den Fingern. Schmelzbar ist dieser Stoff nun nicht mehr, aber mit Schwefelkohlenstoff auflöslich zu einer Emulsion. Kocht man diese kautschukartige Masse in concentrirter Kalilauge, so verbindet sie sich damit, wird aber nicht aufgelöst, und Säuren schlagen sie wieder nieder. Sie wird auch in einer alkoholischen Kalilösung aufgelöst und durch Säuren wieder niedergeschlagen. In alkoholhaltigem Aether schwillt sie auf, löst sich in mehr Aether und wird durch Alkohol wieder niedergeschlagen. In Steinöl schwillt sie auf, wird aber nicht aufgelöst, wohl aber in vielem Terpentinöl.

Mulder selbst untersuchte die bei der trocknen Destillation des Leinöles entstandenen neuen Verbindungen und berichtet darüber wie folgt:

0,5 Liter Leinöl wurden in einer Retorte mit Vorlage in einem Sandbade durch eine Gasflamme bis ungefähr zur Kochhitze erwärmt. Die Retorte und der Kolben waren mit Luft gefüllt, Erwärmung der Luft findet aber nicht statt.

In den ersten sechs Stunden destillirte eine gemischte Substanz über, welche ein wenig gefärbt und tropfbar flüssig, mit einem Geruche nach Acrolein war, dar= auf kam eine weiße, butterartige Masse, zusammen $1/_{20}$ des Oeles.

In den zweiten sechs Stunden war das besonders aufgefangene Destillat nur eine weiße, butterartige Substanz mit schwachem Geruche nach Acrolein, ungefähr $1/_{20}$ des ursprünglichen Oeles. Der Inhalt der Retorte war hierbei zähe geworden.

In den dritten sechs Stunden destillirte bei gleicher Temperatur derselbe butter= artige Stoff ab, aber in abnehmender Menge und war diese zum Schlusse so un= bedeutend, daß nach 36 stündiger Arbeit die Destillation unterbrochen wurde. Das Destilliren bei niedriger Temperatur unter der Kochhitze des Oeles, so daß man 36 Stunden nach einander langsam erhitzt, um die Destillation von 500 g zu vollenden, ist durchaus nothwendig, um ein gutes Resultat zu erzielen. Die Kohlenwasserstoffe werden dadurch auf ein Minimum reducirt; man erhält die fetten Säuren von zwei der Glyceride in ansehnlicher Menge, und von Kohle sieht man keine Spur. Was flüchtig ist, ist kaum gefärbt.

Wir betrachten nun den in der Retorte gebliebenen Rückstand, das eigen= thümliche Product des Leinöles, und wahrscheinlich aller austrocknenden Oele, weil es für uns am wichtigsten ist.

Dieser nicht flüchtige Theil ist beinahe frei von Fetten, doch wurde er vor= sichtshalber mit Aether ausgezogen, um ihn von noch etwa anhaftendem Fett zu be= freien, und wurde auch in der That etwas gelöst. Der in Aether unlösliche Rück= stand war, in Masse gesehen, dunkel von Farbe, in dünnen Lagen aber nur strohgelb sehr elastisch und dem Kautschuk sehr ähnlich. Die Zusammensetzung desselben war

				Berechnet
C	79,1	79,2	32	79,0
H	11,2	11,2	27	11,1
O	9,7	9,6	3	9,9

Wir sehen also hier die bemerkenswerthe Thatsache, daß wir in der kaut= schukartigen Masse, welche in dem der Destillation unterworfenen Oele die Ober= hand hat, das Anhydrid der Leinölsäure, $C_{32}H_{54}O_3$, haben. Durch salpetrige Säure wird diese kautschukartige Substanz aus dem Leinöle in gewöhnlicher Tem= peratur in ein rothbraunes Harz verändert.

Ammoniak greift sie gar nicht an und sie bleibt darin ganz unauflöslich; in Kalilösung wird sie in der Wärme zertheilt und auf Zusatz von mehr Wasser ganz aufgelöst und zwar zu einer hellen, farblosen Solution. Salzsäure bringt darin einen Niederschlag hervor, welcher nach vielen Stunden Ruhe an der Oberfläche als eine klebrige Schicht erscheint, welche bald zu einer elastischen Haut einschrumpft.

Um das Produkt näher zu untersuchen, wurde die elastische Haut von der Oberfläche der Flüssigkeit abgenommen, mit Wasser ausgewaschen, an der Luft getrocknet, mit Aether behandelt und die ätherische Flüssigkeit filtrirt. Es blieben nur geringe Spuren einer unauflöslichen Substanz zurück.

Die ätherische Solution ließ verdampft eine harzige Materie zurück, welche sehr gefärbt war und wieder in Aether aufgelöst und durch thierische Kohle filtrirt, viel von der Farbe verlor. Nach Verdampfung des Aethers wurde sie in kochen= dem absolutem Alkohol gelöst, worin sie schwierig sich löste und woraus sie nach Abkühlung größtentheils als gefärbtes Harz wieder niedergeschlagen wurde. In den äußeren Eigenschaften unterschied sich diese Substanz von der ursprünglichen sehr wenig, sie war sehr klebrig, auch nachdem sie viele Monate der Luft ausgesetzt und, wie ich glaube, nicht höher oxydirt war.

Während der Destillation wird von Anfang eine ansehnliche Menge Acroleïn entwickelt; was an flüchtigen Producten gesammelt wurde, war zuerst eine ganz farblose Flüssigkeit, welche theils in Kalilauge löslich, theils darin unlöslich war Die gebildeten Kohlenwasserstoffe wurden nicht mehr untersucht, ebenso auch die Fettsäuren nicht.

Was unter 100° nicht flüchtig war, bestand aus einigen Säuren; selbst der Theil, der in gewöhnlicher Temperatur flüssig war, wurde beim Erwärmen in einer Auflösung von kohlensaurem Natron unter Entwickelung von Kohlensäur vollständig gelöst, ein Resultat, welches man nicht erhält, wenn man das Leinö nicht bei einer sehr niederen Temperatur destillirt.

Das Ganze der unter 100° nicht flüchtigen Fette wurde mit warmem Wasse so lange ausgezogen, bis sich darin nichts mehr auflöste. Aus diesem Wasse setzte sich ein krystallinischer Bodensatz ab, welcher wieder gelöst und abermal krystallisirt wurde. Es war Acidum sebaïcum, brandige Fettsäure, Sebacylsäure

Das Acroleïn, welches zurückgeblieben, war bereits in Acrylsäure verändert die Flüssigkeit hatte kaum mehr den Geruch nach Acroleïn.

Betrachten wir die Ergebnisse der trockenen Destillation des Leinöls bei ge linder, trockener Wärme (nahe des Siedepunktes), so haben wir als Rückstand in dem Destillirapparate: das Anhydrid der Leinölsäure, und als flüchtige un dann condensirbare Destillate: Acroleïn, theilweise zu Acrylsäure oxydirt, Sebacyl säure, Palmitinsäure und Myristinsäure.

Von Wichtigkeit für uns ist nur das Anhydrid der Leinölsäure, welches wi aber für unsere Zwecke in ganz anderer Weise — allerdings nur theilweise — in viel kürzerer Zeit und bei Zutritt der Luft herstellen.

Reinigung des Leinöls zum Zwecke der Firnißbereitung.

Das gewöhnliche, frisch gepreßte Leinöl führt eine Menge mechanischer Bei mengungen, auch Wasser mit sich, welche, ehe man das Leinöl bei erhöhter Tem peratur oxydirt, entweder auf natürlichem Wege (Klärung durch Ablagerung oder auf künstlichem Wege (Filtriren, Behandlung mit chemischen Verbindungen aus demselben entfernt werden sollen. — Im gewöhnlichen Leben nennt mai diese Verunreinigungen Schleim, und es ist vielfach behauptet worden, es seiei Eiweißstoffe, welche beim Kochen des Oeles coaguliren; diese letztere Annahme is indessen eine völlig irrige, denn wenn aus den Samenhüllen wirklich Eiweiß mi

in das Oel käme, so wäre dies bei der hohen Temperatur, unter der das Leinsamenmehl gepreßt wird, bereits coagulirt und kann, nachdem es als fester Körper in den Preßsäcken bleibt, gar nie ins Oel gelangen.

Wir haben also hier unser Hauptaugenmerk darauf zu richten, daß die mechanisch beigemengten Substanzen entweder

1) Zeit haben, sich am Boden des Gefäßes, in dem das Oel sich befindet,
niederzuschlagen, oder

2) sich einer schwereren Flüssigkeit als das Oel selbst mittheilen, und auf
diese Weise die Trennung rascher vor sich geht, oder

3) durch Hindernisse, welche nur das flüssige Oel, nicht aber feste Substanzen passiren können, zurückgehalten, oder endlich

4) durch Anwendung chemischer Mittel diese organischen Substanzen zerstört
werden.

Um das Leinöl im Wege des Ablagerns zu klären, bedarf es keiner besonderen Vorrichtungen, es kann dies in jedem beliebigen Fasse oder sonstigen Gefäße geschehen; im Großen wendet man mit Vortheil eiserne Reservoirs an, welche

Fig. 3.

Klärungsgefäß von der Seite gesehen.

Fig. 4.

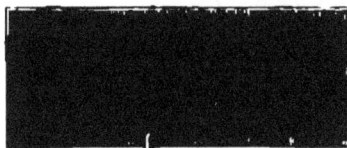

Klärungsgefäß von vorn gesehen.
a a a' a' Oeffnungen (Ablaßhähne).

im Verhältniß zur Höhe eine
sehr breite Basis haben und
am besten oben offen sind,
so daß die atmosphärische Luft
jederzeit freien Zutritt hat.
Jedes Gefäß, in dem man Oel
zur Klärung aufbewahrt, muß
aber zwei Oeffnungen haben,
welche zum Ablassen desselben
nach der Klärung dienen und
zwar, je nach der Größe des
Gefäßes, eine unmittelbar
über dem Boden, und eine
zweite einige Zoll höher, damit bei der oberen Oeffnung
das geklärte Oel ruhig abfließen kann, während man
dann durch die untere den
Bodensatz entfernt. Selbst-

verständlich ist hierbei, daß diese Oeffnungen nicht in einer verticalen Linie liegen!

Nach Drayton's in den Vereinigten Staaten von Nordamerika patentirtem
Verfahren wird das zu russirende Oel mit Alkohol gemischt, und beide Flüssigkeiten werden durch ruhiges Stehenlassen von einander getrennt. Handelt es sich
darum, geringe Mengen Oel schnell und leicht zu reinigen, und soll namentlich
der Geschmack des Oeles nicht verändert werden, so soll man die Reinigung am
besten mit Gerberlohe vornehmen. Auf 100 Theile Oel nimmt man dann
4 Theile Eichenrinde oder frische Gerberlohe, übergießt diese in einem gut verschließbaren Steintopfe mit dem doppelten Gewichte kochenden Wassers, trennt nach
einiger Zeit den wässerigen Auszug von der Rinde durch ein leinenes Tuch und

3*

gießt die Flüssigkeit zu dem Oele, wobei man eine vollständige Mischung durch tüchtiges Umrühren bewirkt, und endlich noch 24 Theile kochendes Wasser zusetzt. Ist Alles gut gemischt, so läßt man das Ganze ruhig stehen, bis sich das Oel von dem Wasser scheidet. Das klare Oel kann abgegossen werden, der trübe Antheil, der unmittelbar auf dem Wasser schwimmt, wird durch Filtration getrennt, indem man ein Tuch über ein Gefäß ausspannt und durch dasselbe das Oel gießt.

Nach Otto eignen sich Sägespäne sehr gut zum Klären des Oeles. Man bringt zu diesem Zwecke die Sägespäne von trockenem, harzfreiem Holze in eiserne Cylinder, legt oben und unten wollene Tücher darüber und läßt das Oel unten ein- und oben austreten. Die unbrauchbar gewordenen Sägespäne werden ausgepreßt und durch Kochen mit Wasser vollständig vom Oele befreit.

Dubrunfaut setzt auf 3 Oxhoft ungereinigtes Oel 50 kg gestoßene Oelkuchen zu, rührt tüchtig durch und läßt absitzen. Nach einigen Tagen, wenn das Oel ganz klar geworden ist, zieht man die Hälfte ab und setzt dafür ebenso viel trübes Oel hinzu, rührt von Neuem um und läßt wieder absitzen. So verfährt man so

Fig. 5.

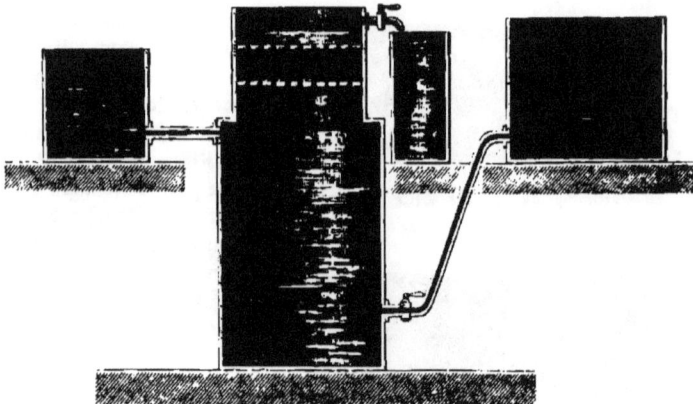

Ure's Oelfilter.

lange, bis der Oelkuchen seine Dienste versagt. Er wird dann ausgepreßt und das trübe gewordene Oel mit neuen Oelkuchen behandelt.

Thierische Kohle ist ein ganz vortreffliches Mittel, um Leinöl zu entfärben und zu klären. Ich habe dazu mit Salzsäure gereinigte thierische Kohle gebraucht, das Oel damit vermischt, 48 Stunden stehen lassen und dann durch thierische Kohle filtrirt.

In La Bilette bei Paris reinigt man Oel durch Filtration durch eine entfärbende Schieferkohle.

Ein sehr praktisches Oelfilter zur mechanischen Reinigung von Oel hat Ure angegeben. Bei demselben befindet sich das zu filtrirende Oel in einem Behälter, welcher nahe über dem Boden in eine mit einem Hahne versehene Seitenröhre mündet, die wieder mit einem Wasserbehälter in Verbindung steht. Das Filter steht auf dem oberen Boden. und enthält zwei durchbohrte Böden, durch welche es in drei Abtheilungen zerlegt ist. Die untere derselben steht durch ein kurzes knieförmig gebogenes Rohr mit dem Oelbehälter in Verbindung, während die mittlere mit gröblich gepulverter Kohle, Baumwolle, Filz u. dergl. gefüllt wird. Die obere Abtheilung dient zum Ansammeln des filtrirten Oeles und ist mit einem Hahne zum Abziehen desselben versehen. Fig. 5 zeigt die Einrichtung. Sind die Cisterne mit Wasser und der Behälter mit Oel gefüllt, so öffnet man die Röhre; das Wasser tritt nun in den Oelbehälter und nimmt in demselben in Folge seiner Schwere den unteren Raum ein, während das Oel durch die eine Röhre in das Filter steigt und durch den hydrostatischen Druck der in der anderen Röhre ent-haltenen Wassersäule durch das Filter getrieben wird. Wenn sich nach fortgesetzter Arbeit in dem unteren Raum des Filters ein schleimiger Absatz aus dem Oele sammelt, so läßt man diesen durch den Hahn ab. Man hat es auf diese Weise in seiner Gewalt, das klare Oel schnell von dem Bodensatze zu trennen.

Ein anderes Verfahren ist folgendes: Man bringt das zu reinigende Oel in eine, einem Drehbutterfasse gleichende Tonne, in deren Innerem sich eine mit Flügeln versehene Welle befindet, die durch eine Kurbel in Bewegung gebracht wird. Zu dem Oele gießt man das zweifache Volum reines Flußwasser, in dem etwas Kochsalz aufgelöst wurde. Nachdem die Tonne geschlossen worden, bringt man die Mischung eine volle Stunde lang durch Umdrehen der Welle in Bewegung. Je schneller dieses Umdrehen geschieht, um so mehr wird für die Reinigung des Oeles gesorgt. Man öffnet nun die Tonne und gießt das Ganze in einen Kübel, an dessen Seite ein Hahn in solcher Höhe angebracht ist, daß das nach einiger Ruhe über das Wasser tretende Oel rein durch denselben abgelassen werden kann. Nach-dem man das Oel nun 24 Stunden der Ruhe überlassen hat, wird das Oel ab-gelassen und wieder in die Tonne gebracht, um mit ebensoviel Wasser als vorher abermals durcheinander geschlagen zu werden. In dem in dem Kübel zurückge-bliebenen Wasser findet man einen bedeutenden Bodensatz, der durch den von dem Oele getrennten sogenannten Schleim gebildet worden ist. In neuerer Zeit sucht man Oele zum Zwecke der Firnißfabrikation auch auf mechanischem Wege mittelst Maschinen zu reinigen; bei diesen wird das Oel in heftige Bewegung versetzt und mit der Luft in innige Berührung gebracht, damit sich die Unreinigkeiten leichter ausscheiden und dem Oele schon vor dem Kochen Sauerstoff zugeführt werde.

Die von der Actiengesellschaft für Maschinenbau und Eisenindustrie zu Barel an der Jahde im Großherzogthume Oldenburg neuerdings gebaute Kataract-maschine scheint dazu berufen, alle anderen Maschinen, welche man bis jetzt zur rascheren Reinigung des Oeles verwendete, zu verdrängen, und verdient dieselbe Eingang in alle Firniß- und Lackfabriken. Fig. 6 (a. f. S.) zeigt einen Vertikal-schnitt durch die Maschine. Das zu reinigende Oel wird bis zu einer Marke in das eiserne cylindrische Faß gegeben. Beim Drehen am Schwungrade S wird der Flügel Fl in rasche Umdrehung versetzt; das Oel steigt in Folge der Wirkung der Centrifugalkraft an den Wänden des Fasses in die Höhe, wird durch die Klappen KK und einem darüber liegenden Ring abgelenkt und stürzt in der Mitte zusammen; das Oel macht also einen Kreislauf, und während dieses Kreislaufes findet ein so intensives Mischen und eine so heftige

Bewegung und dabei eine so innige Berührung mit der atmosphärischen Luft statt, wie es durch keine andere Maschine und auf keine andere Weise erreicht werden kann. Deshalb eignet sich die Maschine auch so sehr gut zur Reinigung des Oeles

Fig. 6.

Kataractmaschine zur Oelreinigung.

und kann außerdem auch noch zum Mischen von Firniß oder Lack mit Farben benutzt werden.

Die genannte Actiengesellschaft baut die Kataractmaschinen von 20 bis 400 Liter Inhalt, und kostet eine solche von 100 bis 125 Liter Inhalt mit eisernem Faß und rotirendem Deckel sammt großem Schwungrade für Handbetrieb 250 Mark D. Rw. ab Barel. Größere Maschinen werden nur für Kraftbetrieb mit Riemenscheiben geliefert.

Ein großer Theil des im Handel vorkommenden Leinöles wird mit Schwefelsäure gereinigt und kennt man verschiedene Verfahrungsweisen.

So nimmt man nach Wäsl auf 300 bis 400 kg Leinöl 1 kg rauchende Schwefelsäure (Vitriolöl), die in einem dünnen Strahl und unter fortwährendem Umrühren zugesetzt werden muß. Nach tüchtigem Umrühren fügt man ein Drittel des Oeles kochendes Wasser hinzu, rührt wieder durch und läßt absitzen. Nach vollständiger Trennung des sauren Wassers vom Oele werden letzterem, welches noch trübe ist, 3 Proc. trockenes, gepulvertes Kochsalz zugesetzt, nachdem das Oel auf ein anderes Faß abgezogen wurde. Das Kochsalz entzieht dem Oele das noch darin enthaltene Wasser und man hat schließlich das Oel nur noch durch mit Weizenkleie gefüllte Säcke zu filtriren.

Versagen diese endlich ihren Dienst, so preßt man sie, verwendet die Kleie als Viehfutter und reinigt die Säcke mit Aetzkalk oder Aetzlauge.

Nach einer Mittheilung der Centralhalle soll man das Oel, nachdem es mit Schwefelsäure durchgearbeitet ist, nicht unmittelbar mit Wasser behandeln, sondern die Mischung ruhig über Nacht stehen lassen. Am anderen Tage wird man dann das Oel leicht klar und rein abziehen können, während der Schlamm fest und dick am Boden liegen bleibt. Man soll dann auf 100 Theile Oel 8 Loth Salz in 10 Liter kochendem Wasser lösen, dies so heiß als möglich in das abgezogene Oel gießen und 1 bis 2 Stunden — überhaupt so lange rühren, bis sich ein zarter weißer Schaum auf dem Oele gebildet hat. Dieser Schaum, der ein gutes Zeichen ist, zeigt aber auch zugleich an, daß man mit dem Rühren aufhören muß, widrigenfalls das Oel schmutzig und dick werden und sich nicht klären würde.

Läßt man nun das Oel etwa zwei Tage an einem mäßig warmen Orte stehen, so scheidet sich dasselbe vollkommen hell und klar ab; es wird dann filtrirt und zwar entweder durch recht trockenen gut gewaschenen Flußsand, oder durch Filzhüte, welche aber nicht spitz, sondern breit, den Wassereimern gleich, sind. Die Filzeimer sollen am besten aus Lammwolle, mit einigen gut gewallten Hundehaaren gemischt, durch welche sie locker und dauerhafter werden, angefertigt werden.

Nach Wille nimmt man auf 400 kg Oel 3 kg Schwefelsäure, und rührt das Ganze fünf Stunden lang durch. Dann setzt man demselben ein Gemenge von 3 kg Thon und 7 kg gebranntem Kalk und schließlich 236 Gallons (944 kg) Wasser hinzu und kocht unter fleißigem Umrühren drei Stunden lang. Nach dem Erkalten wird das vollkommen gereinigte Oel abgelassen.

Logan's Methode ist folgende: 100 Gallonen (zu 4 kg, also 400 kg) Leinöl werden mit 5 kg starker Schwefelsäure, die mit ebenso viel Wasser verdünnt, vermischt, die Säure in kleinen Portionen zugesetzt und alles während einiger Stunden in Bewegung erhalten. Jetzt läßt man das Gemenge einige Stunden ruhen, worauf heiße Wasserdämpfe einige Stunden hindurchgeführt werden. Nun werden Oel und Wasser geschieden.

Tilchmann empfiehlt zur Verbesserung des Oeles schweflige Säure. In das auf 260° (?) erhitzte Oel wird ein Strom schwefligsauren Gases geleitet, und zwar vier Stunden lang, und darauf durch Wasserdämpfe die Säure wieder entfernt. Man erreicht den Zweck auch bei niederer Temperatur, jedoch dauert es länger. Wahrscheinlich wird durch schweflige Säure im Leinöle Schwefelsäure gebildet, die dann die Bildung von Schwefelfettsäuren veranlaßt.

Nach R. Wagner kann man Chlorzink mit Vortheil anwenden, um die Schwefelsäure zu ersetzen. Das Chlorzink soll die „schleimigen Theile" auflösen und mit der Zeit verkohlen, ohne das Oel anzugreifen.

Eine syrupdicke Auflösung von Chlorzink wird im Verhältnisse von 1 : 15 mit Oel geschüttelt. Das Oel wird zuerst trübe und durch Wasserdämpfe oder warmes Wasser nach der Ruhe wieder hell. Wagner scheint im Großen nicht gearbeitet zu haben.

Evrard reinigt Oel, indem er dasselbe mit einer dünnen Auflösung von Kali oder Natron (Natron- oder Kalilauge) schüttelt. Nachdem ein Bodensatz entstanden, kommt das unverseifte Oel nach oben; man schüttelt mit Wasser und läßt wieder absetzen. Das Oel wird nun abgezogen und dann in der Kälte oder Wärme durch Stehenlassen geklärt.

Eine andere, sehr vortheilhafte, weil verhältnißmäßig rasche und dabei etwas bleichend wirkende Raffinirung des Leinöles ist mit übermangansaurem Kali. — Uebermangansaures Kali wirkt nicht nur bleichend, es wirkt auf organische Beimengungen, wie Gewebsreste ꝛc., zerstörend ein, und darauf beruht seine Wirkung.

Für die Reinigung von 100 kg Leinöl bereitet man sich eine Auflösung von 1 kg krystallisirtem übermangansaurem Kali in 16 Theilen bestillirtem Wasser bei gewöhnlicher Temperatur, und setzt diese dem zu reinigenden Oele unter fortwährendem Umrühren zu. Dann erhält man das Gemenge weitere zwei Stunden in Bewegung und überläßt es nun der Ruhe. — Nach Verlauf von 1 bis 2 Tagen hat sich das Leinöl von der übermangansauren Kalilösung getrennt, kann, von allen fremden Beimischungen frei und heller geworden, abgezogen werden, während sich die übermangansaure Kalilösung nochmals für weitere 100 kg Leinöl verwenden läßt.

Wir haben hier eine große Anzahl Reinigungsmethoden, doch bleibt das einfache Klären durch Ablagerung immer die einfachste und beste, weil man nie Gefahr läuft, fremde Stoffe in das Oel zu bekommen, welche vielleicht später in irgend einer Weise schädliche Einflüsse hervorzubringen vermögen.

Das Bleichen des Leinöles.

Auch bei dem Bleichen lehrt uns die Erfahrung wieder, daß kräftige und andauernde Wirkung des directen Sonnenlichtes das Oel am schnellsten und am schönsten bleicht und alle künstlichen Bleichmethoden mit Chemikalien weit zurückstehen müssen. So entfärbt das directe Sonnenlicht Leinöl in dünnen Lagen in ein paar Stunden im Sommer vollständig, so daß das Oel wasserhell und farblos wird. Dieses Verfahren ist im Großen wohl nicht anwendbar, doch kann man in entsprechenden Gefäßen eine auch in kurzer Zeit vollkommene Bleichung erzielen. — Mulder hat gefunden, daß das Bleichen des Leinöles bedeutend rascher und vollständiger vor sich geht, wenn man solches zuerst durch thierische Kohle filtrirt und dann erst das directe Sonnenlicht einwirken läßt. — Man verwende daher zum Bleichen nur solches Oel, welches man vorher durch Knochenkohle gut filtrirt hat, auch kann man das Oel, ehe man es filtrirt, mit der thierischen Kohle gemiſcht, etwa 8 Tage der Einwirkung des directen Sonnenlichtes ausſetzen und dadurch noch ſchneller zu einem Reſultate kommen.

Wenn es ſich nur darum handelt, ganz kleine Quantitäten zu bleichen, ſo ſetzt man das vorher filtrirte Oel einfach in einer nicht zu großen Glasflaſche dem Lichte aus, wobei man den Hals der Flaſche nur loſe mit Baumwolle verſtopft halte, damit der Zutritt der Luft nicht gehindert werde.

Um das Bleichen des Oeles in größeren Quantitäten vorzunehmen, nimmt man hierzu entweder Holzkäſten, die mit Zinkblech gut ausgeſchlagen ſind, oder läßt dieſe Käſten gleich aus Blei anfertigen, da ſie, wenn ſie conſtant im Gebrauche ſind, durch ihre längere Haltbarkeit die Mehrausgabe reichlich einbringen.

Dieſe Käſten (Fig. 7) haben am beſten eine Länge von 1 m, eine Breite von ¹/₂ m und eine Tiefe oder Höhe von 15 bis 20 cm, ſie müſſen mit einem gut ſchließenden Deckel verſehen ſein, damit bei Regen kein Waſſer in das Oel gelangen kann. — Um das Waſſer von dem Deckel leichter ablaufen zu machen, erhöht man die eine

Fig. 7.

Seitenwand um 2 bis 3 cm. Eine weitere Hauptſache bei dem Bleichen iſt auch die Zuführung von Luft. — Man verſieht alſo die Käſten ſeitlich hart unter dem Deckel mit zwei einander entgegengeſetzten Löchern, in welche Rohre eingeführt werden, ſo daß in dem Kaſten auf der Oberfläche des Oeles ein fortwährender Luftzug entſteht und damit immer friſche Luft dem Oele zugeführt wird. Auf dieſe Weiſe wird im Verlaufe von vielleicht 14 Tagen das in dem Kaſten befindliche Oel vollkommen weiß und klar ſein, und man hat daſſelbe nur abzuziehen. Den Bodenſatz kann man dann unter gewöhnliches, zum Verſieden beſtimmtes Oel ſchütten.

Zum Bleichen auf chemiſchem Wege ſtehen uns verſchiedene ſehr kräftig wirkende Mittel zu Gebote, doch muß man ſich hier jederzeit vor Augen halten, daß das Oel dieſe chemiſchen Stoffe ſehr ſchwer wieder abgiebt und namentlich bei der Chlorbleiche ſehr leicht freies Chlor zurückgehalten wird, welches dann bei der ſpäteren Verwendung vielleicht nachtheilig auf die Farbe wirken kann.

Erſte Vorſchrift.

Man nimmt auf 100 kg Leinöl 16 Liter kochendes Waſſer, in dem man früher feingepulvert aufgelöſt reſp. ſuspendirt hat:

¹/₂ kg Braunstein,

¹/₄ „ doppelt chromsaures Kali,

¹/₄ „ krystallisirte Soda und

¹/₂ „ Kochsalz.

Diese Flüssigkeit wird kochend in das Oel geschüttet, sechs Minuten gut durch=
gerührt, acht Tage in der Wärme ruhig klären lassen und das Oel dann ab=
gezogen.

Zweite Vorschrift.

Man bringt je 10 kg des zu bleichenden Oeles in Flaschen, welche 15 bis
16 Liter zu fassen vermögen, und fügt zu jeder Oelmenge 4 bis 5 Liter einer Lö=
sung von Eisenvitriol in Wasser. Die Flaschen werden in einem hellen Zimmer
so aufgestellt, daß sie möglichst lange der Einwirkung der directen Sonnenstrahlen
ausgesetzt sind. Mindestens einmal im Tage wird jede Flasche tüchtig geschüttelt.
Je nach der Temperatur, besonders aber je nachdem das Sonnenlicht schwächer
oder kräftiger wirken konnte, dauert es 3 bis 6 Wochen, bis das Oel vollkommen
gebleicht ist. Das klare Oel wird vorsichtig von der Eisenvitriollösung abge=
gossen und in Glasflaschen bewahrt. Die Eisenvitriollösung kann mehrere
Male zu gleichem Zwecke verwendet werden. Wirkt sie schon schwächer, so verstärkt
man sie durch Zugabe von 10 kg Eisenvitriol auf 100 Liter Flüssigkeit.

Dritte Vorschrift.

In eine hohe, unten schmale faßartige Kufe von ungefähr 4 hl Raum=
inhalt, welcher ein gut schließbarer Deckel oben angepaßt ist, wird ein Centner
rohes Leinöl und darauf 1 Centner heiß gemachtes weiches Wasser gegossen. Die=
sem wird sogleich ¹/₂ kg Minium, das zuvor mit ¹/₂ kg Leinöl gut abgerieben war,
zugesetzt. Der ganze Inhalt der Kufe wird dann durch die angebrachte Rühr=
vorrichtung gehörig durcheinander gemischt, ¹/₂ kg concentrirte Salzsäure wird
dazu gegeben und das Ganze sogleich und noch einige Male während des Tages
gehörig durchgerührt. Noch durch die folgenden fünf Tage wird jeden Tag ¹/₂ kg
concentrirte Salzsäure zugesetzt, und das Ganze während des Tages einige Male
gut umgerührt. Es ist gut, den auf der Kufe dicht aufliegenden Deckel mit einer
ventilartigen verschiebbaren Oeffnung zu versehen, um das Eingießen von Salzsäure
zu erleichtern. Die Rührvorrichtung besteht am besten in einer verticalen Welle,
welche in einem im Boden der Kufe befindlichen gelochten Zapfen eingelassen ist
und darin freistehend die drehende Bewegung um ihre Achse gestattet. Diese
stehende Welle, in welcher Rührarme nach Art eines Quirls angebracht sind, oder
an welcher eine zahlreich durchlöcherte Metallscheibe befestigt ist, zur Vermehrung
der Berührung und Mengung der in der Kufe befindlichen Flüssigkeit beim Um=
drehen der Welle, geht durch den fest aufliegenden Deckel mitten durch und wird
durch eine, an dem über die Kufe hinausreichenden, oberen Ende angebrachte
kurbelartige Handhabe in drehende Bewegung gesetzt.

Wenn das in der Kufe befindliche Gemenge durch sechs Tage so gestanden
hat, täglich mit der bestimmten Portion Salzsäure versetzt und mehrmals umge=
rührt wurde, wird das obenstehende, durch die Einwirkung des, aus der Salzsäure
sich entwickelnden Chlorgases schon bedeutend heller gewordene Leinöl auf Filtrir=
hütte gebracht, und nach gehörigem Ablaufen und Befreiung vom Bodensatze in

große Glasflaschen oder in flache, mit Glas, Blei oder einem anderen Metalle ausgefütterte Kästen gebracht und durch einige Tage bis zur Erlangung der nöthigen Helle der weiteren Bleiche durch die entfärbende Einwirkung des Sonnenlichtes ausgesetzt, aufs Lager gebracht oder gleich verwendet.

Vierte Vorschrift.

Losch nimmt eine Quantität des zu bleichenden Oeles und fügt dazu dem Gewichte nach $^1/_{10}$ Pottasche, die in dem entsprechenden Wasserquantum gelöst wurde, so daß es der Menge des Oeles gleichkommt, und trägt Sorge, daß die Mischung so lange umgerührt wird, bis Alles innig gemengt ist. Hierauf bereitet man sich eine Chlorkalklösung, indem man Chlorkalk im Verhältniß von 1 : 48 in Wasser löst, von dieser Lösung ein Viertel der Leinölmenge diesem zusetzt und die letztere Mischung während einiger Zeit gut durcheinander rührt. Ist dies geschehen, so beginnt sofort der Bleichproceß, der in kürzester Zeit vollendet ist und die Farbe des Oeles vollkommen zerstört. Das gebleichte Oel wird nun in einen Kessel gegeben und mit verdünnter Schwefelsäure (1 Theil) und Wasser (20 Theile) so lange gekocht und darauf einige Male mit heißem Wasser ausgewaschen, bis sich weder eine alkalische, noch eine saure Reaction nachweisen läßt.

Fünfte Vorschrift.

Das Bleisulfat ist ein weißes, unlösliches Pulver, welches man leicht durch Zusammenbringen von Schwefelsäure mit Bleizuckerlösung darstellen kann. Um Leinöl mit diesem Präparate zu bleichen, verwendet man etwa 2 Proc. davon im Verhältniß zur Oelmenge, verreibt dasselbe anfangs mit ganz wenig Oel auf dem Reibsteine zu einer consistenten Farbe, und verdünnt schließlich diese zu einer Milch, die man dem Leinöl zusetzt, welches sich in diesem Falle in belichteten Flaschen befinden muß. Die trübe Flüssigkeit klärt sich langsam ab, und man findet nach einigen Wochen das Oel ganz geklärt und gebleicht; die fremden Stoffe, welche im Oele enthalten waren, sind als ziemlich feste Masse über dem Bleisulfate angesammelt, und kann man dieses Letztere ziemlich oft zu gleichem Zwecke wieder verwenden.

Mohnöl

wird durch Auspressen des Mohns oder Mohnsamens (Papaver somniferum) gewonnen.

Die Mohnpflanze[1] ist in den östlichen Ländern des Mittelmeergebietes einheimisch, wird aber seit alter Zeit in vielen Gegenden Europas, Asiens und Afrikas, in neuerer Zeit auch in Nordamerika und Australien (Neusüdwales), theils der Opiumgewinnung, theils der ölreichen Samen wegen, im Großen angebaut. Fig. 8 und 9 (a. f. S.) zeigen die Blüthe und Frucht der Pflanze. Man unterscheidet zwei Hauptformen des Mohnes, Papaver album D. C. und P. nigrum D. C., von welchen ersterer weiße, letzterer blauschwärzliche oder graue Samen trägt. Weißer Mohn giebt feineres Oel, seine Samen sind es auch, die zu medicinischen Zwecken benutzt werden; für die Oelgewinnung wird jedoch meist schwarzer Mohn genommen, da dessen Cultur mehr verlohnt. Im

---

[1] D. J. Wiesner, Rohstofflehre des Pflanzenreiches, S. 737.

Oelgehalt stimmen beide Mohnsorten miteinander überein, sie enthalten nämlich etwa 60 Proc. fettes Oel. Geruch und Geschmack der Mohnkörner sind bekannt, ebenso die Gestalt, welche, genau betrachtet, etwas abgeplattet, rundlich und nieren= förmig ist. Das Gewicht eines Mohnkornes beträgt nach Flückiger im luft= trockenen Zustande etwa 0,5 mg. Die Oberfläche der Körner zeigt netzartige Er= habenheiten.

An jedem Samen (Mohnkorn) lassen sich Schale, Embryo und Sameneiweiß unterscheiden. Die Dicke der Samenschale beträgt etwa 0,014 mm. Sie ist von einer, mit dicker Cuticula bedeckten Oberhaut umschlossen, an die sich ein aus zusammengefallenen Zellen bestehendes Parenchym anschließt. Dieses Gewebe führt bei dem weißen Samen einen ungefärbten Inhalt; bei der dunkelsamigen Spielart tritt in den inneren Lagen dieses Gewebes ein bräunlich gefärbter, fester

Fig. 8.   Fig. 9.

 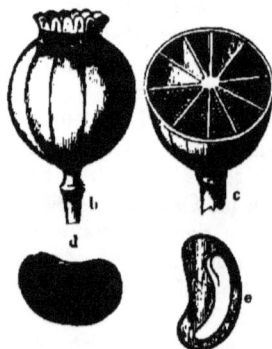

Mohn (Papaveris somniferum).   Frucht (Samenkapsel) des Mohns.

Inhalt auf. Der Keim ist relativ groß; Samenlappen und Würzelchen gleichen sich in der Länge, und der Embryo ist gekrümmt. Er setzt sich aus zartwandigen, theils parenchymatischen, theils cambialen Zellen zusammen. Erstere enthalten reichlich Fetttröpfchen und größere Aleuronkörner, welche in der Dimension, in der Form und sonstigen Structur mit den analogen Gebilden des Endosperm zusam= menstimmen.

Dieses bildet ein gleichartiges Gewebe, dessen Zellen mit kleinen Fetttröpfchen und großen Aleuronkörnern erfüllt sind. In einzelnen Aleuronkörnern erblickt man hellere Kerne (Hartig's Weißkerne) und Krystalloïde.

Nach Sacc's Untersuchungen enthalten die weißen Mohnsamen 54,61 Proc. fettes Oel (Mohnöl); 23,26 Proc. Pectinstoffe, etwa 12 Proc. Eiweißsubstanzen, nahezu 6 Proc. Cellulose und geben 2 bis 3 Proc. Asche, welche hauptsächlich aus phosphorsaurem Kalk besteht. Die Angabe, daß in den Mohnsamen Morphin vorkommt, hat sich als irrthümlich herausgestellt. Das Einernten des Mohn=

samens erfordert viel Sorgfalt; es darf weder zu frühzeitig geschehen, indem dann die Kapseln nur schwierig trocknen, noch zu spät, damit die Kapseln nicht aufspringen und zuviel Samen verloren geht.

Die Gewinnung des Mohnöls bildet einen für das nördliche Frankreich wichtigen Industriezweig; das producirte Oel wird etwa zur Hälfte dort verbraucht, zur anderen Hälfte geht es meist nach Südfrankreich, wo es zur Fabrikation von Kernseifen dient. In Deutschland wird es am meisten in Baden, Bayern und Württemberg gewonnen.

Zur Fabrikation des Mohnöles werden die Mohnköpfe, sobald sie einen gewissen Grad von Trockenheit erlangt haben, geöffnet; ihr Inhalt wird auf Bleche geschüttet, dann zur Beseitigung der Kapselstücke geschwungen und auf der Mühle zu einer Art Mehl vermahlen, welches in Preßsäcke von Zwilch gefüllt und in diesen ausgepreßt wird. Das Oel wird in Krügen und Ständern aufgefangen und stehen gelassen, damit es sich vollständig klären kann; dann wird es abgefüllt und in den Handel gebracht. Man unterscheidet in Frankreich zwei Sorten Mohnöl: Speiseöl, weißes Mohnöl (huile blanche), wird aus Mohnsamen erster Wahl und durch die erste Pressung, Fabriköl (huile rousse), rothes Oel, durch die zweite Pressung und Mohnsamen von geringerer Güte gewonnen.

Eigenschaften. Reines Mohnöl gleicht bezüglich seines Ansehens und seines Geschmackes dem Olivenöle. Es ist beinahe farblos oder auch lichtgoldgelb und klar. Sein specifisches Gewicht ist bei + 15° = 0,9249; bei − 18° wird es fest und behält diesen Zustand lange bei, bis zu − 2°. Es wird nur schwer ranzig und brennt schlecht. In 28 Theilen kaltem und 6 Theilen kochendem Alkohol ist es löslich und läßt sich mit Aether in allen Verhältnissen mischen. Von den Wirkungen des Opiums besitzt es keine. Es hat einen angenehmen, milden Geschmack, ist jedoch bedeutend fetter als Leinöl, und wird mit Vorliebe als Speiseöl verwendet.

Seines hohen Preises wegen findet das Mohnöl zu Anstrichzwecken selten, und nur zu ganz weißen Farben Anwendung, dagegen wird es vielfach von Künstlern und zur Bereitung der Malerfarben gebraucht.

Bezüglich seiner chemischen Zusammensetzung stehen uns die Analysen von

	Sacc	und	Lefort
C	76,5		77,2
H	11,5		11,2
O	11,8		11,4

zu Gebote. Mulder hat folgende Zusammensetzung gefunden:

C	76,5	76,6
H	11,2	11,2
O	12,3	12,2

Man ersieht hieraus, daß Mohnöl nicht dieselbe Zusammensetzung wie Leinöl hat, aber auch hier ist der Hauptbestandtheil Linolein; außerdem kommen noch Stearin, Palmitin, Elain, Myristin und Laurin darin vor.

Bei Untersuchung der Einwirkung der Luft auf Mohnöl hat Mulder gefunden, daß es bei diffusem Lichte beinahe ebenso viel im Gewichte zunimmt als Leinöl, daß aber bei einer Erhitzung auf 80° diese Zunahme wieder illusorisch wird und selbst eine Abnahme bis zu 3 Proc. entsteht. Es verdampfen nämlich Laurin- und Mhristinsäure gänzlich, wenn die Erwärmung auf 80° länger fortgesetzt wird. Hieraus schließt Mulder, daß in dem Mohnöle weniger Linoleïn enthalten ist als im Leinöle, dafür aber mehr flüchtige Producte.

Dem Lichte ausgesetzt, bewirkte solches eine Gewichtszunahme in den beiden von Mulder angewendeten Oelen, aber diese Gewichtszunahme war bei dem frisch bereiteten Mohnöle viel größer als bei dem gewöhnlichen des Handels. Es muß aber diese Gewichtszunahme geringer sein als beim Leinöle, denn es wird weniger Linoxyn beim frischen Mohnöl gebildet als beim Leinöl, weil viel mehr andere Fette im Mohnöle vorhanden sind als im Leinöle, und somit auch weniger der oxydationsfähigen Fettstoffe.

Die Zunahme des Mohnöles im Lichte betrug 51 Proc. im frisch bereiteten, dagegen nur 18 Proc. im Mohnöle des Handels. Der Einwirkung der Wärme ausgesetzt (80°) bei Vorhandensein von diffusem Lichte, hat Mohnöl in den ersten Tagen eine Zunahme, in den folgenden Tagen aber eine constante Abnahme des Gewichtes erfahren, nichtsdestoweniger ist auch hier das Product Linoxyn wie beim Leinöle.

Der trockenen Destillation unterworfen, giebt Mohnöl, auf einer Gasflamme ohne zu kochen erhitzt, als Resultat der Destillation eine farblose, consistente, ölartige Substanz, welche beim Abkühlen theilweise fest wird, schwach sauer reagirt, aber an Wasser keine Spur von Sebacylsäure abgiebt. Wird, nachdem nichts mehr abdestillirt, eine andere Vorlage angelegt und mehr Wärme angewendet, so geräth Mohnöl in's Kochen, giebt viel Acrolein und ein ölartiges Destillat, welches an Wasser eine stark sauer reagirende Flüssigkeit abgiebt, worin Sebacyl-säure und Acrylsäure vorhanden sind. Wird die Destillation beendigt, wenn die Hälfte des Mohnöles übrig ist, so ist der Inhalt der Retorte nach dem Abkühlen zähe und dick, wenig gefärbt und hat viele Eigenschaften des Anhydrids von Leinölsäure, ist aber in der Wärme leichter schmelzbar. Mulder hat die Destillationsproducte nicht weiter untersucht — was er suchte fand er — Anhydrid von Leinölsäure und brandige Fettsäure, und hat damit die Gleichheit mit den chemischen Veränderungen des Leinöls constatirt.

Nußöl.

Das Nußöl wird aus den Wallnüssen, den Früchten des Wallnußbaumes (Juglans regia) ebenfalls durch Auspressen gewonnen. Der gemeine Wall-nußbaum stammt aus Persien, wird aber jetzt in ganz Europa cultivirt und ist der bekannte Baum, welcher unsere gewöhnlichen Nüsse liefert. Fig. 10 zeigt die Frucht am Baum.

Von der harten Schale befreit geben die Nußkerne beim Auspressen 40 bis 70 Proc. helles, trocknendes Oel, welches blaßgelb von Farbe, mildem, angenehmem Geschmacke ist, an der Luft leicht austrocknet und ranzig wird. Es erstarrt erst bei — 27° C., liefert eine weiche Seife und wird hier und da noch als feines Oel für Malerei, in Frankreich auch zur Firnißerzeugung, verwendet.

Fig. 10.

Zweig des Wallnußbaums (Juglans regia).

Die Zusammensetzung des Nußöles fand Lefort

C 76,6
H 11,6
O 17,8

Mulber dagegen die von frisch bereitetem Nußöl:

$$C \quad \ldots \ldots \ldots \ldots \quad 76,1$$
$$H \quad \ldots \ldots \ldots \ldots \quad 11,3$$
$$O \quad \ldots \ldots \ldots \ldots \quad 12,6$$

Es enthält Linolein, Elain, Myriſtin und viel Laurin, dagegen kommt Stearin oder Palmitin nicht darin vor.

Der Einwirkung der Luft im diffuſen Lichte ausgeſetzt, nimmt Nußöl weniger Sauerſtoff als Leinöl auf und bildet weniger Linoxyn als dieſes, weil weniger Linolein darin vorkommt. Nußöl trocknet, wenn alt, viel ſchneller als Mohnöl. Bezüglich der Anweſenheit flüchtiger Stoffe gilt das beim Mohnöl Geſagte.

Auch der Einwirkung der Wärme (80°) im diffuſen Lichte ausgeſetzt, erhalten wir dieſelben Schlußfolgerungen wie beim Mohnöle. Der trockenen Deſtillation unterworfen, giebt Nußöl als Deſtillat Acrolein und beim Abkühlen theilweiſe feſt werdende Fette, welche mit Waſſer ausgekocht, dem Waſſer viel Acrylſäure abgeben, welches mit brandiger Fettſäure vermiſcht iſt. Nach dem Verdampfen dieſes Waſſers auf dem Waſſerbade zum Trocknen und Behandlung des Rück-ſtandes mit warmem Waſſer kryſtalliſirt hier, wie beim Mohnöl, die brandige Fett-ſäure beim Abkühlen heraus. Was in der Retorte zurückbleibt, nachdem das Oel halb überdeſtillirt iſt, iſt ſehr dickflüſſig, und nach fernerer Erhitzung wird auch hier das Anhydrid der Leinölſäure erhalten.

Bankul-Oel.

(Huile do Bancoul, Kekune Oil), wird aus der Bankul-Nuß (v. Aleurites triloba), welche von Martinique, Guadeloupe, Neu-Caledonien, Tahiti, Guyana, Réunion in ſehr großen Mengen in den Handel geſtellt werden könnte, durch Auspreſſen gewonnen.

Es iſt, wie Dr. J. Wieſner erwähnt, nicht nur die Billigkeit dieſes öl-reichen Rohſtoffes, ſondern die Qualität des aus dieſer Nuß zu gewinnenden Oeles, welche dieſelbe zur Einführung in unſere Oelfabriken empfiehlt.

Das Oel, wovon die Samen etwa 50 bis 60 Proc. enthalten, kommt ab und zu in den europäiſchen Handel, eine ſtändige Waare bildet es jedoch nicht.

Nach Angabe des Kataloges der franzöſiſchen Colonien wäre das Bankul-Oel zur Bereitung von Oelfarben in ausgezeichneter Weiſe geeignet. Aber auch, wenn dies nicht zutreffen ſollte, wenn es nur zur Erzeugung von Druckerſchwärze tauglich wäre, zu deren Fabrikation man gegenwärtig faſt ganz auf das Leinöl an-gewieſen iſt, ſo würde die Einführung dieſes Fettſtoffes unter den gewiß zutreffen-den Vorausſetzungen eines niedrigeren Preiſes als ein Vortheil anzuſehen ſein.

Ich habe mich zur Erlangung größerer Proben an das franzöſiſche Marine-miniſterium (Mons. Aubry-Lecomte; Exposition, Palais de l'Industrie, Porte sud No. 12) gewendet, und bin in der Lage, Weiteres über dieſes Oel an-zuführen.

Es giebt zwei Sorten Bankulöl; das eine, braun von Farbe, ward auf dem gewöhnlichen Wege der heißen, das andere, fast weiß, auf dem Wege der kalten Pressung gewonnen. 100 kg Nüsse geben im Mittel 33 kg Mandeln (Kerne), und 100 kg Mandeln geben 66 kg Oel; man braucht also 450 kg ganzer Nüsse, um 100 l oder 91 kg Oel zu erzielen.

Das braune Oel hat einen widerlichen, das weiße einen angenehmen Geruch, es trocknet in derselben Zeit wie Leinöl und läßt sich ganz wie dieses durch Zuführung von Sauerstoff in Firniß verwandeln, und soll die Basis der Peinture Bisoque sein, deren man sich als Schiffsanstrich bedient und die in wenigen Stunden trocknet. Es brennt vorzüglich und hat in verschiedenen Etablissements in Paris glänzende Resultate erzielt. Die Schale der Nuß ist sehr widerstandsfähig, von fester, beinahe steinartiger Beschaffenheit, wenn man sie aber in siedendes Wasser giebt oder einem Dampfstrahle aussetzt, wird sie sehr zerbrechlich und der Kern löst sich mit Leichtigkeit. Nach den letzten, in Tahiti eingezogenen Erkundigungen ist der Preis pro Tonne von 1000 kg 150 Francs, welchem noch die Kosten des Transportes mit 80,5 Francs zuzuschlagen sind.

Die Mandeln (Kerne) der Bankulnuß werden mit 400 Francs pro Tonne verkauft, es werden also, da 100 kg Mandeln 66 kg Oel geben, sich die 100 kg von letzterem ungefähr auf 60 Francs ohne Pressungskosten stellen, ein Preis, der bei dem niederen Stande des Leinöles heute wohl keine Vortheile bieten würde. Zu beziehen wären die Nüsse durch den Rheder Taubonnet, der einen regelmäßigen Verkehr zwischen Tahiti und Frankreich unterhält.

Mit diesen von der französischen Regierung mir zur Verfügung gestellten Proben (es waren ungefähr je ¼ kg von beiden Sorten) habe ich, soweit es die geringe Menge erlaubte, eingehende Versuche angestellt.

Auf chemische Analysen sich einzulassen, war hier unmöglich, und ich mußte mich vor Allem von der Verwendbarkeit des Bankulöles zur Firnißbereitung und zu Anstrichzwecken überzeugen.

Ich kochte also kleine Mengen des braunen Oeles zuerst mit Glätte, Minium, Bleizucker und borsaurem Manganoxydul. — Die mit den Bleipräparaten dargestellten Firnißproben waren durchgehends sehr dunkel geworden — das Oel kam bei 140° C. ins Kochen und wurde die kurze Zeit, welche angesichts der geringen Menge des Oeles benöthigt wurde, auch beibehalten. — Der Geruch des Firnisses war dem des Oeles fast ganz gleich, er roch nur noch etwas unangenehmer als dieses. — Das mit borsaurem Manganoxydul gekochte Oel hatte seine Farbe fast gar nicht geändert. Auf die Trockenfähigkeit untersucht, fand ich im Vergleiche mit gleich stark gekochten Leinölfirnissen einen ziemlich bedeutenden Unterschied. — Die Bankulölfirnisse trockneten alle um mindestens vier Stunden früher, auch das rohe Oel war rascher trocken als das Leinöl. Auf eine Temperatur von 325° C. gebracht, entwickelte es sehr starke, etwas nach Mohn, aber doch sehr übelriechende, weißliche Dämpfe, die sich indeß nicht entzündeten. Mit einem Verlust von ungefähr 20 Proc. flüchtig gewordener Fettsäuren resultirte eine dicke zähe Masse, wie beim Leinöl, die aber bei der dunklen Färbung des Oeles fast schwarz war. — Dies würde auf die Anwesenheit einer größeren Menge mechanisch beigemengter Pflanzenreste deuten.

Mit dem lichten Oele wurden dieselben Versuche durchgeführt. — Das mit Bleipräparaten gekochte Oel hatte fast durchgehends eine ziemlich starke Färbung, während das mit borsaurem Manganoxydul gekochte sich nur sehr unbedeutend gelblich färbte. — Beim Trocknen hatten alle vier Proben auch hier wieder denselben Vortheil vor dem Leinöle, sie waren um einige Stunden früher trocken geworden als dieses.

Dagegen trat bei der Erhitzung auf 325° C. bei dem hellen Bankulöl die eigenthümliche Erscheinung auf, daß es nach Verlust von ungefähr 20 Proc. flüchtiger Fettsäuren vollkommen farblos geworden war und nun einen ganz wasserhellen dicken Syrup darstellte.

Bezüglich der Haltbarkeit in Verbindung mit farbigen Erden und Metalloxyden als Anstrichfarben, ergaben alle aus dem Oele bereiteten Firnisse dieselben Resultate wie die Firnißfarben.

Da jedoch das Bankulöl noch immer theurer als das Leinöl ist, auch selten oder nie im Handel vorkommt, man solches also erst auf den Weltmarkt bringen müßte und es außerdem keine ganz wesentlichen Vortheile zeigt, hat es vorläufig noch keine Aussicht, größere Anwendung zu finden.

Hanföl

wird durch Auspressen der Hanffrüchte (fructus cannabis) gewonnen, und namentlich in größeren Mengen in Rußland, Frankreich, Lothringen ꝛc. geschlagen.

Ein Theil des Hanfsamens gelangt aus den Productionsländern zur Versendung, um seiner natürlichen Bestimmung zugeführt zu werden; der für diesen Zweck bestimmte Samen, der Säehanf des Handels, muß natürlich von bester Beschaffenheit und darf nicht älter als ein Jahr sein, weil bei dem starken Oelgehalt des Hanfkornes leicht ein Ranzigwerden eintritt, welches die Keimkraft schwächt oder gänzlich zerstört. Alle älter gewordenen und sonst zur Saat ungeeigneten Körner bilden die zweite Sorte, die Schlagsaat, welche in derselben Weise wie andere Oelfrüchte zur Oelgewinnung dient. Die Schlagsaat besteht' größtentheils aus den männlichen Samen, da die weiblichen, um zur Saat zu dienen, ausreifen müssen, das Ausreifen der Samen aber wieder auf die Faser der Pflanze nachtheilig einwirkt [1]). Fig. 11 zeigt die Hanfpflanze und ihre Blüthen.

Die Hanfsamen sind länglich rund, 1 bis 2 mm Durchmesser habende Körner von graubrauner Farbe, mit einer dünnen, aber harten Schale bedeckt. Im Innern befindet sich der wohlschmeckende, sehr ölreiche Kern.

Das Hanföl, das in größter Menge aus Rußland kommt, ist grünlich- oder bräunlich-gelb, mild, fade schmeckend und hat einen starken Hanfgeruch. Ein Centner Körner giebt 21 Pfund Oel, welches in Rußland theils zu Schmierseife, theils zu Anstrichzwecken verwendet wird. Altes Oel nimmt eine immer dunklere Farbe an, die schließlich in ein dunkles Braun übergeht. Seine Trockenfähigkeit ist

---

[1]) Wiesner, Rohstofflehre des Pflanzenreiches, S. 373.

etwas geringer als jene des Leinöles; es läßt sich aber, namentlich wenn es sich um dunkle Farben handelt, sehr gut für Firniß verwenden.

Fig. 11.

a Hanfpflanze. b weibliche Blüthe. c männliche Blüthe.

Hanf (Cannabis sativa).

Mulder untersuchte Hanföl lediglich in Bezug auf seine chemische Zusammensetzung, und fand solche für kalt und frisch aus Samen bereitetes Oel:

$$C \dots\dots\dots\dots 76$$
$$H \dots\dots\dots\dots 11,3$$
$$O \dots\dots\dots\dots 12,7.$$

Weitere Untersuchungen liegen nicht vor.

Baumwollsamen = Oel

(engl. Cotton-oil), ein trocknendes Oel, welches aus den Baumwollsamen, Fig. 12 u. 13. (a. f. S.), ebenfalls durch Pressen gewonnen wird. Früher zog man aus diesem Oelgehalt keinen Nutzen, sondern warf die Samen weg, weil man das Oel nicht zu raffiniren wußte und dasselbe in rohem Zustande wenig verwendbar ist, außer etwa zu Maschinenschmiere. . Nachdem aber in neuerer Zeit ein praktisches Raffinirverfahren für das Oel gefunden, ist dasselbe jetzt auch bereits ein ziemlich starker Handelsartikel geworden, der in großen Massen nicht allein aus Amerika, sondern

auch aus Aegypten, ſowie in neueſter Zeit aus Algier in den Handel kommt. Man
kann annehmen, daß jährlich an 1000 Mill. Kilogr. Baumwollenſamen als Neben=
product gewonnen werden, welche früher weggeworfen wurden, woraus man aber
mindeſtens 150 Mill. Kilogr. Baumwollſamenöl im Werthe von über 500 Mill.
Gulden nebſt Preßkuchen im Werthe von 10 Mill. Gulden herſtellen kann. Das
ägyptiſche Oel iſt meiſtens roh, wie es die Preſſe verläßt, und wird in engliſchen und
belgiſchen Raffinerien gereinigt. Neben dem Oele verſendet Aegypten auch große
Mengen ungepreßter Samen. Das rohe Oel, dunkeltrübbraun von Farbe, bildet
die geringſte Handelswaare; durch Raffiniren mit oder ohne Bleiche ſtellt man

Fig. 12.   Fig. 13.

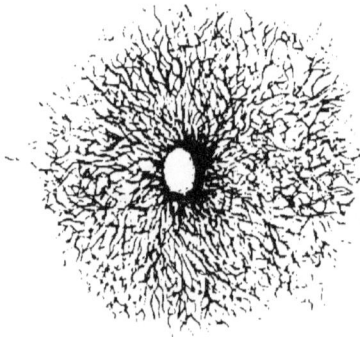 

Samenleim.   Samenkapſel.

Samen der Baumwollenpflanze (Gossypium —).

daraus drei weitere Sorten dar, deren reinſte von wein= oder ſtrohgelber Farbe iſt
und einen nußölähnlichen Geſchmack hat. Zur Reinigung dient Soda, neuerdings
auch Kalkmilch, durch welche beiden Stoffe die groben Theile des Oeles ſeifen=
artig niedergeſchlagen werden. Durch wiederholte Behandlung mit Alkalien kann
das Oel völlig raffinirt werden, was aber zu koſtſpielig iſt, weshalb man eine
Bleiche mit Chlorkalk nachfolgen läßt. Das gereinigte Oel verharzt nicht an der
Luft und giebt einen vorzüglichen Brennſtoff in Lampen. Es kann ferner zur
Seifenfabrikation und ſonſt zu techniſchen Zwecken ſtatt anderer fetter Oele dienen.

Die Hauptverwendung des neuen und den Praktikern noch wenig vertraut
geworbenen Artikels ſcheint vorläufig die zu ſein, daß man andere Oele — Leinöl —
damit verfälſcht. Der Preis des gereinigten Oeles ſtellt ſich in England auf
etwa 20 Gulden.

Ich habe mit reinem Baumwollſamenöl Verſuche angeſtellt, und daſſelbe
ſowohl roh als auch mit Sauerſtoff abgebenden Präparaten gekocht verwendet,
ſeine Trockenfähigkeit aber weit hinter der des Leinöles gefunden, ſo daß das Baum=
wollſamenöl wohl nur für geringwerthige Firniſſe, an die bezüglich des raſchen
Trocknens keine Anforderungen geſtellt werden, zu verwenden wäre.

Sonnenblumenöl

aus den Samen der indischen Sonnenrose (Helianthus annuus L.). Diese einjährige Pflanze mit aufrechtem, dickem, 5 bis 8 Fuß hohem, wenig ästigem oder einfachem Stengel, herzförmigen, dreinervigen, gesägten Blättern und sehr großen, hell = oder goldgelben nickenden Blumen, ist in Mexiko und Peru einheimisch, und wird bei uns als Zierpflanze in Gärten, in Ungarn, Italien, England, China, Rußland ꝛc. als Nutzpflanze auf Feldern gezogen, und aus deren großen, im Mittelpunkt der Blume zu einer Scheibe zusammengestellten Samenkörnern auf dem Wege des Auspressens das Oel gewonnen.

Die Sonnenblumenfrüchte [1]) bilden im trockenen Zustande länglich eiförmige, seitlich etwas zugeschärfte, am oberen Ende etwas eingesunkene oder doch wenig= stens abgeflachte, etwa centimeterlange, 4 bis 5 mm breite und 3 bis 4 mm dicke Kerne. Die Farbe derselben ist schwarz.

Das aus den Samen gepreßte Oel (15 bis 25 Proc.) kommt aus Ruß= land, Ungarn ꝛc.·in den Handel, ist hellgelb, von angenehmem Geschmacke und wird meist zu Genußzwecken verwendet.

Der ausgedehnten technischen Verwendung steht der hohe Preis und das ge= ringe Quantum (Rußland producirt im Ganzen 150 000 kg) hindernd im Wege.

Traubenkernöl.

Aus den Kernen der Weintrauben lassen sich durch Auspressen 12 Proc., ja selbst bis zu 20 Proc. eines fetten, austrocknenden Oeles gewinnen, welches in einigen Gegenden, namentlich aber in Italien und Frankreich, hier und da auch in Deutsch= land, gepreßt wird und sich seines angenehmen Geschmackes halber ganz vorzüglich als Speiseöl eignet, da wo es in großen Mengen gewonnen wird aber durch tech= nische Benutzung, zum Anmachen von seinen Oelfarben, für Firnisse ꝛc., zu ver= wenden wäre.

Es müssen selbstverständlich die Kerne gänzlich von den Trestern befreit wer= den, da man diese wieder anderer Verwendung zuführt, und es bleibt, wenn die Trester auf Branntwein verarbeitet werden sollen, kein anderes Mittel, als sie von Kindern auslesen zu lassen, da sie ohne Kerne einen weit besseren Branntwein geben, als wenn solche mit gebrannt werden.·— In allen anderen Fällen werden die Weintrester, so wie sie aus der Kelter oder Presse kommen, auf einer Tenne oder auf großen Hürden ausgebreitet und täglich mit einer Gabel umgewendet; dann welken die Trester bald ab, so daß die Kämme mit einer Harke hinweggenommen werden können. Sind die Hülsen noch besser getrocknet, so werden die Kerne mit einer Fruchtschwinge von diesen getrennt, und Kerne, die auch da noch zurückbleiben, sind durch kurzes Dreschen leicht zu lösen. Die auf diese Weise gewonnenen Kerne werden auf einen luftigen Boden dünn aufgeschüttet und gut getrocknet, welches ein wesentliches Erforderniß zur Gewinnung eines guten Oeles ist.

---

[1]) Wiesner, Rohstofflehre des Pflanzenreiches, S. 778.

Die getrockneten Kerne werden entweder in eine gewöhnliche Mühle mit horizontal liegenden Steinen oder in eine Oelmühle mit verticalen Läufern gebracht und
fein gemahlen, wobei man von Zeit zu Zeit etwas lauwarmes Wasser-zusetzen muß,
um das Anlegen an die Läufer zu verhindern. Das Gemahlene, das um so ergiebiger
an Oel ist, je feiner es ausfällt, wird in einen kupfernen Kessel gebracht und nach
und nach mit einem Viertel oder einem Drittel seines Gewichtes mit warmem
Wasser versetzt, wobei man durch Umrühren die Bildung von Klümpchen verhindert. Hierbei muß man weiter auch das Anbrennen verhüten, da das Oel sonst
einen brenzlichen Geschmack erhält.

Die so zubereitete Masse wird auf gewöhnliche Haartücher gegeben und mit biesen in der Oelpresse gepreßt. Wenn kein Oel mehr herauskommt, so werden die Ku-
chen mehrmals gemahlen und auf die beschriebene Art behandelt, worauf sie abermals
einiges Oel geben. Auf diese Weise kann man aus 100 kg Kernen 10, 12, ja
selbst 20 kg Oel erhalten. Diese Verschiedenheit in der Menge des Oeles scheint
in den Traubenarten selbst zu liegen, und der Boden, auf welchem der Wein wächst,
mag auch Einfluß hierauf haben.

Das Traubenkernöl ist ein etwas dickflüssiges, goldgelbes oder bräunlich gelbes, ins Grüne gehende Oel von schwachem, eigenthümlichem Geruche und
schmeckt kalt gepreßt milde, giebt ein vortreffliches Speiseöl, während es, warm gepreßt, einen schwach herben Geschmack hat. Das specifische Gewicht ist bei 12° R.
0,9202; es gesteht bei — 9° R. butterartig, wird an der Luft ranzig, bräunlich und
trocknet langsam aus. Es brennt mit heller, geruch = und rauchloser Flamme,
und läßt sich nach Art aller fetten Oele mit Schwefelsäure raffiniren.

Nach Dr. R. Wagner fanden sich in bei 100° C. getrockneten Traubenkernen
von unterfränkischen Trauben 11,2 Proc. und bei einem anderen Versuche 10,8 Proc.
fettes Oel. A. Fitz fand in den Traubenkernen 15 bis 18 Proc. Oel, welches
aus den Glycerinverbindungen der Palmitinsäure, Stearinsäure und Erucasäure
bestand. Erucasäure bildet etwa die Hälfte der Säuren.

Verwerthung der trocknenden Oele zur Firniß- und Farbenbereitung.

Wir haben vorstehend eine ganze Reihe trocknender Oele eingehend behandelt,
und kommen nun dazu, über die Verwerthung der einzelnen Oele zu sprechen.

Weltbedeutung und allgemeine ausgebreitete Verwendung hat bisher nur
das Leinöl gefunden, es dürfte voraussichtlich diesen ersten Rang noch lange Zeit
behaupten, da ja gerade bezüglich Firniß- und Farbenbereitung alte, eingewurzelte
Vorurtheile bestehen, die sehr schwer zu besiegen und zu beseitigen sind. Wir finden
das Leinöl in allen Welttheilen angewendet, Leinsamen wird allenthalben so viel gebaut, daß der Bedarf an Oel wohl jederzeit gedeckt zu werden vermag. In Europa
decken England, Rußland und Holland den Bedarf des ganzen Erdtheiles, wenn wir
von den aber verschwindend kleinen localen Productionen in Oberösterreich, Bayern,
Ungarn, Mähren, Krain, Dänemark 2c. absehen; englisches und holländisches Oel
werden auf allen Plätzen an der Börse gehandelt, und sie werden auch allenthalben,
schon des gewöhnlich billigeren Preises wegen, als das in den betreffenden Ländern gewonnene Oel, gekauft.

Das Mohnöl ist ein sehr schönes aber auch kostbares Oel, und wird nur hier und da zur Bereitung vollkommen weißer Farben und dann in der Oelmalerei gebraucht. Seine Eigenschaften wären vortreffliche, es wäre schon seiner hellen Färbung und seines geringeren Gehaltes an Linoxyn wegen mit Vortheil zu verwenden, aber es steht im Preise zu hoch, es wird davon zu wenig producirt, und dieses letztere ist schon der Hauptgrund, daß es im Großen nicht Anwendung finden kann.

Mit Nußöl verhält es sich genau ebenso; es ist noch theurer als Mohnöl, und findet außer in der Malerei nur in Frankreich hier und da Verwendung zu Buchdruckfirniß.

Bankulöl ist noch zu wenig bekannt, noch kein Handelsartikel geworden, um Verwendung zu finden, und sein Preis auch etwas zu hoch. Letzterer würde sich übrigens bei Nachfrage und gesteigerter Production wesentlich reduciren lassen.

Von fast nur localer Bedeutung für das nördliche und nordwestliche Rußland, allenfalls die angrenzenden preußischen Provinzen Pommern und Posen, sowie Galizien und Schlesien ist das Hanföl, über dessen Verwendung schon eingehend gesprochen wurde.

Für Sonnenblumenöl gilt dasselbe, locale Bedeutung hat es außerdem noch für Ungarn und die angrenzenden Länder.

Dagegen dürfte das Baumwollsamenöl wohl einer Zukunft entgegen gehen, wenn es erst möglich geworden ist, seine Trockenfähigkeit zu beschleunigen; es entspricht bezüglich seiner natürlichen Farbe und namentlich bezüglich seines Preises allen Anforderungen und verdient Anwendung zu finden. Alle anderen austrocknenden Oele, Ricinusöl, Gurkensamenöl, Traubenkernöl u. s. w., haben keinen praktischen Werth für Firniß- und Farbenbereitung, da sie entweder nur in verschwindend kleinen Mengen producirt werden, oder in Folge ihres hohen Preises jede Verwendung von vornherein ausschließen.

Wir haben uns somit, da wir auch von Mohnöl und Nußöl absehen müssen, nur mit der

Bereitung von Firnissen aus Leinöl

zu befassen.

Da die trocknenden Oele, so wie sie uns die Natur liefert, oder nachdem sie gereinigt worden sind, noch immer längere Zeit brauchen, ehe sie zu trocknen beginnen und trocken werden, sind sie an und für sich nur in den seltensten Fällen verwendbar und bedürfen einer vorherigen Zubereitung. Diese Zubereitung, welche die an das Oel gestellte Anforderung, möglichst rasch zu trocknen und eine elastische Schicht zu bilden, bedingt, läuft aus:

1) auf das Freiwerden eines Theiles von Leinölsäure und anderen Fettsäuren des Leinöles;

2) auf die Bildung von Pflastern der Fettsäure bei Anwesenheit von Basen;

3) auf die Bildung oder Vorbereitung zur Bildung von Anhydrid der Leinölsäure, und

4) auf das Zusammenauftreten zweier oder dreier dieser Proceſſe. Ohne Zubereitung giebt jedes trocknende Oel, aber langſamer das leberartige Linoxyn, und
freie, fette Säuren, welche beim Zubereiten des Oeles immer, je nach der Dauer
des Kochens, in größerer oder geringerer Menge gebildet werden.

Die Erkenntniß dieſer chemiſchen Proceſſe verdanken wir erſt der neueſten
Zeit [1]) und man iſt lange Zeit über den Proceß der Firnißbildung im Dunkeln
geweſen; aus dieſen ungewiſſen Arbeiten ſind auch die Unzahl von Verfah-
rungsweiſen, Recepten und häufig wirklich albernen Zuthaten entſtanden, welche
zur Herſtellung eines trocknenden Firniſſes bienen ſollten.

Die erſte Vorſchrift, das Trocknen des Leinöles auf dem Wege des Kochens
zu beſchleunigen, ſoll im 12. Jahrhundert von einem Mönch Namens Theo-
philius gegeben worden ſein, doch habe ich keine Kenntniß der verwendeten In-
grebienzien.

Es exiſtiren z. B. namentlich bei alten praktiſchen Anſtreichern, Lackirern
noch Zuthaten, wie Brotſchnitten, Zwiebeln, welche in das auf eine Temperatur
von nicht mehr als 150 bis 160° C. gebrachte Oel gegeben und ſo lange darin
belaſſen werden, bis ſie gebraten ſind, aber ſelbſtredend keinen Zweck haben, höchſtens den, wenn das Oel rein und gut war, einen wohlſchmeckenden Imbiß abzugeben.

Ferner hat man, ſo namentlich Winkler [2]), anempfohlen, das Oel mit
Blei- und Zinkſpänen zu kochen. Hierbei hat wohl das Kochen eine Wirkung, der
Zweck des Metalles iſt nicht zu erſehen, da es ja Sauerſtoff nicht abgeben kann.
Nach Webſter iſt die Behandlung von Leinöl und anderen trocknenden Oelen in
der Hitze unter freiem Zutritt von Luft ſogar unnöthig, ja ſchädlich. Nach
ihm erhält man dieſelben Reſultate, wenn man die Luft abſchließt, aber erhitzten
Dampf anwendet. Da wir aber bereits nachgewieſen haben, daß der Sauerſtoff
unbedingt nöthig iſt, um das Leinöl überhaupt actio zu machen, ſo muß das Verfahren entſchieden verworfen werden, ebenſo wie die Anſicht Chevreul's, daß,
wenn man Leinöl acht Stunden einer Temperatur von 79° C. ausſetzt, das trocknende Vermögen des Oeles ſehr erhöht wird. Chevreul ſchlägt dann noch
Zinkoxyd als Trockenmittel vor; wir werden ſpäter ſehen, daß auch dieſes wenig
oder gar kein trocknendes Vermögen dem Oele ertheilen kann.

In neueſter Zeit ſucht man Leinölfirniß auf kaltem Wege herzuſtellen; es
iſt dies eine Manipulation, die namentlich von Händlern ſehr gern geübt wird,
weil ſie ſich mit gewöhnlichem Leinöl des Handels und Zuſatz eines billigen, flüſſigen
oder feſten Trockenpräparates einen ſogenannten Firniß erzeugen, der ihnen billiger
zu ſtehen kommt, als ſie ſolchen vom Fabrikanten beziehen oder ſelbſt kochen können.

Es wurde ſchon früher ausführlich erläutert, daß zur Oxydirung der Linolein-
ſäure im Leinöle unbedingt eine höhere Temperatur, und zwar eine Temperatur,
welche wenigſtens das Oel zum Sieden bringt, nöthig iſt, und es ſei hier bei der
Firnißbereitung als erſter Grundſatz aufgeſtellt:

Daß zur Firnißbildung eine höhere Temperatur und Zufüh-

---

[1]) Mulder, Chemie der austrocknenden Oele, S. 166. — [2]) Lack- und Firnißfabrikation 1860, S. 90.

rung von Sauerstoff, sei es durch Einwirkung der Luft, sei es durch Desoxydation zugesetzter, sauerstoffreicher Metalloxyde, unbedingt erforderlich ist.

Hierüber sagt Mulder[1] noch: „Das Kochen von Leinöl macht mehr oder weniger Glycerin frei; die Zeit befördert die Trennung, Licht, Sauerstoff und erhöhte Temperatur ebenfalls. Es ist erklärlich, daß das Kochen die Trennung sicher einleiten, befördern und endlich beendigen muß unter Zurücklassung von viel oder wenig Linoleïnsäure. Durch Kochen wird jedes trocknende Oel mit einem größeren trocknenden Vermögen ausgerüstet, und wie es scheint um so größer, je länger man bei erhöhter Temperatur kocht. Hierbei gewahrt man drei verschiedene Processe. Alles was in gekochtem Leinöl vom Anhybrid der Leinölsäure vorkommt, braucht nicht zu trocknen, es ist trocken, elastisch und kann nicht mehr trocknen. Alles was von frei gewordener Linoleïnsäure darin vorkommt, wird später zu Linoxy-säure, welche sehr langsam austrocknet. Alles was noch von unverändertem Lino-leïn darin gefunden wird, trocknet später zu Linoxyn. Ersteres giebt eine elastisch lautschukartige, die zweite eine terpentinartige und das dritte eine lederartige Lage."

Gekochtes Leinöl ist dann der Hauptsache nach mehr oder weniger zerlegtes Linoleïn, das Anhybrid von Leinölsäure enthaltend, während Glycerin in dem noch unzerlegten Linoleïn lose gebunden ist. Je nachdem das Kochen kürzer oder länger gedauert hat, ist mehr oder weniger Elaïn, Palmitin und Myristin vor-handen.

Zu jenen Stoffen übergehend, welche zur Oxydation von Leinöl, also zur Firnißbereitung verwendet werden, haben wir eine ganze Reihe derselben anzuführen, und soll es später Aufgabe sein, jene auszuscheiden, welche er-fahrungsgemäß gar keine oder eine so schwache Wirkung haben, daß sie eben als Oxydationsmittel nicht verwendet zu werden verdienen. Hier gilt es lediglich solche sauerstoffreiche chemische Verbindungen in Anwendung zu bringen, welche die Fähig-keit haben, rasch und somit auch billig das Oel zu oxydiren, in Firniß zu ver-wandeln.

Diese mehr oder weniger, vielfach auch gar nicht wirkenden Mittel sind:

Luft, bez. der Sauerstoff derselben.

Bleipräparate.

Minium, Blei-, Silber- und Goldglätte, Bleiweiß, schwefelsaures Blei-oxyd, Bleisuboxyd, kohlensaures Bleioxyd, Bleizucker, Bleiessig, metallisches Blei.

Manganpräparate.

Braunstein, borsaures Manganoxydul, Manganoxydhydrat, essigsaures Man-ganoxydul, Manganoxydulhydrat.

---

[1] Mulder, Chemie der trocknenden Oele, S. 168.

Sonstige anorganische Verbindungen.

Eisenoryd, schwefelsaures Zinkoryd, Zinkoryd, Umbra, Schieferbraun, rothes Quecksilberoryd, Grünspan, Kalk, Zinn, Zink, Alaun, Eisenorybulhybrat, Vorsäure, Antimonoryd, Gyps, Schieferweiß, Schiefer, Zinnober, Salpetersäure, Bimsstein.

Organische Stoffe.

Blockfischbein, weißer Hundekoth (Graecum album, phosphorsaurer Kalt), Brot, Zwiebeln, Knoblauch.

Die Scheidung dieser vielen angerathenen und im Gebrauche stehenden Mittel ergiebt als

absolut unbrauchbar

alle aufgezählten organischen Stoffe, rothes Quecksilberoryd, Grünspan, Kalk, Zinn, Blei, Zink, Alaun, Eisenorybulhybrat, Vorsäure, Antimonoryd, Gyps, Zinnober, Bimsstein.

Von geringem Orybationsvermögen:

Bleiweiß, schwefelsaures Bleioryd, kohlensaures Bleioryd, Bleiessig, Braunstein, essigsaures Manganorybul, Manganorybulhybrat, schwefelsaures Zinkoryd, Zinkoryd, Schieferweiß, Salpetersäure, Umbra, Schieferbraun.

In hohem Grade die Orybation befördernd:

atmosphärische Luft, bez. deren Sauerstoff, Minium, Blei-, Silber- und Goldglätte, Bleisuboryd, Bleizucker, borsaures Manganorybul und Manganorybhybrat.

Vielfache Erfahrungen, sowohl meinerseits als auch anderer Praktiker, sowie die Versuche Mulder's haben gelehrt, daß die angeführten Mittel mit Ausnahme dieser wenigen zuletzt erwähnten Verbindungen nur sehr geringen oder gar keinen Werth haben, und nur der Sucht, neue Recepte zu verwerthen und dafür Geld zu lösen, ihr Entstehen zu verdanken haben. Denn es können unter den organischen Stoffen auch bei der weitgehendsten Betrachtung absolut keine Verbindungen herausgefunden werden, welche das Vermögen hätten, Sauerstoff an das Oel abzugeben, und die angeführten anorganischen besitzen wohl Sauerstoff, aber entweder in so geringer Menge oder in so fester Verbindung, daß ihnen eben die Leinölsäure denselben nicht zu entziehen vermag.

Was nun die Verwendung dieser Präparate anbelangt, so ist man vielfach der Ansicht gewesen, daß solche mit dem Oele nicht in nähere Berührung kommen dürfen, und hat man sie deshalb in leinene Säckchen, oft nicht einmal pulverisirt, gefüllt in das Oel gehängt. Auch diese Manipulation ist grundfalsch und führt nicht zum Ziele. Dadurch, daß man diese Sauerstoff liefernden Substanzen dem Oele in einer compacten Masse einverleibte, war es uns unmöglich, das Oel gehörig zu oxybiren; es gaben allenfalls die an der äußeren Umhüllung sitzenden Theile ihren Sauerstoff ab, aber das Innere blieb unverändert, es wurde dem Oele zu wenig Sauer-

loff zugeführt, die Firnißbereitung ging schlecht von Statten, und auch das Re-
ultat war naturgemäß ein schlechtes. Die dem Oele zugesetzten festen, Sauerstoff
ibgebenden chemischen Verbindungen können nur dann kräftig wirken, wenn sie dem
Oele in möglichst fein vertheiltem Zustande, also in der feinsten Pulverform zugeführt
verden, wenn jedes einzelne Partikelchen mit dem heißen Oele in Berührung kommt.

Eine weitere Frage bei den Zusätzen ist jene, ob solche dem kalten Oele zugesetzt
verden sollen, in welchem Falle sie sich mit dem Oele erhitzen und sich ruhig und ohne
ichtbare Sauerstoffentwickelung zersetzen, oder ob man das Oel erst zum Sieden bringt
ind dann die Zusätze in kleinen Portionen zugiebt. Im letzteren Falle ist die Sauer-
ioffabgabe eine sichtbare, außerordentlich rasche und stürmische, das Oel fängt sehr
iark zu schäumen an und läuft auch, wenn nicht Vorsichtsmaßregeln getroffen
verden, sehr leicht über. Ich habe während meiner langjährigen Praxis sehr viele
Versuche diesbezüglich gemacht, Versuche im Großen mit bedeutenden Quantitäten
Oel, und alle haben mir bewiesen, daß die Trockenmittel dem heißen Oele zu-
jesetzt eine größere Wirkung auf die Trockenfähigkeit äußerten, als wenn sie von
Anfang an mit dem Oele zugleich erhitzt wurden; freilich muß man den Zusatz in
'ehr kleinen Portionen vornehmen, und nicht alles auf einmal zusetzen, denn sonst
ileibt im Kessel nicht ein Tropfen Oel und man hat auch noch Feuersgefahr zu
iefürchten.

Ich komme nun zu der Frage, wie viel ist von dem einen oder dem anderen
Präparate nothwendig, um Firniß zu bilden, und als erste Antwort kann hier gelten,
je nachdem man Ansprüche an die Trockenfähigkeit macht. Ich sage ausdrücklich
Trockenfähigkeit und nicht auch Haltbarkeit, denn diese wird erwähnt werden, wenn
wir die Temperatur, bei der gekocht werden soll, ins Auge fassen.

Als allgemeine Regel kann gelten, daß man von den Manganpräparaten
weniger als von den Bleipräparaten nöthig hat, weil erstere kräftiger wirken als
letztere. Wissenschaftliche Erfahrungen liegen nicht vor, und muß ich hier lediglich
auf die Erfahrungen der Praxis Bezug nehmen.

Wir wissen, daß die Linoleïnsäure mit den Blei- und Manganverbindungen
Pflaster bilden, welche sich dann sofort nach ihrer Bildung im Oele auflösen, daß
also jeder Firniß einen gewissen Gehalt an Blei und Mangan (eventuell wenn
mit anderen Metallbasen gearbeitet wurde an anderen Metallen) hat, der auf Zusatz von verdünnter Schwefel- oder Salzsäure und tüchtiges Schütteln beseitigt
wird und sich dann mittelst einfacher Abwage des in dem Oele enthalten gewesenen
Quantums bestimmen läßt. — Man kann nun zwar, da man ja nicht weiß, was
zu Metall reducirt beim Sieden als Satz zurückgeblieben ist, das ursprünglich
verwendete Quantum des Trockenmittels allerdings nicht genau bestimmen, aber
man kann auch daraus zum mindesten sagen, dieser Firniß enthält annähernd
so und so viele Procente Blei, Mangan oder ein anderes Metall.

In der Praxis wende ich für gewöhnlichen Firniß, der binnen 36 Stunden
trocknet, einen Zusatz von

1 bis 1¹⁄₂ Proc. Manganpräparaten,
3 „ 5 „ Bleipräparaten

bei einer Siedezeit von drei Stunden an.

Für rascher trocknenden Firniß ist der Zusatz etwas
für Manganpräparate auf 2 bis 3 Proc., für Bleipräpa
bei einer Siebezeit von 5 bis 8 Stunden.

Wendet Jemand andere Präparate an, so muß er
erhöhen, so namentlich bei Braunstein und Schieferbraun;
oxyde, jedoch in geringer Menge und in schwer zersetzbarei
züglich der Temperatur, bei welcher gekocht werden soll, fc
Begründungen; selbst Mulder, der sich doch so eingehei
faßte, spricht hier nie von einer bestimmten Wärme. T
der Praxis, daß die Temperatur eine ziemlich hohe, bei
steigende sein soll, um den Firniß rasch trocknend zu mai
rungen haben mich gelehrt, daß eine Temperatur von 13(
um in einer Zeit von 6 bis 7 Stunden einen gut trocknenbei
aber, wenn man nicht mittelst Dampf, sondern mittelst Ho
Temperatur auf mindestens 200 bis 240° C. erhöht werl
vier Stunden dasselbe Resultat zu erreichen. — Es bai
werden, daß es hier auch auf das Quantum, welches
ankommt, und daß bei kleinen Quantitäten die Firnißb
vor sich geht als bei großen Mengen. — Auch kommt
Kessel nur vom Boden aus vom Feuer erhitzt wird (Fig.
auch die Wände des Kessels umspült (Fig. 14). — Umsi
Wände des Kessels, so läßt sich naturgemäß bei geringerei
eine constantere Temperatur des siedenden Oeles erreichei
nur mit dem Boden in Feuer sitzt und an den Wänden ui
Dies sind alles Momente, die berücksichtigt werden müssei
handelt, eine Zeit zu fixiren.

Wir haben also bei der Firnißbereitung die Siebez
neben der Quantität an Trockenmitteln wohl zu erwägen

Fig. 14.

Vom Feuer ganz umspülter Kessel.

perat
ein (
obe
unbel
trockn
Die
beß
triebe
Firni
und
Verbi
unter
was
reitu
ölfirni

wollen nur freie Leinölsäure, die sich in Linoxysäure, und uni
sich in Linoxyn während des Trocknens verwandelt, aber wii

leinölfirniß kein fertig gebildetes Linoxyn; deßhalb darf die Temperatur nie
120° C. überſteigen, und bediene man ſich fleißig des Thermometers beim Kochen.

Fig. 15.

Ebenſo wurde früher ge-
fordert „großer Zuſatz an Blei-
oder Manganpräparaten";
dies iſt indeß ſo zu verſtehen,
daß der Zuſatz nie mehr als
höchſtens 10 bis 12 Proc. be-
trage, da anderenfalls eine
Verſeifung des Oeles ſtatt-
findet. — Dieſe gebildete
Seife — Pflaſter — ſtellt
eine weißlich bis dunkel-
braune, zähe, ſchmierige Maſſe
dar, welche für ſich allein
unverwendbar iſt, und erſt
wieder in dem entſprechenden

Nur mit dem Boden auf dem Feuer ſitzender Keſſel.

Quantum Leinöl gelöſt werden muß (ſiehe Firnißextract), um zum Anſtrich und
als Firniß tauglich zu ſein.

Die zur Firnißbildung erforderliche Luft führt man dem Oele zu, indem
man möglichſt weite Keſſel beim Kochen anwendet, und durch ſtetes in Bewegung
halten der kochenden Flüſſigkeit ſtets neue Theile derſelben mit der atmoſphäriſchen
Luft in Berührung bringt. — Auch kann man, wenn man mit geſchloſſenen
Keſſeln arbeitet, einen Strom friſcher Luft durch das Oel hindurch führen, wie
wir ſpäter ſehen werden; es iſt dem intelligenten Fabrikanten hier manche Gelegenheit geboten, praktiſche Neuerungen einzuführen. — Ich glaube nunmehr im
Allgemeinen alles behandelt zu haben, was zur Bereitung der Leinölfirniſſe im
Allgemeinen zu wiſſen nöthig iſt, und komme nun, nachdem wir das Sieden vor-
genommen, zur Ablagerung und Klärung derſelben.

Der fertige Firniß wird nun noch heiß, ſo ſchnell als nur
irgend möglich, der Ruhe überlaſſen, damit ſich ſowohl die während
des Siedens verbrannten organiſchen Reſte, ſonſtige Verunreinigungen und die redu-
cirten und nicht gelöſten Metallverbindungen abſcheiden können. So lange der Firniß
noch heiß iſt, iſt er dünnflüſſig, es gehen aber in einer dünnen Flüſſigkeit ſpecifiſch
ſchwerere Körper, und ſeien ſie noch ſo fein vertheilt, viel raſcher zu Boden — die
Schwerkraft zieht ſie raſcher nach unten als in einer dicken Flüſſigkeit, die denſel-
ben Hinderniſſe in den Weg legt. Arbeitet man mit kleinen, tragbaren Siede-
keſſeln, ſo kann man ſolche vom Feuer heben und an einem geeigneten Platze durch
etwa 8 Tage ſtehen laſſen, arbeitet man mit großen eingemauerten Keſſeln, ſo
entleere man ſolche mittelſt einer Rinne (eventuell einer Pumpe) in ein bereit ſtehendes eiſernes Reſervoir, welches den Inhalt des Keſſels aufzunehmen
vermag, und man wird nach Verlauf von etwa 14 Tagen vollkommen klaren
und kryſtallhellen Firniß haben, den man ruhig in den Handel bringen kann. —
Das Hauptquantum der Verunreinigungen (Firniß-Satz), beſtehend aus ſolchen,
die ſchon in dem Oele enthalten waren und ſolchen, die ſich erſt während des

Siebens gebildet haben, wird dann auf dem Boden des Reservoirs sich befinden geringe Mengen Satz setzt auch der geklärte Firniß noch immer ab; es gehen eben gerade so wie im Leinöle noch immer chemische Veränderungen während des La gerns (beim Aelterwerden) vor, und diese bedingen Abscheidungen. Wenn daher Firniß in Fässern längere Zeit liegt oder auf dem Transporte sich befindet, wird er in Folge dieser andauernden chemischen Veränderungen neuen Satz bilden, die ser wird sich im Firniß vertheilen und die rein und blank in Versandt gebracht Waare wird trübe, zum mindesten nicht „flader" am Bestimmungsorte anlan gen. Man muß daher Leinölfirnisse nach einem Transporte einige Tage ruhig au einem Lager liegen lassen und dann erst abziehen. Einmal geklärter Firniß bilde höchstens 1 bis 1½ Proc. Satz, und alte Waare, die bei dem Fabrikanten schor mehrere Jahre lagerte, kann bei dem bescheidenen Nutzen, den die Firnißerzeugung abwirft, nicht geliefert werden.

Die Menge des beim Kochen sich bildenden Satzes ist je nach der Qualitä des versottenen Oeles verschieden und variirt von 5 bis 8 Proc. Dabei ist be Satz ziemlich consistent, die Farbe wechselt ebenfalls nach der Qualität des Leinöle und ist weiß, gelblich oder dunkelgrau bis schwarz. — Nach meinen Erfahrunger bilden nur schlechte, nicht ganz reine Oele einen weißen und gelben Satz, währen der Rückstand des guten Oeles eine dunkle Färbung haben und keine körnige ode krystallinische Beschaffenheit zeigen soll.

Die Satzbildung ist bei dem nicht über 220° C. erhitzten Leinöle der einzig Verlust, den das Oel erleidet, doch darf diese Satzbildung nicht als vollkommner verloren betrachtet werden, da der Satz mit 50 bis 65 Proc. des Leinölpreises für Kitte, Farben, ja selbst in der Seifensiederei verwendbar ist. — Die Trocken fähigkeit des Satzes ist in Folge des Gehaltes an sauerstoffreichen Verbindunger eine sehr bedeutende, und wird solcher daher sehr gerne zur Farbenbereitung ge nommen.

Ich habe früher erwähnt, daß sich in jedem Leinölfirnisse nachweisen läßt ob solcher mit Mangan-, Blei- oder anderen chemischen Verbindungen dargestell wurde, und gebe nun hier noch die Anleitung, wie die hauptsächlichsten dieser Verbin bungen, beziehungsweise die in denselben die Grundlage bildenden Metalle, nach gewiesen werden können.

Beim Kochen des Leinöles mit den Verbindungen der Metalle, Alkalien x entsteht leinölsaures Oxyd, welches in dem Firniß gelöst enthalten ist, und au Zusatz von wässeriger Salz- oder Schwefelsäure von diesen Säuren entweder ge löst oder ausgefällt wird, und hierauf gründet sich die Nachweisung. Man nimm in ein Reagensglas etwas von dem zu prüfenden Oele, setzt ungefähr das gleich Quantum verdünnte Schwefelsäure zu und beobachtet nun weiter. Entsteht mi der Schwefelsäure ein weißer Niederschlag, der auf Zusatz von Schwefelwasserstof schwarz wird, so ist in dem Firnisse Blei enthalten, das Oel wurde somit mi Bleiverbindungen gekocht. Bleibt die Säure ungetrübt, färbt sich aber grünlich und wird durch Schwefelwasserstoff schwarz, so wurde das Oel mit Kupferver bindungen gekocht.

Wird der Niederschlag, wie oben angedeutet, nicht schwarz, so ist eben kein Blei vorhanden, und wir haben nun weiter mit Schwefelammonium vorzugehen

Zuerst jedoch setzt man genügende Mengen Ammoniak und dann erst das Schwefelammonium zu.

Der Niederschlag wird bei Anwesenheit von

Eisen . . . . schwarz,
Mangan . . . . fleischfarbig,
Zink . . . . weiß.

Weitere zuverlässige Aufklärung erhält man, wenn man die ursprünglich durch die Säure erhaltene Lösung mit einer Lösung von kohlensaurem Natron in Wasser behandelt. Ein durch Zusatz desselben entstehender Niederschlag von schmutzig grüner Farbe, der an der Luft bald schwarz wird, weist auf Eisen, ebenso wenn die Lösung mit rothem Blutlaugensalz blau wird; ein Niederschlag von weißer Farbe, der an der Luft schwarzbraun wird, weist auf Mangan.

Bei Vorhandensein von Zink muß die mit der Säure erhaltene Lösung auf geringen Zusatz von Ammonium eine weiße Füllung ergeben, die im Ueberschusse löslich ist.

Ich habe früher gesagt, daß der Leinölfirniß durch das Lagern besser werde, muß aber nun auch anführen, daß allzulanges Lagern keinen günstigen Einfluß ausübt. Allerdings spreche ich hier nur von Bleifirniß, der, der Einwirkung des Lichtes durch mehr als zehn Jahre ausgesetzt war, sich derart zersetzte, daß die Hälfte in eine feste bröckelige Masse verändert war, und nur die andere Hälfte flüssig und brauchbar blieb. Da Manganfirniß vollkommen unverändert (mit Ausnahme des bleichenden Einflusses des Lichtes) blieb, kann die Ursache nur den Bleiverbindungen im Firnisse zugeschoben werden, und dies ist ein neuer Beweis für die Erfahrung vieler Lackfabrikanten, daß Bleifirniß zur Lackbereitung untauglich ist, indem sich alle damit hergestellten Lacke an der Luft als nicht haltbar erwiesen haben.

Ein guter Leinölfirniß muß etwas dickflüssiger als Leinöl, und von licht gelber bis braungelber, allenfalls röthlich brauner Farbe sein. — Der Geruch kann allenfalls unangenehm, aber er darf nicht stinkend sein, der Geschmack ist dem des Oeles ähnlich mit einer Beigabe, die an den beim Sieden sich entwickelnden Dunst erinnert. An der Oelwage zeigt guter, reiner Manganfirniß 26°, Bleifirniß 24°. Verfälschungen ist Firniß häufig unterworfen, so namentlich mit Harzen und Harzöl; für dessen Nachweisung gelten hier dieselben Regeln wie für das Leinöl.

Darstellungsmethoden der Leinölfirnisse.

Im Vorstehenden wurden die Bedingungen erörtert, unter denen Firniß aus Leinöl gebildet wird, und sollen nun die verschiedenen Arten der Darstellung eingehend erwähnt werden, und beginne ich mit dem gewöhnlichen Kochen auf freiem Feuer und in geschlossenen Herden. — Die einfachste, weil wenig Geräthe erfordernde und darum auch wenig theuere Art ist die des Kochens auf einem Windofen. Dieser Windofen (Fig. 17 a. f. S.) besteht aus Eisenblech, ist 0,75 m hoch und hat 0,50 m Durchmesser, ist mit einem Rost, Aschenkasten und Abzugsrohr versehen, und paßt in denselben ein eiserner oder kupferner Kessel (Fig. 16 a. f. S.) von 0,65 m Höhe und 0,48 m Durchmesser, so daß derselbe mittelst angebrachter Handhaben leicht in den Ofen ein- und ausgehoben werden kann. — Als Feuerungsmaterial verwendet man am besten Holzkohlen Holz oder Steinkohlen geben zu viel Rauch. Der Kessel wird bis zu zwei Drittheiler

Fig. 17.

Fig. 16.

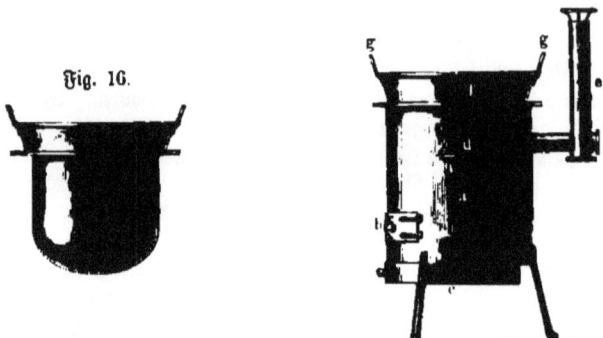

a Ofen. *b* Feuerungsthür. *c* Aschenkasten. *d* Handhabe zum Tragen des Ofens *e* Rauchrohr. *f* Kessel. *gg* Handhaben zum Tragen der Kessel.

mit Oel gefüllt, angefeuert und, nachdem das Oel zu kochen begonnen, nach und nach die Trockenpräparate zugesetzt. — Sobald dieselben von dem Oele aufgenommen worden sind, und eine Entwickelung von Sauerstoff nicht mehr stattfindet, kann der Kessel mit dem Oele bis fast an den Rand angefüllt und weiter gekocht werden

Man erzielt mit diesem etwa 45 bis 50 kg Oel haltenden Kessel im Zeit raume von drei Stunden einen gut trocknenden Firniß, wenn man zu demselben verwendet

                1 kg Minium, pulverisirt,
                1 „ Glätte, pulverisirt;
oder
                1 kg Glätte, pulverisirt,
                1 „ Bleizucker;
oder
                1½ kg Bleizucker,
                ½ „ Minium;
oder
                ½ kg borsaures Manganoxydul;
oder
                1 kg Manganoxydhydrat.

Die Temperatur hält man hierbei nicht höher als 220° C. und bedient sich zur Messung derselben eines ganz in Metall gefaßten Thermometers, das man vorsichtig eintaucht, damit es nicht zerspringe. — Nachdem der Firniß fertig geworden, hebe man solchen vom Feuer und lasse ihn klären, oder, wenn man den Kessel wieder benöthigt, leere man denselben in ein passendes eisernes Gefäß aus

Der gemauerte Ofen (Fig. 18 und 19 a. f. S.), eigentlich Herd zu nennen, besteht aus einem Unterbau aus Ziegelsteinen, in welchem Feuerraum, Rost, Aschenfall und Abzugsschlauch sich befinden, und der mit einer gußeisernen 2 cm dicken Platte bedeckt ist, welche in der Mitte die zur Aufnahme des Kessels dienende kreisrunde Oeffnung hat.

Der Grundriß des Herdes ist ein etwa 4 Fuß im Quadrat umfassendes Viereck, der Herd selbst wenig über einen Fuß hoch; der Kessel von Gußeisen, innen emaillirt, ist oben und unten gleich weit, in der Mitte eingebaucht und der Boden ist nicht flach, sondern eiförmig gerundet. Die Höhe des Kessels ist 65 cm, die Weite etwa 45 cm, und faßt derselbe ebenfalls zwischen 50 und 60 kg. Während man den Windofen überall hinstellen kann, ist man hier an einen fixen Ort gebunden, doch kann er auch in einem Hofe stehen und muß nicht unbedingt sich in einem geschlossenen Raume befinden. Um den Kessel, nachdem der Firniß fertig gesotten, an einen anderen Ort stellen zu können, ist ein Dreifuß oder bei Gebrauch mehrerer Kessel ein eisernes Gestell nöthig, welches mit Ringen versehen ist, in welche die Kessel genau passen.

Das Sieden geht hier in gleicher Weise vor sich wie bei dem Windofen, nur muß man, um ein gleiches Product zu erzielen, statt drei, vier Stunden die gleiche Temperatur von 220° erhalten, da das Oel nur vom Boden aus und nicht auch von seitwärts vom Feuer umspült wird, dasselbe sich also leichter abkühlt. — Die Zuthaten sind dieselben wie bei dem Vorigen, doch wird der Firniß jedenfalls lichter ausfallen als der frühere.

Ich habe vorher erwähnt, daß man für gewöhnlichen Leinölfirniß im Windofen drei Stunden, im gemauerten Herd vier Stunden nöthig hat, um ein Quantum von 50 kg fertiger Waare herzustellen; hierzu sind für das Füllen und das Ausleeren der Kessel, sowie für die Zeit bis zum Beginne des Siedens des Oeles noch ungefähr 1½ Stunden hinzuzurechnen, so daß also im Verlaufe von 7½, beziehungsweise 9½ Stunden auf beide Arten je 100 kg Firniß bereitet werden können.

Die Anlagekosten belaufen sich für den

Windofen sammt kupfernem Kessel auf circa. . 45 Fl. Oestr. Währg.

„ mit eisernem Kessel auf circa . . . 40 „ „ „

gemauerten Herd:

Mauerwerk auf circa . . . . 15 Fl. Oestr. Währg.

Herdplatte und Feuerungsthür . . . . 8 „ „ „

Gußeiserner emaillirter Kessel . . . . 40 „ „ „

zusammen 63 Fl. Oestr. Währg.

Für den größeren Betrieb würden diese Vorrichtungen, selbst wenn man je drei oder vier Kessel in Anwendung bringen würde, nicht genügen, einestheils weil man doch das geforderte Quantum nicht fertigstellen könnte, anderntheils weil der Verbrauch an Brennmaterial ein zu großer und der Aufwand an Arbeitern ein bedeutender und dabei überflüssiger ist. — Ob man mit einem oder vier Kesseln arbeitet, es sind hierbei zur constanten Ueberwachung unbedingt zwei Arbeiter nöthig, von benen wohl der eine nebenbei kleine Verrichtungen besorgen kann, aber bereit sein muß, bei eventuellem Steigen des Oeles oder zu großer Hitze desselben dem Rufe seines Genossen zu folgen, um den Kessel vom Feuer zu entfernen.

Um diesen angeführten Uebelständen zu begegnen, verwendet man lieber einen Kessel mit einem größeren Fassungsraume, welcher dann in einem gemauerten ge= wölbten oder einfach überdachten Raume seine Aufstellung findet.

Fig. 18.

Ansicht des gemauerten Herdes sammt Kessel.

A gemauerter Herd und Feuerraum. *b* Rauchfang. *c* Aschenfall. *e* Kessel von Guß= eisen, emaillirt. *f* Handhabe zum Tragen des Kessels. *g* eiserne Herdplatte. *h* Heiz= thür. *i* Rost.

Am geeignetsten ist ein großer Kessel von 2 m Höhe und 1½ m Durchmesser aus 4 mm starkem Eisenbleche, welcher in den Feuerraum eingemauert ist, und welch letzterer mit einem gut ziehenden Rauchfange versehen ist. Der Kessel selbst hat an seinem obersten Rande eine etwa 4 bis 5 cm weite und ebenso tiefe Rinne, welche mit einem tiefer stehenden Gefäße mittelst eines Abzugsrohres verbunden ist und dazu dient, bei allenfallsigem Uebergehen des Kessels das überströmende Oel abzuleiten und so jede Feuersgefahr zu verhindern. Dieser letzteren begegnet man, wenn der Keſſel im geſchloſſenen Raume ſteht, auch noch dadurch, daß man die Feuerungsthür außerhalb dieſes Raumes anbringt, und durch in der gewölbten Decke angebrachte Abzugsrohre den ſich entwickelnden Dämpfen Ausgang verſchafft.

Fig. 19.

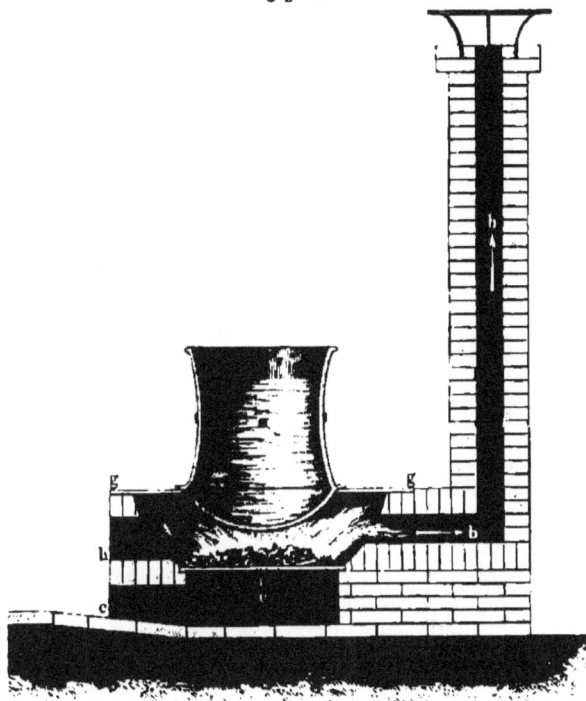

Durchſchnitt des gemauerten Herdes ſammt Keſſel.

A gemauerter Herd und Feuerraum. *b* Rauchfang. *c* Aſchenfall. *e* Keſſel von Guß-eiſen, emaillirt. *g* eiſerne Herdplatte. *h* Heizthür. *i* Roſt.

Ein auf den Keſſel genau paſſender ſchwerer Deckel wird auf Rollen laufend über demſelben befeſtigt, damit im Falle eines Brandes des Oeles durch Niederlaſſen des Deckels das Feuer ſofort erſtickt und damit jeder weiteren Gefahr vorgebeugt werden könne.

Der Keſſel in der angegebenen Größe hält ungefähr 350 kg Leinöl und ſind hierzu erforderlich:

5 kg Minium, pulveriſirt,
4 „ Glätte, pulveriſirt;

oder

4 kg Glätte, pulveriſirt,
4 „ Bleizucker;

5*

oder

3 ¹/₂ kg borsaures Manganoxybul;

oder

4 kg Manganoxydhydrat,

um binnen fünf Stunden bei einer Temperatur von höchstens 220° C. einen binnen 36 Stunden trocknenden Firniß zu erzeugen. Stellt man an das Trocknen größere Anforderungen, so muß man die Siedezeit um eine bis zwei Stunden und die Zuthaten um 20 bis 25 Proc. vermehren, es resultirt aber dann, wenn mit fortdauernd gleicher Temperatur gearbeitet wurde, ein außerordentlich rasch trocknender und dabei sehr lichter Firniß.

Als Feuerungsmaterial verwendet man am besten Steinkohle, welche bei gut eingerichteter Feuerung eine constante Hitze giebt. — Die Kosten dieser Einrichtung sind selbstverständlich höher als die der vorstehend erwähnten. Man hat zu veranschlagen:

Kessel sammt Deckel, Rollen, Kette oder Seil mit . . . 225 Fl. Oestr. Währg.

Einmauerung, Rost, Heiz- und Aschenfallthür mit . . . 40 „ „ „

Summa 265 Fl. Oestr. Währg.

Hierzu kommen bei Nichtvorhandensein eines geeigneten Locales die Kosten der Adaptirung, eventuell Aufstellung einer offenen Halle mit gemauerten Pfeilern.

„Der Maschinenbauer" empfiehlt, um das Ueberlaufen zu verhindern, folgende Einrichtung: Von zwei Kesseln dient der größere zum Kochen des Leinöles, der so geräumig sein muß, daß derselbe von dem zu kochenden Oele nur bis ²/₃ des Raumes angefüllt wird. Derselbe ist, wie Fig. 20 zeigt, so eingemauert, daß kein Oel beim Uebersteigen in den Feuerungsraum abfließen kann, und daß das Feuer den Kessel nur so weit umspült, als das Oel im Kessel reicht; auch ist derselbe seitlich mit einer Schnauze versehen, durch welche das allenfalls übersteigende Oel in den zweiten danebenstehenden, tieferliegenden und nicht geheizten Kessel abfließen kann. Auf den Kessel wird während des Kochens ein gut passender Hut gesetzt, der mit einem Thürchen versehen ist und sich in ein Rohr verlängert, durch das die Dämpfe und Gase in den Schornstein abgeführt werden; in dem Schornsteine wird ein kleines Feuer unterhalten, um die Gase zu verbrennen. — Ein sehr umständliches Verfahren, Firnisse zu kochen, hat F. Bartly in Leipzig angegeben.

Nach demselben nimmt man auf 50 kg Leinöl 1 kg Bleiglätte, erhitzt das Oel auf 100° C. und rührt die Bleiglätte, welche man vorher durch ein Siebchen gehen läßt, ein. Man setze nun das Rühren eine Viertelstunde lang fort und füge tropfenweise auf je 50 kg Leinöl nur ¹/₈ kg Wasser (!) hinzu. Das Kochen dieses Firnisses ist vollkommen genügend, wenn es vier Stunden gedauert hat. — Die Temperatur dieses Firnisses darf hierbei 120 bis 127° C. (?) nicht überschreiten.

Um Manganfirniß zu bereiten, verfährt derselbe wie folgt: Man nimmt auf je 50 kg Leinöl 125 g borsaures Manganoxybul, mischt dieses mit etwas Leinöl und läßt es durch eine Farbenmühle gehen, alsdann erhitzt man das Oel auf 100° C. und setzt nun nach und nach das mit Leinöl angeriebene Manganorybulfalz zu. Nun erhitzt man unter Umrühren zwei Tage, am besten bei einer Temperatur von 100 bis 120⁰ C. Den dritten Tag setzt man bei 100⁰ tropfenweise auf je 50 kg Oel ¼ kg Wasser zu. Nach geschehener Operation

Fig. 20.

Eingemauerter Kessel zum Firnißsieden.

a Kessel. *b b'* Rinne, um überlaufendes Oel abzuleiten. *c* Rost
d Aschenfall. *e* Deckel.

nimmt man auf je 50 kg ¼ kg Chlorkalk, rührt ihn mit Wasser zu einem dicken Brei an und filtirt durch Fließpapier, wobei man noch wenig Wasser nachgießen kann, um etwas auszufüßen. Diese filtrirte Flüssigkeit versetzt man mit einer Messerspitze voll Eisenoxydhydrat, schüttelt gut und gießt sie in den Firniß hinein. Es wird nun einige Stunden bei einer Temperatur von 80 bis 100° C. forterwärmt (wenn 10 bis 20° mehr, entwickelt sich der Strom in furchtbarer Weise). Um einem Uebersteigen vorzubeugen, mag man zur Vorsicht einen Theil erkalteten Firniß zugießen. Noch besser ist die Operation zu machen, wenn die mit Eisenoxydhydrat versetzte Chlorkalkflüssigkeit nicht in den Firniß gegossen, sondern das Chlor in einem Gasapparat entwickelt und in den Firniß als Gas hineingeleitet wird — am zweckmäßigsten bei bis zu 90° C. erwärmtem Firniß. Dann bewahrt man den Firniß zur Abklärung auf.

Ich habe nun Apparate beschrieben, welche vollkommen genügen würden, um uns einen guten und brauchbaren Firniß und auch den Bedürfnissen angepaßt, in genügender Menge liefern können. — Allein wie in allen Fächern hat auch hier der Fortschritt mächtig eingewirkt; die Oel producirenden Länder (Holland und England) haben sich der Firnißfabrikation bemächtigt, und sie sind, da sie keine bedeutenden Ausgaben für Bauten und Maschinen, Dampfkessel ꝛc. zu machen hatten, und ein paar Siedekessel mit vorhandenem Dampfe leicht in Betrieb zu setzen sind, im Stande, heute auf fast allen europäischen Märkten mit ihrem Producte erfolgreich zu concurriren und der einheimischen Industrie jeden Landes empfindlich zu schaden, so lange diese nicht durch einen angemessenen, die Amortisation der hohen Anlagekosten mindestens deckenden Schutzzoll in der Lage sind, dieser Concurrenz entgegen zu treten. — So führen z. B. die Firnißfabriken in Oesterreich nicht momentan, sondern schon seit fünf Jahren ein trauriges Dasein, weil das fertige Fabrikat, der Leinölfirniß, genau denselben Zoll (1,50 Fl. Oestr. in Gold für 100 kg) zahlt, wie das rohe Leinöl; dieses rohe Leinöl muß aber der österreichische Fabrikant von demselben Holländer und Engländer kaufen, der auch den Leinölfirniß 2 bis 2½ Fl. über dem Leinölpreise verkauft, während für ihn die Siedekosten aber ohne kostspielige Einrichtung nahezu 2 bis 2½ für 100 kg betragen! — Somit arbeitet der österreichische Fabrikant nicht nur ohne Verdienst, sondern er zahlt noch zu aller Plage, die ein Etablissement mit sich bringt, alljährlich die Zinsen seines Anlagecapitals darauf, und die Folge davon ist, daß er eben aufhören muß, ferner zu produciren, wie dies auch in der That vor sehr kurzer Zeit mit einem Etablissement geschehen ist, welches in Oesterreich die Dampffirnißkocherei einführte.

Unter solchen Verhältnissen muß es doch zum mindesten sonderbar klingen, wenn wir in einem officiellen Ausstellungsberichte Folgendes finden: Die Mehrzahl der Fabrikanten kann sich nicht entschließen, die in mehr als einer Hinsicht zu verwerfende Methode des Leinölsiedens über freiem Feuer aufzugeben, und der Fabrikant, der seinen Oelbedarf nicht zur günstigen Conjunctur zu decken vermag, und dem es an Fonds gebricht, seiner Waare Lager zu geben, der unterlasse es, Firniß produciren zu wollen.

Nun, nichtsdestoweniger hat es Fabrikanten gegeben und giebt es noch, welche diesen Anforderungen bezüglich Capital nicht zu entsprechen vermögen; vielleicht ändern sich diese Verhältnisse im Zolle in Oesterreich einmal, und ich will meinen

geehrten Lesern selbstverständlich auch von den Einrichtungen einer Dampffirnißkocherei mit den Erfahrungen der neuesten Zeit Mittheilung machen, und auch
einen kleinen Ueberschlag einer mit dem Nothwendigsten ausgestatteten derartigen
Anlage bekannt geben.

Das Kochen der Leinölfirnisse mittelst Dampf

geschieht meistens in doppelwandigen Kesseln, seltener oder nie in solchen, bei denen
die Erhitzung durch ein Schlangenrohr stattfindet, da man mit dieser letzteren Vorrichtung nur sehr schwer die zum Sieben des Oeles nöthige Temperatur zu erreichen
vermag. — Der Dampf kann, je nach der Anlage, solcher von gewöhnlicher Temperatur oder überhitzter Dampf sein, das heißt Dampf, welcher durch weitere Erhitzung in Schlangenrohren und auf Kohlenfeuer auf eine höhere als die gewöhnliche Temperatur gebracht wurde.

Ich fabricire seit dem Jahre 1864 Firnisse mittelst Dampf, und verwendete
hierzu anfänglich einen, später zwei unter einander verbundene Siedekessel;
Fig. 21 a. f. S. stellt dieselben dar.

Diese Siedekessel sind aus 4 bis 5 mm starkem Kesselblech gefertigt, auf einen
Dampfdruck von 4½ bis 5 Atmosphären approbirt, und werden mittelst eines einzigen Zuströmungsrohres vom Kessel aus mit dem nöthigen Dampfe gespeist. Jeder
Kessel hat ein Sicherheitsventil, und der eine der beiden trägt die Dampfaus-
strömungs- und Condensationswasserableitungsröhren, welche mit Wechseln geschlossen
und geöffnet werden können. Bei Inbetriebsetzung der Apparate wird der Dampf
zuerst bei dem Wechsel c' durch den Kessel B in den Kessel A eingelassen, sammelt
sich in diesem an und füllt dann auch den Kessel B an. Sobald an dem Geräusche
bei der Einströmung zu entnehmen ist, daß genügende Spannung herrscht, öffnet
man den Ausströmungswechsel f, läßt einige Male den Dampf eine halbe Mi-
nute lang ausströmen und schließt dann diesen Wechsel soweit, daß nur wenig
Dampf ausströmen kann. — Auf diese Weise behält der in den Kesseln befindliche Dampf stets gleiche Temperatur bei. Nun wird der Wechsel bei g soweit geöffnet, daß das sich in den Böden der Kessel ansammelnde Condensationswasser successive durch den Druck des Dampfes im Kessel entfernt wird; das
Einströmungsrohr bleibt ganz oder zu ¾ geöffnet. Bei Vorhandensein eines
Dampferzeugers, der eine Spannung von 4½ bis 5 Atmosphären zuläßt, erreicht
auch die Spannung in den Siedekesseln 4½ bis 5 Atmosphären und ½ Stunde
nach Beginn der Dampfeinströmung beginnt das Oel bereits zu sieben.

Jeder der beiden Kessel hat einen Rauminhalt von ungefähr 350 kg. Das Oel
pumpt man entweder aus vorgelegten Fässern, aus dem in der unmittelbarsten
Nähe gelegenen Reservoir hinein, oder man füllt dasselbe mittelst passender Geschirre in die Kessel.

Zu diesem Oelquantum kommen nun in jeden Kessel:

4 kg Minium, pulverisirt,
4 „ Glätte, pulverisirt;

oder

4 kg Glätte, pulverisirt,
3 „ Bleizucker;

ober

      3 kg Bleizucker,
      4 „ Minium;

ober

      2 kg borsaures Manganoxydul;

ober

      3 kg Manganoxydhydrat,

und erzielt man mit diesen Zusätzen bei fünf- bis sechsstündiger Siedezeit und einer Temperatur von 125 bis 132° C. einen vorzüglichen Firniß. — Vermehrt man die Zusätze und die Siedezeit, so wird die Waare entsprechend besser. — Die

Fig. 21.

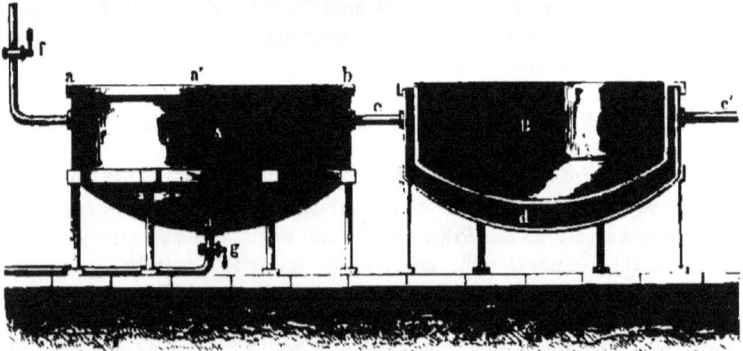

Ansicht eines Dampfsiedeapparates mit zwei Kesseln.

A Ansicht des Kessels. *B* Durchschnitt desselben. *a b* Weite (Durchmesser) 133 cm. *a' a''* Tiefe 66 cm. *c'* Dampfeinströmung. *e* Verbindungsrohr beider Kessel. *d* Dampfraum zwischen dem Doppelboden. *f* Ausströmung. *g* Condensationswasserabfluß.

Qualität des so dargestellten Firnisses ist eine ganz ausgezeichnete, er ist sehr hell von Farbe, da sich eben die Maximaltemperatur von 132° C. absolut nicht überschreiten läßt; dabei ist das Kochen vollkommen gefahrlos, und man hat nur darauf zu sehen, daß das Condensationswasser stets gehörig abfließe. — Das Ansammeln dieses letzteren könnte wohl eine Explosion des Apparates zur Folge haben, doch ist mir während meiner langen Praxis niemals das geringste Unglück damit vorgekommen.

Nach Ablauf der für das Sieden bestimmten Zeit werden die Dampfausströmungs- und Condensationswasserabfluß-Wechsel rasch geöffnet, hierauf die Dampfeinströmung geschlossen, und Dampf und Condensationswasser nehmen ihren vorgeschriebenen Weg. Nunmehr entleert man die Kessel wieder mit einer Pumpe oder mittelst angelegter Rinnen in einen bestimmten, aus Eisenblech hergestellten Behälter, überläßt den Firniß der Klärung und kann nun sofort von Neuem mit Füllung der Kessel beginnen.

Zur Beförderung der Oxydation läßt sich sehr leicht noch ein die Oberfläche des Oeles in fortgesetzter Bewegung haltendes Rührwerk (Fig. 22) über den

Kesseln und in dieselben hineinreichend anbringen, welches durch die vorhandene Maschine in langsame Bewegung versetzt wird.

Mit oben beschriebenen beiden Siedekesseln habe ich in zwei Tagen bei täg= lich 12 stündiger Arbeit 2100 kg Firniß von vorzüglichster Qualität erzeugt, und

Fig. 22.

a a' Schaufelrührer. b b' Zahnräder. c am Plafond befestigte Achse der Schaufel=
rührer. d Lagerbock. e Riemenscheibe.

nebenbei auch noch Oelfarben u. dgl. fabricirt, um die Dampfanlage auszunutzen. Ueber die Anlagekosten und die zweckmäßigste Art der Ausnutzung werde ich am Schlusse dieses Artikels meine Erfahrungen vorlegen.

F. Walton's Verfahren, Leinölfirnisse mittelst Dampf zu kochen.

Man setzt fette, trocknende Oele der Luft aus, so daß sie oxydirt werden und in die harzige Masse (Linoxyn) übergehen. Diese löst man dann in einem flüchtigen Lösungsmittel auf, wodurch ein Firniß entsteht, welcher rasch trocknet und einen biegsamen, zähen Ueberzug zurückläßt, ähnlich dem gewöhnlichen Oelfirniß, nur daß dieser letztere viel langsamer trocknet. Um das Oel in die harzige Substanz zu ver= wandeln, giebt man ihm eine große Oberfläche und läßt warme Luft darauf wirken. Zur vorläufigen Verdickung des Oeles wie auch zur Umwandlung desselben in Firniß kann man nachstehend beschriebenen Apparat (Fig. 23 a. f. S.) benutzen. Man vermischt klares Leinöl mit einem geeigneten Trockenmittel, und zwar am besten mit 5 bis 10 Proc. Bleizucker; diese Mischung läßt man sodann durch den Apparat gehen. a. ist eine Röhre, durch welche mittelst einer Druckpumpe das Oel in den

Behälter *b* getrieben wird, welcher einen durchlöcherten Boden *c* hat. Das Oel bringt durch diesen Boden abwärts und fällt in Strahlen oder Tropfen durch die Säule *d* hindurch, wobei es mit der mittelst eines Ventilators eingetriebenen Luft in Berührung kommt. Zwei Seiten der Säule sind mit Glas geschlossen, damit Licht eintreten könne, um auf das Oel bleichend zu wirken.

Fig. 23.

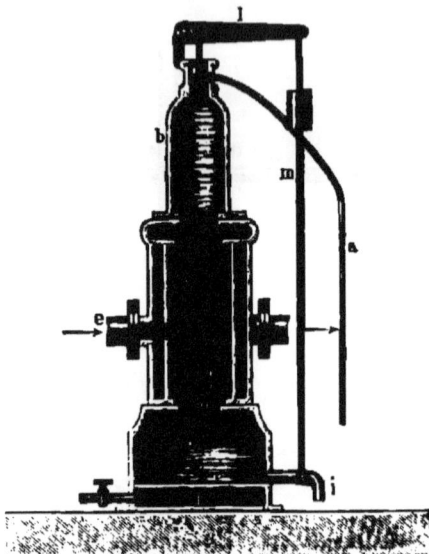

Apparat zum Verdicken des Oeles.

f und *f'* sind durchlöcherte Zinkplatten; *f* ist dazu bestimmt, die Luft beim Eintritte in den Apparat über die ganze hohe Säule zu vertheilen; *f'* dient dazu, die Luft austreten zu lassen und die Oeltheile zurückzuhalten. Der Luftstrom braucht nicht stark zu sein, sondern es ist nur nöthig, eine fortwährende Erneuerung der im Apparate enthaltenen Luft zu bewirken. Das Oel fällt in den Behälter *g*, unter welchem ein Raum *h* ist, in den man Wasserdampf leitet, so daß er auf 100 bis 177° C. erhitzt wird; je höher die Temperatur ist, desto schneller erfolgt die Umwandlung des Oeles. *i* ist ein Rohr, durch welches das Oel wieder in die in der Abbildung nicht dargestellte Pumpe gelangt. Mittelst dieser Pumpe wird es wieder in den Behälter *b* hinauf getrieben u. s. f., bis die beabsichtigte Umwandlung genügend eingetreten ist. Am obern Ende von *b* ist ein kleiner Cylinder, in welchem sich ein Kolben befindet, der mit einem Hebel *l* verbunden ist. Dieser Hebel wird so stark belastet, als dem Drucke, welchen man in *b* hervorbringen will, entspricht. Die Stange *m* wird mit einem Hahn des Rohres *i* in solcher Art verbunden, daß, wenn der Kolben in Folge eines zu großen Druckes steigt, die Communication zwischen der der Pumpe und dem Behälter *g* aufgehoben wird.

Das in vorbeschriebener Weise genügend verdickte Oel kann zum Anstreichen und für andere Zwecke statt des gekochten Oeles verwendet werden, und ist diesem insofern vorzuziehen, als es eine hellere Farbe besitzt. Unter solchen Umständen, namentlich wenn wenig oder kein Bleioxyd angewendet wird, kocht der Patentträger das Oel in gewöhnlicher Manier, bevor er es der beschriebenen Einwirkung der Luft aussetzt. In diesem Falle wird nach dem Kochen kein Bleizucker hinzugefügt, und bei der nachherigen Einwirkung der Luft die Temperatur nicht so hoch als bei ungekochtem Oele gesteigert, sondern nur auf 100° C. gebracht. Das aus gekochtem Oel erhaltene Product besitzt indeß eine dunklere Farbe.

Wenn man die weiter oben erwähnte harzartige Masse darstellen will, kommt auch der vorbeschriebene Apparat in Anwendung. Die Verdickung des Oeles wird aber auch in diesem Falle nur soweit fortgeführt, daß das Oel noch immer flüssig bleibt. — Man breitet es nämlich nachher in dünner Schicht an der Luft aus und läßt warme Luft darüber strömen, wobei es vollends in die harzige Masse übergeht. Zu diesem Zwecke bringt man das Oel in einen Behälter, zu welchem ein Gestell gehört, welches in den Behälter hineingelassen werden kann. In diesem Gestell wird ein Stück Zeug von beliebiger Länge in solcher Art befestigt, daß die einzelnen Windungen desselben horizontal zu liegen kommen, sich nicht berühren,

Fig. 24.

Destillirblase mit Rührwerk.

worauf man das Gestell mit dem Zeuge in das Oel taucht, wieder herauszieht und über dem Oelbehälter hängen läßt, damit das Abtropfende in diesen zurückfällt.

Der Raum, in welchem diese Behandlung erfolgt, wird angemessen erwärmt und mittelst eines Ventilators verdünnte Luft hineingeleitet, indem man dafür sorgt, daß die verdorbene, theilweise ihres Sauerstoffes beraubte Luft abziehen könne. Das Oel, welches das Zeug in dünner Schicht überzieht, verwandelt sich alsbald in eine trockene, nicht mehr klebende Masse; diese Umwandlung erfolgt im Allgemeinen in 24 Stunden. Wenn sie erfolgt ist, taucht man das Gestell mit dem Zeug wieder ein, so daß sich dieses wieder mit einer zweiten Schicht Oel überzieht, läßt diese ebenfalls in die trockene, harzige Masse übergehen, taucht dann wieder ein und führt in dieser Weise fort, bis eine etwa 3 mm dicke Schicht der trockenen, harzartigen Masse entstanden ist, was einige Wochen lang dauert.

Um diese Masse von dem Zeuge zu entfernen, zieht man dasselbe langsam zwischen zwei durch Dampf erhitzte Platten durch, die nur so weit von einander abstehen, daß das Zeug ohne den Ueberzug durchgehen kann. Das Hindurchgehen wird durch ein Paar Walzen bewirkt, welche über den Platten angebracht sind. Im Anfange muß man das Ende des Zeuges bis auf einige Centimeter Breite durch Abschaben von dem Oelüberzuge befreien, worauf man dieses Ende zwischen den Platten und Walzen durchführt; letztere fassen nun das Zeug und ziehen es fernerhin zwischen den Platten durch, wobei die harzige Masse von den Platten abgestreift wird. Das Zeug wird nachher zu demselben Zwecke wieder verwendet.

Um aus der harzigen Masse einen Firniß zu bereiten, bringt man sie in zertheiltem Zustande mit Alkohol oder Holzgeist zusammen, die man z. B. im Verhältniß von 29 Liter auf je $4\frac{1}{2}$ kg der harzartigen Masse verwendet. Die Mischung wird in eine Blase gebracht, welche mit einem Rührapparat versehen ist (Fig. 24 a. v. S.) und darin erwärmt, bis die harzartige Masse sich aufgelöst hat. Der dabei überdestillirte Theil des Lösungsmittels wird zu einer folgenden Operation verwendet. Durch ferneres Abdestilliren kann man die Dicke des Firnisses nach Bedarf reguliren.

Zweckmäßiger ist es, statt des Zeuges einfach Papier anzuwenden, dasselbe mit in das Lösungsmittel zu bringen und durch Filtration abzusondern.

Walton hat noch ein anderes Verfahren sich patentiren lassen, welches sich in England bereits ziemlich eingebürgert hat.

Das Oel wird nämlich in offenen weiten Kesseln mittelst Dampf gekocht und in eine ebenfalls mit Dampf geheizte Kammer gehoben, in welcher es mit Schaufelrädern geschlagen wird und auf diese Weise in kleineren oder größeren Tropfen mit der Luft in Berührung kommt und Sauerstoff aufnimmt. Die Kammer kann außerdem noch mit Glasplatten bedeckt sein, damit auch das Licht vortheilhaft einwirkt. — Das zerstäubte Oel sammelt sich in einer Rinne am Boden der Kammer und geht, wenn erforderlich, nochmals in die Pfannen.

Dampffirnisse nach C. W. Vincent.

Der von demselben angewendete Apparat (Fig. 25) ist ein Kessel, am besten aus Kupfer, mit kreisförmigem Querschnitt; seine Tiefe ist etwa dem Durchmesser gleich und der Boden abgerundet. Auf seine halbe Höhe ist der Kessel mit einem Mantel von starkem Eisenblech umgeben; in den Zwischenraum zwischen beiden wird Dampf eingelassen. Der Kessel und der Mantel müssen einen Dampfdruck von 20 kg pro $2\frac{1}{2}$ qcm aushalten können. Die obere Mündung des Kessels ist durch einen aufgenieteten Dom verschlossen, der mit einem Mannloch versehen ist. Durch eine Stopfbüchse in der Mitte des Domes sind zwei verticale concentrische Wellen hindurch geführt, von denen die eine natürlich hohl ist. Beide erhalten durch Betrieb von außen drehende Bewegung, und zwar jede in anderer Richtung. Sie tragen an dem im Keffel befindlichen Theile Rührschaufeln, welche fomit ein fehr vollftändiges Durcheinandermifchen der im Keffel enthaltenen Maffe bewirken. Auf der einen Seite des Domes befindet fich eine Erhöhung, von welcher ein fieben-centimetriges Rohr nach der Feuerung des Dampfkeffels führt. Beim Betriebe ift forgfältig auf vollftändige Dichtigkeit aller Fugen zu fehen. Auf diefe Weife wird der Uebelftand vermieden, der das Sieden von Leinöl fo gefährlich und unangenehm für die Nachbarfchaft macht, nämlich der, daß übelriechende, leicht entzündliche Dämpfe unverbrannt in die Atmofphäre entweichen. In den unteren Theil des Keffels wird durch den Dampfmantel hindurch ein Rohr eingeführt, durch welches gepreßte Luft tritt. Der Betrieb des Apparates ift nun folgender: Das auf einmal zu

Fig. 25.

Firniß-Siede-Apparat von C. W. Vincent.

A Kochapparat. *aa* Dampfmantel. *bb* Dom. *c* Mannloch. *d* Dampfeinftrömungs-rohr. *e* Lufteinftrömungsrohr. *ff'* Wellen und Schaufelräder. *g* Abzugsrohr aus dem Oelkeffel.

verarbeitende Oel (gewöhnlich 2000 kg) wird zuerft in einen großen Behälter ge-bracht, wo man es abfitzen läßt. Die Einrichtung wird hierbei in der Art ge-troffen, daß, fobald die auf einmal zu verarbeitende Oelmenge aus dem Behälter in den Siedekeffel abgelaffen ift, erfterer fofort wieder gefüllt wird, fo daß alfo dem

Oele möglichst lange Zeit zum Abklären gelassen wird. Durch ben Oelbehälter wird der gebrauchte Dampf aus bem Siedekessel mittelst eines eisernen Schlangenrohres von 35 mm Durchmesser durchgeleitet; durch bieses Vorwärmen erspart man einestheils an Dampf beim Sieben, unb erleichtert andererseits bas Absetzen von Unreinigkeiten aus bem Oele. Ist bas auf ungefähr 35°C. vorgewärmte Oel in ben Siedekessel eingepumpt, so wird hier Dampf mit vollem Druck eingelassen unb bas Rührwerk in Gang gesetzt. Nachbem der Dampfdruck im Kessel auf 2 bis 3 Atmosphären gestiegen ist, wird die Luft zugelassen. Sofort tritt ein starkes Schäumen unb Sieben unter bebeutender Volumvergrößerung ein unb bie vorher bunkelbraune Masse wird hellgelb.

Wird ein bunkler Firniß gewünscht, so werden bie Trockenmittel, beren Wahl im Allgemeinen als Geheimniß betrachtet wird, in Form von seinem Pulver mit Oel gemischt, burch einen mit Absperrhahn versehenen Trichter in bünnem Strahl in ben Kessel gebracht, sobald bas Oel burch seine ganze Masse gleichmäßig erwärmt ist, was gewöhnlich eine halbe Stunde nach Erreichung bes Dampfdruckes von 2 bis 3 Atmosphären der Fall ist. Die Menge ber Trockenmittel beträgt nur etwa 375 g auf 50 kg Oel, so baß man auf möglichst gleichmäßige Vertheilung berselben große Sorgfalt legen muß. Nach bem Einbringen ber Trockenmittel braucht nur barauf geachtet zu verben, baß ber Dampfdruck nicht unter 15 kg sinkt, wo möglich aber auf 1,75 kg erhalten wird, so baß bie Luftpumpe, welche bie Luft in ben Kessel treibt, sowie bas Rührwerk fortwährend in Betrieb bleiben. Die zur Orydation einer bestimmten Oelmenge nöthige Luft hat Vincent nicht festgestellt; thatsächlich erfordern einige Oelsorten mehr Luft als andere; gewöhnlich treibt man so viel Luft ein, als bas Oel aufnimmt, ohne zu spritzen unb in bas Abflußrohr ber Dämpfe mit überzutreten. Die abkühlende Wirkung ber Luft ist weit geringer als man erwarten sollte, zumal sich bieselbe auf ihrem Wege ansehnlich, gewöhnlich um circa 11 bis 16° C., erwärmt. Nach etwa vierstündiger Behandlung kann bas Oel in Behälter abgelassen werden, in beren es so lange bleibt, bis bie Trockenmittel sich zum größten Theile absetzen können. Das Ablassen aus bem Kessel erfolgt burch ein 50 mm weites Rohr von ber Mitte bes Bodens aus. Eine etwaige Verstopfung ber Oeffnung bieses Rohres läßt sich meist baburch beseitigen, baß man basselbe mit bem Luftrohre in Verbindung bringt; im Nothfalle muß man bie Verstopfung mittelst einer langen, bünnen Stange vom Obertheil bes Kessels aus entfernen. Nur bei solchen Gelegenheiten unb während ber wenigen Minuten, welche bas Ablassen bes heißen Oeles erfordert, entwickeln sich Dämpfe. Vincent will bemerkt haben, baß bie Einwirkung von Luft allein bas Oel nicht rascher trocken mache; — biese Behauptung ist unrichtig, ba schon aus ben Versuchen Mulder's hervorgeht, in welch hohem Grade bie Luft bas Leinöl zu orybiren vermag! — Aber auch bie Praxis hat biese Ansicht verworfen, ba in England unb Holland sehr viel Firniß ohne alle Zusätze von Trockenmitteln unb lediglich mittelst Zuführung kalter unb heißer Luft bargestellt wird.

Wir hätten nun noch jene Verfahrungsweisen ber Erzeugung von Firnissen zu betrachten, bei benen überhitzter Dampf zur Anwendung gelangt.

Die Principien berselben sind im Grunde: Anwendung möglichst flacher Kessel, welche ben Zutritt von Luft frei gestatten; Anwendung tieferer Kessel, welche vollkommen geschlossen sind, unb bei benen kalte ober erhitzte Luft (eventuell freies Sauerstoffgas) mit Gewalt eingetrieben wird. — Die Ueberhitzung des Dampfes findet in der Weise statt, daß man denselben in Schlangenröhren (Fig. 26) durch eine Feuerung leitet, und erst dann in die entsprechend verstärkten Kessel, welche von vorzüglich guter Construction und mit besten Sicherheitsvorrichtungen ausgestattet sein müssen, einströmen läßt, wenn derselbe eine Temperatur von 300° C. erreicht hat. Den sich entwickelnden Dämpfen muß man in beiden Fällen, ob man mit geschlossenen oder offenen Kesseln arbeitet, Abzug geben, bei den letzteren ist überdies noch ein in Rollen laufender, gut passender schwerer Deckel erforderlich, der im Falle einer Entzündung den Siedekessel vollkommen luftdicht abschließen muß. Ich kann mich auch der Ansicht E. Andres [1]), daß es ein Mittel (Erhitzung des Dampfes in eisernen Röhren) gebe, so daß Anwendung von Gefäßen, die eine über das gewöhnliche Maß hinausgehende Festigkeit besitzen, nicht erforderlich wäre, nicht anschließen, denn die Gefahren, in Apparaten mit überhitztem Wasserdampf zu arbeiten, sind immer vorhanden, und können nur durch ganz vorzügliche Vorsichtsmaßregeln paralysirt werden. Derselbe schlägt vor, statt Wasserdampf nur heiße Luft [2]) anzuwenden und sagt: Will man auf diese Weise arbeiten, so treibt man mittelst eines Centrifugalventilators einen ununterbrochenen Luftstrom in das Röhrensystem des Ueberhitzungsapparates und leitet denselben, nachdem er den größten Theil der Wärme in den Firnißkochapparaten abgegeben hat,

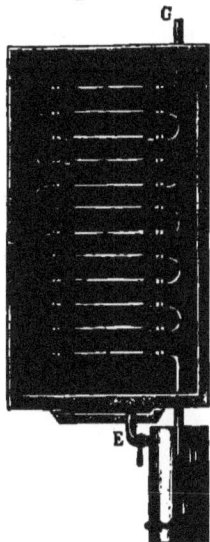

Fig. 26.

Ueberhitzungsapparat.

wieder in den Ventilator zurück, so daß man eigentlich fortwährend mit derselben Luftmenge arbeitet, die beständig zwischen dem Ventilator, dem Ueberhitzungsapparate und den Kochgefäßen einen Kreislauf beschreibt. Es versteht sich von selbst, daß in jenen Apparaten, in welchen überhitzter Dampf oder überhitzte Luft zu arbeiten hat, keine Bleiröhren zur Anwendung kommen dürfen, sondern daß entweder eiserne oder kupferne Röhren benutzt werden müssen. Letztere, obwohl viel höher im Preise als eiserne Röhren, verdienen vor diesen schon darum den Vorzug, weil sie keine dunkelfarbigen (!) Firnisse liefern, obwohl auch sie von dem heißen Oele angegriffen werden (und dasselbe grasgrün färben). Obwohl es ziemliche Kosten verursacht, so ist es doch zu empfehlen, die Metallflächen, mit welchen der Firniß in Berührung kommen soll, auf galvanischem Wege versilbern zu lassen. Der Ueberzug kann sehr dünn sein und dennoch jahrelang (?) unversehrt bleiben, wenn man die Apparate sorgsam behandelt, da er ja keine Abnutzung durch Reiben erfährt. (Eine gute Emaillirung ist nach meinen Erfahrungen weit vortheilhafter, haltbarer und bedeutend billiger.)

---

[1]) Andres, Lack- und Firnißfabrikation, S. 131. — [2]) Ebendaselbst S. 132.

Wir sehen also, daß speciell bei Dampffirnißkochungen dem intelligent‹ Fabrikanten sehr viel Gelegenheit geboten ist, diese Fabrikationsmethode in b einen oder in der anderen Weise durchzuführen und daß seinem eigenen Erfindung‹ talente Gelegenheit genug gegeben ist Neues zu schaffen.

So läßt sich z. B. eine schön mit Dampfkraft versehene Localität leicht zu Kocherei adoptiren, sei es nun im eigenen Gebäude oder miethweise, und belaufe sich die Einrichtungskosten nicht hoch. Handelt es sich aber darum, eine Fabr‹ zu bauen und einzurichten, so darf hier der Unternehmer nicht sparsam sein, den eine Mehrausgabe, insofern sie nicht einen Luxus, sondern z. B. eine maschinell Vorrichtung betrifft, die ihm Arbeitskraft und Zeit erspart, wird ihm imme‹ reichlich eingebracht werden. — Ich werde nachstehend versuchen, auf Grund meine‹ Erfahrungen, die Neuanlage einer Dampf-Firnißkocherei zu skizziren.　　=

Die beigefügte Anlage besteht aus einem 17 m langen, 6 m tiefen, massive‹ und hart gedeckten Gebäude, welches durch einfache Mauern in vier Abthei‹ lungen geschieden ist; nämlich: *A* Kesselhaus, *B* Siederaum, *C* Maschinenraum *D* verfügbarer Raum, dessen eventuelle Bestimmung ich später noch erläutern werde.

In dem Kesselhause *A* befindet sich der Dampfkessel *a* (System nach Waß des Unternehmers) mit completter Armatur und den Anfängen der erforderliche‹ Dampf- und Speisewasserleitungen *b*; es dient gleichzeitig als Aufbewahrungs‹ ort des erforderlichen Heizmateriales. Der Wasserablaßwechsel des Kessel‹ mündet vortheilhaft in ein Rohr, das ins Freie führt, so daß man auf dies‹ Weise rasch entleeren und mittelst des noch vorhandenen Dampfes ausblasen kann‹ da hierdurch aller Schlamm ꝛc. leicht und sicher aus dem Kessel entfernt wird.

An das Kesselhaus anschließend befindet sich der Siederaum *B*, durch‹ welchen die Dampfleitung *bb* hindurch geht und von der eine Abzweigung di‹ beiden Siedekessel *d* und *d'* speist. — Die Siedekessel befinden sich an der rück‹ wärtigen Wand, der Feuermauer des Gebäudes und in der Mitte der ersteren.‹ *g* ist das vertieft stehende Reservoir, in welches die Oelfässer, sowie sie ankommen, sofort entleert werden und welches mit dem anderen an der Frontseite des Ge‹ bäudes stehenden, ebenfalls vertieften Reservoir *g'* in Verbindung steht, so zwar, daß der Inhalt in beiden Reservoirs stets das gleiche Niveau besitzt. Das Ver‹ bindungsrohr muß also am Boden des Reservoirs angebracht sein.

Ueber das eine Reservoir sind zwei Eisenbahnschienen gelegt, welche mit dem Fußboden, der mit Ziegeln oder allenfalls Asphalt gepflastert ist, sich in gleichem Niveau befinden. Die einlangenden Oelfässer werden einfach auf diese Schienen gerollt, der Spund geöffnet und der Inhalt ohne alle Mühe in die Behälter ent‹ leert. — *f* ist das Rohr, durch welches vermittelst der von der Transmission und dem Riemen *k* getriebenen Pumpe (auf der Zeichnung nicht sichtbar) das Oel in die Siedekessel gehoben wird. Die Reservoirs sind derart aufgestellt, daß zwischen ihnen und dem sie umgebenden Mauerwerk ein schmaler Gang bleibt, um allen‹ fallsige Schäden bemerkbar zu machen und Verlusten vorzubeugen.

e ist die Condensationswasserausströmung, *e'e'* die Dampfausströmung aus den Siedekesseln. Die Condensationswasserausströmung *e* kann mit Vortheil auch gleich zum Ausblasen und Reinigen der Fässer, welche mit Firniß gefüllt

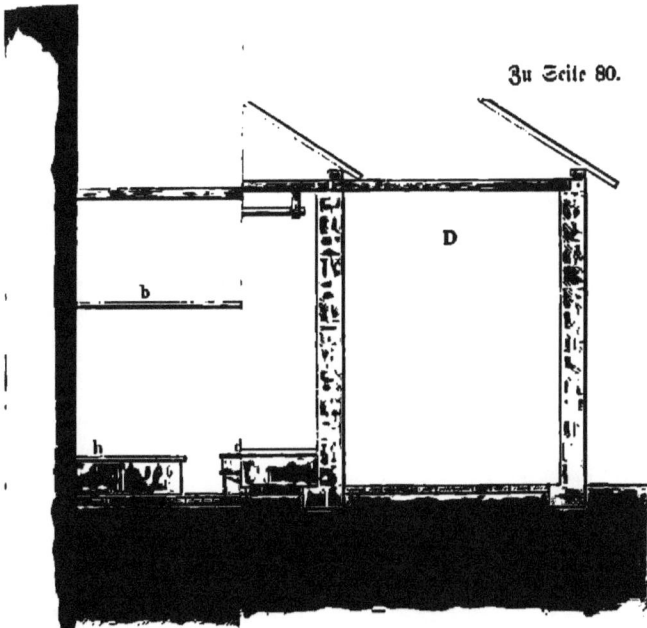

Zu Seite 80.

D

b

h

d

Kesselhaus.
Siederaum.

werden sollen, dienen. — h und h' sind die beiden Reservoirs, welche zur Aufnahme des fertigen Firnisses dienen und in denen sich die gröbsten Unreinigkeiten
ablagern. — Für die weitere Ablagerung könnte man in einem Nebengebäude
entsprechende Reservoirs aufstellen oder aber unter den Reservoirs h h' ganz in
der Art wie die g g' je ein vertieftes Reservoir anbringen. — Hierbei wäre aber
dann wohl zu berücksichtigen, daß der die Reservoirs umgebende Gang an einer
Stelle so weit sein muß, daß ein entsprechendes Gefäß eingebracht werden kann,
welches den aus dem Reservoir mittelst eines Wechsels herausgelassenen Firniß
aufnimmt und welches auch die Pumpe, welche den Firniß in die Fässer
bringt, aufzunehmen hat. Würde man direct aus dem Reservoir in die Fässer
pumpen, so hätte man stets zu befürchten, daß man den gebildeten Satz mit auf-
rührt und die Waare in Folge dessen trübe wird.

Der Raum b ist Maschinenraum — enthält die Dampfmaschine c und die
Transmissionen i i und i' i' (letztere als Reserve); am besten läßt sich mit der
Firnißerzeugung die Fabrikation der Anstrich- oder Buchdruckfarben verbinden
und habe ich die Bank m zur Aufstellung der Maschinen zum Reiben dieser Farben
bestimmt. Arbeitet man mit größeren Farbreibmaschinen, oder hat man Hilfsma-
schinen, Misch- und Pulverisirwerke, so kann man die Bänke für kleinere Maschinen
immer in die Mitte des Locales stellen und hat noch genügend Raum, nur die
Standfässer n zur Aufnahme der fertigen Farben an der Front des Gebäudes zu
placiren. — In England und Holland betreibt man in den großen Oelfabriken die
Firnißbereitung zur Ausnutzung vorhandener maschineller Vorrichtungen und besse-
rer Verwerthung des erzeugten Rohstoffes — bei uns wird die Firnißbereitung
Hauptzweck der Einrichtung und wir suchen nur überflüssige Dampfkraft zu verwerthen, indem wir nebenbei Farben und dergleichen erzeugen.

D ist ein Raum, den ich, da ich die Nebenausnutzung nur angedeutet habe,
als Verpackungsmagazin und Blechbüchsen-Aufbewahrungsort bestimmt habe.

Ich komme nunmehr zur Zusammenstellung der Kosten einer Einrichtung, wie
ich solche in Vorstehendem beschrieben habe, und es ergeben sich folgende Summen,
den erforderlichen Baugrund nicht mitgerechnet und alles als vollkommen neue
Anschaffung betrachtet.

Gesammtbaukosten des Fabrikgebäudes	5000 Fl. Oesterr. Währg.		
Dampfkessel sammt Armatur und 5 pferdekräftiger			
Dampfmaschine	3000	„	„
2 Firnißsiedekessel	450	„	„
4 eiserne Reservoirs	à 250 1000	„	„
Sonstige kleine Erfordernisse	500	„	„
In Summa	9900 Fl. Oesterr. Währg.		

oder rund 10000 Fl. ohne die Kosten für Farbreibmaschinen ꝛc., für welche
außerdem 1000 Fl. in Anrechnung zu bringen wären. — Mit diesen Einrichtungen ist man bei constantem Betrieb während des ganzen Jahres (Sonn- und
Feiertage ebenfalls arbeitend) im Stande jährlich 383 250 kg oder rund nahezu
4000 Metercentner Leinölfirniß und nebenbei ein Quantum von 600 bis 700 Metercentner Oelfarben zu erzeugen. Selbstredend würde der Nachweis der Ertrags-

fähigkeit hier zu weit führen und muß ich mit vorstehenden Mittheilungen diesen Theil der Firnißfabrikation abschließen, indem ich nur noch einige Neuerungen auf dem Gebiete der Firnißdarstellung hier anführe.

Dr. Ernst Schraber und Otto Dumcke haben das Verhalten des Ozons zum Leinöl einer Reihe von Versuchen unterworfen, welche den Zweck hatten, die Bedeutung dieses Gases als Bleichmittel und Firnißbildner zu prüfen. Sie haben nun gefunden, daß Ozon auf rohes Leinöl nur kurze Zeit einzuwirken braucht, um die Firnißbildung und Bleichung einzuleiten, welche sich nachher von selbst vollendet, wenn man das ozonisirte Leinöl noch einen Tag lang in flachen Gefäßen der Einwirkung von Licht und Luft aussetzt. Die erhaltenen Firnisse aus rohem, um gebleichtem Leinöl sollen wasserhell, schnell trocknend und rasch auf kaltem, gefahrlosem Wege ohne Verlust erhältlich sein. Das Gas wird in geeigneten Gefäßen durch das Leinöl gesogen oder gepreßt, und ist jede Ozonquelle, welche einigermaßen ergiebig arbeitet, hierzu geeignet. Die Erfinder setzen ihre Versuche noch fort, und haben bei der Bedeutung derselben einen ausgedehnten Patentschutz für die Verwerthung der Erfindung erworben. Es ist bis nun nicht bekannt geworden, wo und in wie weit diese neue Methode schon ausgebeutet wird. —

J. C. Zimmermann und D. Holzwich in Dresden lassen Leinöl in dünner Schichte über Bleiflächen fließen, während ein in den Apparat geführter Strom heißer Luft dem Oele entgegen geführt wird.

Der trockenen Destillation unterworfenes Leinöl, Dicköl, Standöl, Kunstöl, Buchdruck-, Lithographie- und Kupferdruck firnisse.

Wir haben früher bereits gesehen, daß die chemischen Veränderungen des Leinöles andere sind, wenn dasselbe auf eine Temperatur von 130 bis 220° C gebracht wird, als jene, wenn wir das Leinöl einer höheren Temperatur unterwerfen, wenn wir den ohnehin lockeren Zusammenhang der Linoleïnsäure noch erweitern, wenn wir einen Theil der Linoleïnsäure in das Anhydrid der Linoleïn säure umwandeln. — Wir haben gesehen, daß Acroleïn, Palmitin und Myristin säure flüchtig gehen und daß wir ein völlig verändertes Product — eine bis zähe Masse erhalten, wenn wir das Leinöl der trockenen Destillation unterwerfen die auf Papier gebracht keinen Fettfleck hinterläßt, und das ist, was wir zu ge wissen Zwecken gebrauchen, nämlich zur Bereitung von Dicköl, Standöl, Kunstöl Buchdruck-, Lithographie- und Kupferdruckfirnisse.

Ich werde mich hier ausschließlich mit der Fabrikation der letzteren drei Arten (oder vielmehr Benennungen) befassen, da die ersteren nur zu gewissen untergeordneten Zwecken beim Anstreichen Verwendung finden, und ihre Dar stellung auf denselben Grundprincipien beruht. — Man scheint zwar gerade diese in Holland, von wo sie meistens in den Handel kommen (ihrer Farbe nach zu urtheilen), bei niederer Temperatur oder mittelst Dampf herzustellen, doch wir

nach den bereits gegebenen Erläuterungen und nach dem Folgenden Jedermann dieselben darstellen können. In Holland betrachtet man die Fabrikation als Geheimniß
und es ist mir nicht gelungen, dasselbe kennen zu lernen. — Die Darstellungs-
weise der Buchdruck-, Lithographie- und Kupferdruckfirnisse ist eine außerordentlich
einfache, aber sie erfordert ein vorzügliches Rohmaterial und eine große Sorgfalt und Genauigkeit beim Kochen, so daß, was in der Theorie sehr einfach erscheint und auch nur in einfachen Worten zu erläutern ist, in der Praxis mit außer-
gewöhnlichen Schwierigkeiten verbunden ist. Es giebt nur wenige Fabrikanten,
welche wirklich gute Firnisse zu den angegebenen Zwecken zu erzeugen vermögen —
es sind eben langjährige praktische Thätigkeit und Verständniß für diese Arbeit erforderlich, die sich aus Büchern, und seien sie noch so vortrefflich geschrieben, nicht
erlernen lassen.

Unumgänglich nöthig zur Fabrikation der Buchdruckfirnisse ist ein gutes abgelagertes Leinöl, welches während des Lagerns schon Sauerstoff aufgenommen
hat und von allen Unreinigkeiten vollständig frei ist. — Es sollte immer nur ein
Oel genommen werden, welches der Fabrikant wenigstens ein Jahr im Hause hat
und auf dessen Reinheit er sich vollkommen verlassen kann.

Zum Sieden verwendet man, je nachdem man größere oder kleinere Quantitäten erzeugen will, einen der Kessel, Fig. 18; will man mehr darstellen, so empfiehlt
sich unbedingt die Anwendung des großen eingemauerten Kessels, da man dabei
ein größeres Quantum gleich dicker Waare erzielt, während man beim Kochen
kleinerer Quantitäten nie jeden Kessel von gleicher Güte und gleicher Stärke
erhält, wenn man auch dieselbe Zeit und bei derselben Temperatur gekocht hat. —
Die in Fig. 16 dargestellten Kessel in Windöfen sind wohl auch verwendbar,
aber sie sind unpraktisch, da sie zu schwer zu handhaben sind und ein allenfalls
nöthig werdendes Herabnehmen vom Feuer bei der großen Hitze, die das Oel hat,
mit Gefahren für die Arbeiter verbunden ist.

Zusätze an Trockenstoffen dürfen zu diesen Firnissen nicht genommen werden.
Man benutze daher, wenn der Gesammtbedarf kein großer ist, den gemauerten Herd und die emaillirten Kessel, um welche man speciell zu dieser
Fabrikation noch einen eisernen Ring vermittelst zweier Schrauben sammt Muttern
legt, welcher an zwei sich gegenüber liegenden Punkten mit ungefähr 80 bis 100 cm
langen eisernen Stangen versehen ist und die zum gefahrlosen Auf- und Abheben,
sowie Tragen des Kessels, selbst wenn das Oel in Brand gerathen wäre, dienen.
Fig. 27 (a. f. S.) veranschaulicht diese Einrichtung.

In diesen Kessel fülle man nun bis zu drei Viertel seines Inhaltes das
Leinöl, setze denselben auf den Herd und beginne zu feuern. Das Feuer halte
man anfangs mäßig, bis das Oel ins Sieden kommt, dann verstärke man es nach
ungefähr ½ Stunde Kochen und bringe die Flüssigkeit auf eine Temperatur von
circa 250 bis 270° C. — Nun beginnt das Oel seine flüchtigen Producte abzugeben, es entwickelt einen starken, übelriechenden Rauch und seine bis dahin goldgelbe Farbe verwandelt sich in eine blaßgelbe fast weiße. — Dabei wird es dünnflüssig, beweglich wie Aether, und hineingebrachte organische Stoffe, z. B. Federn,
verbrennen sofort darin. — Dies ist heute noch hier und da als Probe gebräuchlich,
um zu sehen, ob das Oel heiß genug ist. — Wasser in ganz kleinen Tröpfchen, als fein

zertheilter Sprühregen hinzugefügt, zersetzt sich in seine Bestandtheile Wasserstoff und Sauerstoff, von denen letzterer vom Oele gierig absorbirt wird. Diese Einführung von Wasser ist vortheilhaft, darf aber nur in kleinen Mengen geschehen, da sonst

Fig. 27.

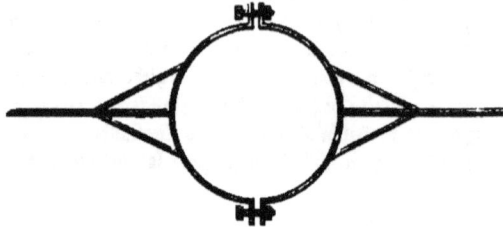

Eiserner Ring zu dem Kessel Fig. 17.

ein Herausschleudern des Oeles zu befürchten ist und jeder Tropfen dieser heißen Flüssigkeit sofort eine Brandwunde verursacht. Pöpping hausen [1] sagt in seinem Buche: In neuerer Zeit ist auch der Versuch gemacht und glücklich aus= geführt worden, das bereits bis zum Sieden erhitzte und schon etwas eingedickte Oel durch das Aufspritzen sehr kleiner Wassertropfen in einen guten Buchdruck= firniß zu verwandeln. — Neu ist die Sache nun keineswegs, auch für Pöpping= hausen nicht neu, denn er schreibt von Seite 114 bis 118 seines Buches aus dem 1821 in Brünn bei J. G. Preßler erschienenen „Firniß= und Kittmacher von Dr. Georg B. Chr. Dreme" alles wörtlich ab, und auf Seite 198 bis 219 des letzteren Werkes findet man Ausführliches über das Zuführen kleiner Wassermengen in das erhitzte Oel.

Das Leinöl wird nun ungefähr 1½ bis 2 Stunden bei dieser Temperatur forterhalten — es bildet sich hierbei eine röthlichbraune Haut, welche man immer möglichst bald nach der Bildung entfernt, da sie es ist, welche das Oel dunkel färben würde. Nach Ablauf dieser Zeit, also schon gegen das Ende der ganzen Operation steigere man nun die Temperatur des Oeles durch tüchtiges Schüren des Feuers auf höchstens 310° C. und siede nun je nach der geforderten Stärke des Fir= nisses noch ½ bis 1 Stunde fort, stets beobachtend, daß die Temperatur nicht steige, da sonst eine Entzündung der Dämpfe und damit auch des Oeles unvermeidlich wird. Dann lasse man das Feuer ausgehen, oder reiße es aus dem Feuerraume heraus, und den Kessel stehen, bis sich das Oel auf 260° bis 270° C. abgekühlt hat. — Nur wenn man einen anderen frischgefüllten Kessel aufs Feuer bringen will, decke man den fertigen Firniß zu und trage ihn an seinen neuen Standplatz, hüte sich aber ja ihn auszuleeren, da hier eine Entzündung des Oeles sofort ein= treten würde. — Während des Wegtransportirens bedeckt man das Oel deshalb, um ein Hineinfallen des Windes oder der Luft zu vermeiden; auch in diesem Falle würde das Oel in Brand gerathen.

Wenn in Folge Ueberhitzung das Oel auf dem Feuer in Brand gerathen

---

[1] H. Kreuzburg, Lehrbuch der Lackirkunst, S. 120.

sollte, so decke man rasch mit einem gut schließenden eisernen Deckel zu, wodurch das Feuer sofort erstickt wird, entferne aus dem Herde das Feuer und lege auf den Deckel des Kessels noch feuchtgemachte Tücher, die man immer in Bereitschaft haben muß. Man lasse nun ¼ Stunde alles so stehen, entferne vorsichtig Tücher und Deckel und siede, wenn der Firniß noch nicht dick genug ist, dann weiter.

Kocht man den Firniß in dem großen eingemauerten Kessel, so verfährt man in genau derselben Weise; sollte ein Brand entstehen, so lasse man den Deckel, der hierfür noch in Schienen laufen kann, rasch herab und wende auch hier zum dichteren Abschluß noch nasse Tücher an.

Ob der Firniß genügend dick gekocht ist, muß man aus herausgenommenen und rasch erkaltenden Proben erfahren, bestimmte Anhaltspunkte lassen sich hier nicht angeben, und der Fabrikant muß wissen, wann sein Firniß schwach, mittel= stark und stark ist. — Die Lithographiefirnisse sind stärker, d. h. dicker zu kochen, als die Buchdruckfirnisse. — Die Kupferdruckfirnisse und auch die Goldfirnisse (Mordant) noch dicker als die ersteren, und läßt man bei diesen beiden Gattungen das Oel entweder in Brand gerathen, oder zündet es selbst an, indem man einen langen Holzstab, dessen Ende mit in Spiritus getränkter Watte versehen und angezündet ist, den Dämpfen nähert. — Dann aber darf man das Oel nicht dauernd fortbrennen lassen, sondern deckt es zeitweise zu und nimmt hierauf wieder den Deckel weg. Wir sehen also aus Gesagtem, daß die Theorie eine ziemlich einfache ist.

Gutes, ja bestes Leinöl, gleichmäßige, nicht steigende und dann fallende Tem= peratur und Aufmerksamkeit, Geistesgegenwart und Furchtlosigkeit sind die Grund= bedingungen bei Darstellung dieser Firnisse.

Man verwende das Thermometer lieber zu oft als zu wenig, da man dann das Feuer nach Bedarf regeln kann, habe stets passende Deckel und nasse Tücher zur Hand und verliere bei einem Entzünden des Oeles den Kopf nicht. — Daß nur zuverlässige Leute, welche namentlich die letztere Bedingung erfüllen, zur Hand sein müssen, ist selbstverständlich.

Gute Buch=, Stein= und Kupferdruckfirnisse müssen von blaßgelber, nicht dunkel= gelber oder brauner Farbe, klar und rein, nicht grieslich und von entsprechender Stärke sein. Ueber die Vermischung der Firnisse siehe unter „Buchdruckfarben".

Als letzte Serie der aus dem Leinöle dargestellten, durch Sauerstoff oxy= dirten Producte habe ich noch

Firniß=Extracte und Siccative

zu behandeln. — Firnißextracte sind jene Erzeugnisse, welche aus dem Leinöle bei Kochung desselben mit mehr als 10 Proc. bis zu 70 Proc. Trockenmitteln hergestellt werden, Siccative eine Lösung dieser Pflaster in Terpentinöl. — Beide haben eine sehr große Trockenfähigkeit — Siccativ aber ist in Folge der Auflösung in Terpentinöl das vollkommenste Trockenmittel. Beide werden ver= wendet, um aus dem gewöhnlichen Leinöle, ohne Kochen und ohne Erwärmung, Firniß auf kaltem Wege zu bereiten; letzterer wird Lacken und Oelfarben beigemischt, um deren Trockenfähigkeit zu erhöhen.

Ich habe schon früher erwähnt, daß man auf kaltem Wege wirklichen und gut trocknenden Firniß nicht erzeugen könne; nichtsdestoweniger muß ich aber hier doch dessen Darstellung bezw. die Darstellung des Firnißextractes und des Sicca-tives und das Mischungsverhältniß dieser beiden mit Leinöl anführen.

Firnißextract ist eine dicke, zähe, ziemlich dunkelbraun gefärbte Masse und wird bereitet, indem man 7 Thle. Leinöl, 2 Thle. pulverisirte Glätte und 2 Thle. Minium zusammen kocht. — Das Oel erhält von dem Minium eine schön hellrothe Farbe, die nach Steigerung der Temperatur dunkel, dann braunroth und zuletzt bronzefarbig wird. Sobald diese Färbung eingetreten ist, nimmt man den Kessel vom Feuer, läßt langsam abkühlen und bewahrt nun diesen Extract gut verschlossen zu weiterem Gebrauche auf.

Siccative sind dünnflüssiger als Extract und haben einen Zusatz von Terpentinöl; sie sind Auflösungen von Blei- oder Manganpflastern in Terpentinöl.

Zu ihrer Darstellung nimmt man

       7 kg gutes, altes Leinöl,
       2 „ Minium,
       2 „ pulverisirte Glätte,
       1 „ Bleizucker,

giebt alles zusammen in einen Kessel (Fig. 16) und feuert an. Das Oel wird in Verbindung mit den Trockenstoffen zuerst hellroth von Farbe — erst bei Steigerung der Temperatur färbt es sich dunkel —, dann braunroth und wird dann plötzlich dick. Dabei bekommt es ein Aussehen wie flüssige Bronze, wirft Blasen, welche leicht aus dem Kessel aufsteigen und dann die schönsten Regen-bogenfarben zeigen. Eine herausgenommene Probe zeigt uns, ob das Pflaster bereits die nöthige Consistenz hat, in welchem Falle sie vollkommen hart und nicht mehr klebrig sein muß.

Man nimmt nun den Kessel vom Feuer, läßt dann einige Minuten zum Abkühlen stehen und fügt nun nach und nach unter Umrühren langsam 14 kg Ter-pentinöl hinzu. Das nunmehr fertige Siccativ seiht man durch grobe Leinwand und bewahrt es in gut verschlossenen Gefäßen auf.

Zweite Vorschrift:

       7 kg Leinöl,
       2 „ Schieferbraun,
       2 „ Braunstein,
       1 „ Minium,
     14 „ Terpentinöl.

Dritte Vorschrift:

       7 kg Leinöl,
       2 „ Bleizucker,
       2 „ Minium,
     14 „ Terpentinöl.

Vierte Vorschrift:

7 kg Leinöl,
1 „ Umbra,
1 „ Schieferbraun,
1 „ Braunstein,
1 „ Bleizucker,
14 „ Terpentinöl.

Weißes Siccativ:

7 kg Leinöl,
3 „ chem. reines Bleiweiß,
1½ „ Bleizucker,
13 „ Terpentinöl,

oder

7 kg Leinöl,
2 „ borsaures Manganoxydul,
2 „ Zinkweiß,
13 „ Terpentinöl,

oder

7 kg Leinöl,
2 „ borsaures Manganoxydul,
1½ „ Bleizucker,
13 „ Terpentinöl.

Die Verfahrungsweise ist überall dieselbe, und wird bei den weißen Siccativen die Masse nicht roth, sondern weiß und dann gelblich.

Wenn es sich nun darum handelt, mit diesen beiden Producten Firniß auf kaltem Wege zu erzeugen (ich habe früher schon ausgeführt, daß Leinöl, um Firniß zu werden, unbedingt gekocht werden muß), mischt man 2 kg Firnißextract mit 5 kg heißem Leinöl, rührt den Extract tüchtig auf, so daß er sich in dem heißen Leinöl löst, und gießt nun dieses Gemisch in ein Faß oder einen Ständer, in dem sich 95 kg klares Leinöl befinden, und rührt alles gehörig unter einander oder man mischt 2 kg Siccativ in einem entsprechenden Gefäße mit 100 kg klarem Leinöl, indem man für innige Vereinigung beider Sorge trägt.

Wünscht man ein besser trocknendes Product zu erzielen, so nehme man von dem Extracte oder dem Siccative entsprechend mehr.

Nachdem ich nunmehr auch die Fabrikation aller Firnisse eingehend dargestellt habe, gehe ich über zur

Verwendung der Firnisse für sich allein und in Verbindung mit Farben als Anstrich.

Wir haben früher schon gesehen, daß Leinöl- und Leinölfirnisse der Einwirkung der Luft ausgesetzt sich durch Aufnahme von Sauerstoff und durch die

Sonnenwärme verändern; freie Linoleïnsäure wird zu Linoxysäure, das noch un-
veränderte Linoleïn zu Linoxyn und die gebildete Schicht hält eine gewisse Zeit
— sie leistet den äußeren Einflüssen Widerstand, bis auch das Linoxyn endlich
zerstört und der Ueberzug bröckelich wird und abfällt.

Die beim Kochen des Leinöles diesem zugesetzten Trockenmittel beschleunigen
nun aber diese Zerstörung und ist es namentlich das leinölsaure Bleioxyd in den
Bleifirnissen, welches den Anstrich wohl rasch hart und fest, aber auch rascher
zerstörbar macht.

Die Objecte, die allgemein angestrichen werden, können wir eintheilen in
solche aus Holz, Stein und Eisen. — Holz und Stein sind von lockerem Gefüge,
beide haben Poren, Zwischenräume zwischen ihren einzelnen Theilchen, aus
denen sie zusammengesetzt sind, und in diese Räume saugt sich ein Theil des Anstriches, sei es nun Firniß allein oder mit Farbe gemischt, ein. — Etwas anderes
ist es mit dem Eisen, mit Metallen überhaupt. — Hier wird gar nichts ein-
gesaugt, sondern der Firniß oder die Farbe trocknet zu einem dünnen Häutchen,
welches das Metall vor dem Oxydiren, dem Rosten, schützen soll. — Wenn
wir Holz anzustreichen haben, so wollen wir es mittelst des Firnisses oder der
Farbe conserviren, wir wollen seine ohnehin kurze Dauerhaftigkeit verlängern,
wir haben nur darauf zu sehen, daß das Holz gut ausgetrocknet und nicht feucht
ist. — Dadurch, daß ein Theil des Firnisses sich in die Poren des Holzes (oder
Steines) hineinzieht, haben wir gewissermaßen eine enge Verbindung zwischen
Holz und Firniß hergestellt, so daß damit die Haltbarkeit des Anstriches bedingt wird.

Etwas anderes ist es, wenn wir ein Metall, Eisen, anzustreichen haben. —
Hier ist dem Firniß keine Gelegenheit geboten, in die Poren einzudringen, weil
solche nicht vorhanden sind, wenigstens nicht geeignet eine Flüssigkeit in sich aufzunehmen. — Der Schutz, den hier der Anstrich gewährt, besteht also lediglich in
der schützenden Decke, welche wohl auf dem Metalle haftet, aber mit demselben,
bezw. seinen Poren keine nähere Verbindung eingegangen ist, und deshalb ist für
Eisen eine ganz andere Farbe nöthig als für Holz. — Mulder behandelt diese
Fragen sehr eingehend [1]), und muß ich hier, da die Anführung seiner Erfahrungen mich von meinem Ziele weit abführen würde, auf dieselben verweisen.

Die Leinölfirnisse für sich allein als Anstrichmittel verwendet, bringt man
gewöhnlich heiß, sogar kochend auf die zu schützenden Objecte, damit sich ja recht
viel davon einsaugen und eine Bürgschaft für längere Dauer abgeben kann. — Erst
nachdem man einen oder zwei Anstriche damit gegeben, mischt man Firniß mit
Farbe und streicht damit weiter. — Die Farbe mischt man einestheils dem
Firniß bei, um ihn deckend, anderntheils aber um ihn härter zu machen,
da Firniß für sich allein, bis zu seiner völligen Zerstörung immer weich und
elastisch bleibt. Das beste Mittel eine Farbe hart zu machen, ist Bleiweiß, dann
kommen noch Minium, Zinkweiß, Eisenoxyd, Eisenminium, Graphit und — Schwerspath. Der letzte Anstrich wird von den äußeren Einflüssen am heftigsten angegriffen, es wirken nicht nur Luft und Nässe, sondern auch der Staub und

---

[1]) Mulder, Chemie der trocknenden Oele, S. 219 bis 223.

Sand. Der Anstrich ist somit einer fortgesetzten Kette von Reibungen unterworfen; je mehr hartmachendes Pulver nun ein Anstrich hat, desto weniger
nachtheilig ist die Wirkung aller Reibungen. Wird von der äußersten Lage der
Farbe etwas abgescheuert, so kommen andere harte Theilchen zum Vorschein,
welche weiteren Widerstand leisten. — Die praktische Verwerthung dieser Theorie
ist erst in allerjüngster Zeit durchgeführt worden und werde ich bei den Anstrichfarben noch hierauf zurückkommen.

Ingenieur Heyl hat vergleichende Versuche angestellt[1]) mit Platinfarben,
Bleimennige, Zinkfarbe, Silicatfarbe und Graphit und will herausgefunden
haben:

1) Platinfarbe und Bleimennige bilden bald eine vollständig harte Masse,
aus der das Leinöl nicht mehr verflüchtigt.

2) Eisenmennige, Zinkfarbe und Silicatfarbe bleiben, so lange das Leinöl
noch nicht ganz verflüchtigt ist, weich, verlieren aber immer mehr durch Verflüchtigung des Leinöls an Körper, bis zuletzt nur noch das bloße Pulver übrig
bleibt, das dann mit der Zeit abgewaschen wird.

3) Graphit und die betreffenden Mischfarben verlieren das Leinöl noch viel
rascher als die unter 2 angeführte Kategorie von Farben, und es wird daher auch
das Abwaschen des restirenden Pulvers verhältnißmäßig früher erfolgen, wenn
dieses nicht eine besondere Haltbarkeit auf dem Eisen erhalten haben sollte, was
bis jetzt noch nicht constatirt ist. Zum Schlusse sei noch erwähnt, daß die Wahl
des Namens „Platin" für die Pflug'sche Anstrichfarbe mit ihrer Zusammensetzung nichts zu thun hat, der Farbekörper derselben scheint Zinkgrau zu sein.

Da die Plug'sche Platinfarbe auch nichts weiter als ein Leinöl- oder Leinölfirniß mit einem Farbekörper versetzt ist, so kann ich derselben keine besonderen
Vorzüge einräumen, es sei denn, dieselbe enthalte ein Anhydrid der Leinölsäure
schon fertig gebildet, und bemerke zu den Auseinandersetzungen über die angeführte geringere oder größere Haltbarkeit der verschiedenen Farben nur, daß das
Leinöl oder der Leinölfirniß sich an der Luft nicht verflüchtigt, sondern durch Aufnahme von Sauerstoff aus der Luft gewissermaßen verharzt und die dadurch gebildete feste Masse den Schutz gegen Witterungseinflüsse gewährt.

Dagegen ist eine Publication Dr. Wiederhold's, Auseinandersetzung über
die Haltbarkeit der Firnisse und Farben[2]), eine so schätzenswerthe, daß ich derselben hier unbedingt Platz einräumen muß. Die weitaus überwiegende Anzahl
der Compositionen, die Eisen vor dem Rosten schützen sollen, sagt derselbe, ist
notorisch werthlos, eine nicht geringe Anzahl sogar schädlich. Man hat eben
bisher keine Substanz finden können, welche unter den verschiedenen atmosphärischen Einflüssen, vor allem bei grellem Temperaturwechsel, dem Eisen so fest
anhaftet, wie ein gut getrockneter Oelfarbenanstrich. Selbst in der verhältnißmäßig beschränkten Anzahl von Fällen, wo ein Ueberziehen des Eisens mit
anderen, der Oxydation weniger ausgesetzten Metallen mit Nutzen in Anwendung
kommen konnte, bleibt der Oelfarbenanstrich immer noch die letzte Zuflucht, wenn

[1]) Hessisches Gewerbeblatt Nr. 29 v. 1875.
[2]) Deutsche Industriezeitung Nr. 26 v. 1875.

der metallische Ueberzug im Laufe der Zeit verschwunden ist. Gleichwohl ist der Oelfarbenanstrich des Eisens in der Art, wie er bis jetzt gemacht zu werden pflegt, nicht ohne Mängel, und hat noch vor nicht langer Zeit Fairbairn auf Grund sehr unliebsamer Beobachtungen darauf aufmerksam gemacht, daß das Eisen, namentlich in den Fällen, wo es als Baumaterial zum Schiffs- und Brückenbau Verwendung findet und seine Erhaltung gerade die größte Bedeutung hat, nicht den diesen entsprechenden Schutz gegen die Zerstörung durch Atmosphärilien erhält und daß man mit aller Mühe darauf bedacht sein müsse, dem Eisen eine dauerhafte Schutzdecke zu verschaffen.

Der Schwerpunkt des Oelanstriches liegt bekanntlich in dem ersten Anstrich, der sogenannten Grundirung. Findet diese in mangelhafter oder unzweckmäßiger Weise statt, so ist die Wirkung des ganzen Oelfarbenanstriches, selbst wenn die späteren Anstriche mit den sogenannten Deckfarben ordnungsmäßig stattfinden, sehr problematisch, weil in solchem Falle nur eine Verbindung zwischen Grund- und Deckfarbe eintritt, welche, wenn die erstere nicht fest am Eisen gehaftet hatte, sehr bald rissig wird und später abblättert. Früher verwendete man ausschließlich Bleimennige als Farbekörper zur Grundirfarbe, in neuerer Zeit vielfach die mit dem Namen Eisenmennige im Handel bezeichneten Erdfarben, deren hauptsächlichster Bestandtheil Eisenoxyd ist. Es ist darüber gestritten worden, welcher von beiden Körpern den Vorzug verdiene, und man hat auf der einen Seite die Bleimennige beschuldigt, daß sie in Folge einer Zersetzung die Zerstörung des Oelfarbenanstriches verursache. Wiederhold hat dieser Frage seit Jahren seine Aufmerksamkeit zugewendet und, wo sich irgend die Gelegenheit bot, ältere Eisenanstriche untersucht. Niemals hat er eine Zersetzung der Mennige constatiren können, nicht selten dagegen Fälle beobachtet, die ein ganz gleiches Aussehen in Bezug auf die Zerstörung des Anstriches und der darunter liegenden Eisenfläche boten, in denen theils mit Bleimennig-, theils mit Eisenmennigfarbe grundirt war. Er glaubt, daß man in einer falschen Richtung nach dem Grunde sucht, warum sich der Oelanstrich des Eisens nicht so lange erhält, als es wünschenswerth ist, und er ist der Ansicht, daß eine zweckentsprechende Beschaffenheit des Oelfirnisses die Hauptsache für die Erzielung eines dauerhaften Grundanstriches ist.

Soll die Grundirfarbe fest und dauernd auf dem Eisen haften, so müssen drei Bedingungen erfüllt werden: 1) dieselbe muß eine gute Trockenfähigkeit haben, 2) muß sie dünnflüssig sein und 3) darf sie nur mager aufgetragen werden. Gut trocknen, d. h. besser, als der gewöhnliche Oelfirniß durchschnittlich bewirken kann, muß die Farbe, damit nicht durch eine Temperaturerniedrigung bei gleichbleibendem Feuchtigkeitsgehalt der Luft, die gar nicht so selten und in der Regel gegen Abend eintritt, sich ein Niederschlag von atmosphärischem Wasser auf dem Eisen bildet, ehe die Farbe fest geworden ist oder wenigstens angezogen hat. Es findet hierbei eine Art Emulsion des Firnisses statt, welche zur Folge hat, daß die Oelfarbe nie zu einer festen homogenen Masse antrocknet. Diese Thatsache, welcher man bisher nicht die verdiente Aufmerksamkeit geschenkt hat, ist allen Praktikern in anderer Form wohl bekannt, nämlich da, wo sie die Fälle betrifft, in denen ein Benetzen des Oelanstriches mit Wasser, sei es durch Regen oder in sonstiger Weise, stattgefunden hat. Wird der Oelanstrich des Eisens im Freien ausgeführt,

so kann sich ebensowohl ein feuchter Niederschlag auf dem Eisen durch Wärme-
ausstrahlung des letzteren bilden. Das Wärmeausstrahlungsvermögen des Eisens
wie der Metalle überhaupt ist zwar an sich ein geringes; die Versuche von
Melloni haben indessen gelehrt, daß dasselbe erheblich zunimmt, wenn man die
Metallfläche mit einer Firnißschicht überzieht. Es kann daher sehr wohl der
Fall 'eintreten, daß angestrichenes Eisen einem wolkenlosen Himmel gegenüber
unter die Lufttemperatur erkaltet. Dünn muß die Grundirfarbe deshalb sein,
damit alle Unebenheiten der anzustreichenden Fläche mit Sicherheit von derselben
getroffen werden. Wird in dieser Richtung gefehlt, und das geschieht sehr häufig,
wenn die Farbe zu consistent ist und der Anstreicher nicht die für diesen Fall
nothwendige größere Sorgfalt auf den Anstrich verwendet, so reißt die Decke bei
der Ausdehnung der Metallfläche durch die Wärme leicht ein, Luft und Feuchtigkeit dringen in die Spalten und unterminiren durch Rostbildung allmälig den
gesammten Oelanstrich. Die Farbe darf endlich nur mager aufgetragen werden,
weil Firnißschichten auf Eisen, sowie auf allen nicht porösen Flächen nur langsam
zu einer festen Kruste austrocknen. Ist die Oelfarbenschicht dick, so trocknet nur
ein oberes Häutchen, unter welchem die Farbe lange flüssig bleibt, wie das Jedermann in dem analogen Falle wohl schon beobachtet hat, wo ein Tropfen Oelfarbe zufällig auf eine schon gestrichene Fläche gefallen war. Daß zur Herstellung
einer Grundfarbe, welche die drei obigen Bedingungen erfüllen soll, der Firniß
derjenige Bestandtheil ist, auf welchen es in erster Linie ankommt, dürfte ein-
leuchtend sein (ich habe diesen Beweis bereits geführt). Nach keiner der bisher
bekannten Methoden läßt sich indessen ein Oelfirniß bereiten, welcher den An-
sprüchen, die sich aus den erwähnten Bedingungen herleiten, genügt. Rasch
trocknenden Firniß konnte man sich bisher auf zweierlei Weise verschaffen.

Entweder man kochte den Firniß dick ein oder man versetzte ihn mit Siccativen. Dick gekochten Firniß kann man aber aus dem Grunde nicht zum Grun-
diren des Eisens gebrauchen, weil sich mit solchem keine Farbe von genügender
Dünnflüssigkeit bereiten läßt. Wollte man dieses durch Zusatz von Terpentinöl
oder Benzin erreichen, was natürlich leicht möglich ist, so wird durch die Verdun-
stungskälte, welche bei der Verflüchtigung der genannten Lösungsmittel entsteht, die
Temperatur der gestrichenen Fläche so weit erniedrigt, daß sich ein wässeriger Niederschlag auf derselben bildet, welcher die schon erwähnten Nachtheile im Gefolge
hat, die sich, wie auch allgemein bekannt, durch ein Blindwerden der Farbe anzeigen. Ganz derselbe Fall tritt ein, wenn man den gewöhnlichen Firniß, welcher
die nöthige Dünnflüssigkeit besitzt, um ihm die erforderliche Trockenfähigkeit zu
ertheilen, mit Siccativ versetzt. Das einzige unter den zahlreichen Präparaten,
die unter diesem Namen im Handel vorkommen, welchem in der That eine nennenswerthe Wirkung als Trockenmittel innewohnt, ist eben nichts anderes als eine
Lösung von zähflüssig gekochtem Firniß in Terpentinöl. Dr. Wiederhold hat
nun ein verbessertes Verfahren der Firnißbereitung aufgefunden, welches gestattet,
einen Oelfirniß von gewöhnlichem Flüssigkeitsgrade darzustellen, der die Trockenfähigkeit des zähgekochten oder mit Siccativen versetzten Firnisses besitzt. Es
kommt bei diesem Verfahren kein Zusatz von Harzen oder sonstigen der bisherigen
Fabrikation fremdartigen Stoffen in Anwendung, wodurch der nach demselben be-

reitete Firniß auch keine der specifischen Eigenschaften des Leinölfirnisses, die zu=
gleich seine Vorzüge sind, einbüßt; die Fabrikation dieses Firnisses hat Dr. Wie=
berhold selbst in die Hand genommen, und ist mir bis jetzt nichts Näheres
barüber bekannt geworden.

Wenn wir die Grundprincipien zusammenfassen, welche nöthig sind, um mit
Farben gut haltbare Anstriche zu geben, so haben wir nöthig:

1) einen gut gekochten, aus altem Leinöl hergestellten Firniß,

2) Metalloxyde oder farbige Erden, die möglichst viel Leinölfirniß in sich
aufnehmen können,

3) einen sehr geringen oder gar keinen Zusatz von Terpentinöl.

Leinöl=, Firniß= und andere Anstrichfarben.

Wir haben in dem vorstehenden Abschnitte uns eingehend damit beschäftigt,
was aus Leinöl und Firniß wird, wenn solche in dünnen Lagen der Einwirkung
von Licht, Luft und Wärme ausgesetzt werden, wir haben die Grundprincipien auf=
gestellt, welche nöthig sind, um eine gute Anstrichfarbe herzustellen, und wir kom=
men nun zu den Anstrichfarben selbst.

Wenn wir uns fragen, warum wir Gegenstände aus Holz, Stein, Eisen 2c.
anstreichen, so geht die Antwort dahin, um dieselben gegen die Einwirkungen der
Luft, des Lichtes, der Wärme und der Nässe zu schützen und gleichzeitig denselben
ein dem Auge gefälligeres Ansehen zu verleihen.

Die äußeren Einflüsse, welche auf diese Gegenstände einwirken, sind nun
aber nach ihrer Beschaffenheit verschieden.

Holz zieht in feuchter Luft die Feuchtigkeit derselben an, bei Regen saugt es
das Wasser gierig ein, um bei Wärme wieder auszutrocknen und seine frühere
Gestalt wieder anzunehmen. Nun wissen wir aber alle, daß das Holz in feuchtem
Zustande eine andere Form annimmt als im trocknen, naß gewordenes Holz wirft
sich nach dem Austrocknen, es verändert seine äußere Form, und außerdem wird durch
die genannten Einwirkungen der innige Zusammenhang des Zellgewebes im Holze
gestört, es splittert anfänglich ab, wird grau und geht schließlich in Verwesung
über — es fault. Hier wirken Luft, Wasser und Wärme weniger in chemischem
Sinne als beim Eisen, und in geringerem Maße auch bei anderen Metallen.
Wenn wir Eisen, Zink, Kupfer 2c. der Luft aussetzen, so verlieren sie sehr bald ihre
glänzende metallische Oberfläche — sie nehmen aus der Luft Sauerstoff auf — sie
oxydiren.

Anstrichfarben. 93

Das Eisen wird mit einer Schicht Eisenoxydhydrat, mit Rost, das Kupfer mit kohlensaurem Oxyd und dem Hydrat bedeckt, es zieht Grünspan, und auch das Zink ist sehr rascher Oxydation ausgesetzt, es wird mattgrau.

Beim Kupfer geht die Oxydation so langsam, daß man keine schützenden Mittel dagegen anwendet, dagegen vollzieht sich beim Eisen und Zink diese Veränderung so rasch, daß bei ersterem jeder Regentropfen einen Rostfleck giebt. Man streiche daher immer nur vollkommen rostfreies Eisen an, denn hat einmal der Oxydationsproceß begonnen, so läßt er sich wohl noch einige Zeit durch einen Anstrich aufhalten, er wird nicht rasch aber er wird langsam vorschreiten und schließlich alles zerstören! — Holz dagegen kann man immer, auch wenn es schon längere Zeit den Einflüssen des Wetters ausgesetzt gewesen ist, anstreichen, denn man verfolgt bei diesem, einem organischen Körper, nur den Zweck, den Verwesungsproceß aufzuhalten, nicht aber ihm zu begegnen; wir haben nicht die Mittel, den Zerstörungsproceß aufzuheben, wir erreichen dies auch nicht durch den Abschluß der Luft, den wir ja mit dem Farben- oder Firnißüberzug bezwecken; wir schieben also die Zerstörung beim Holze nur auf, aber wir heben sie nicht auf. Dies sind wir nicht im Stande, denn Pflanzenreste, welche ja mit dem Holze dem Wesen nach übereinstimmen, haben sich trotz Jahrhunderte währendem Abschluß von allen äußeren Einflüssen verändert, sie sind Steinkohlen geworden!

Allerdings läßt sich mit geeigneten Mitteln diese Zerstörung lange hinausschieben, wie Berzelius bewiesen hat, der bestätigt, daß in Schweden hölzerne Häuser 300 Jahre lang bestanden haben; es sind dies nun wohl besondere Holzarten, welche mit Terpentin, mit kohlenwasserstoffreichen Verbindungen durchdrungen sind und so der Verwesung widerstehen.

Ich habe schon früher nachgewiesen, daß das beste Mittel zur Conservirung des Holzes Oel oder Firniß ist, welches in die Zwischenräume des Zellgewebes eingedrungen und dort verharzt ist, auch sind Firniß und Oel kohlenstoffreiche Verbindungen und gewiß geeignet, den angestrebten Zweck zu erfüllen.

Die allgemeinen Bedingungen einer guten Farbe für Holz sind:

1) Die Farbe muß den nöthigen Grad der Dünnflüssigkeit haben, damit sie gut gestrichen werden kann, sich in das Holz einsauge und trotzdem nicht abrinne.

2) Sie muß nach dem Auftragen möglichst rasch fest werden und eine undurchdringliche Lage bilden, welche möglichst langen Bestand hat, d. h. welche sich erst nach angemessener Zeit zersetzt.

3) Der gemachte Anstrich muß an der Oberfläche des angestrichenen Gegenstandes fest haften.

4) Die Textur des Holzes muß sie dem Auge vollständig entziehen; sie muß gut decken, darf weder abspringen noch abblättern. Die Bedingungen für den Anstrich auf Steine, Leinwand ꝛc. sind so ziemlich dieselben — für letztere wird noch die Elasticität, das Nichtbrechen nach dem Trocknen gefordert — und für Metallanstriche wurden sie bereits gegeben.

Nachdem nun festgestellt ist, welche Anforderungen an eine Farbe gestellt werden, müssen wir uns mit der Zusammensetzung derselben beschäftigen.

Jede fertige Anstrichfarbe, d. h. jede geriebene Farbe für Anstrichzwecke, besteht aus dem Farbekörper selbst und einer Flüssigkeit, welche die geforderten oben angeführten Eigenschaften garantirt. — Der Farbekörper kann bestehen aus Metalloxyden und natürlich vorkommenden Erden, welche durch Metalloxyde gefärbt sind, oder aus alkalischen Erden allein, auch aus anderen unorganischen Verbindungen. Die Flüssigkeit kann bestehen:

1) aus einem trocknenden Oele oder daraus bereitetem Firniß;

2) aus flüchtigen Destillationsproducten des Steinkohlentheeres und des Harzes;

3) aus Lösungen von Harzen und fetten und ätherischen Oelen (jedes für sich allein oder in Verbindung mit dem andern);

4) aus Lösungen von Harzen in Wasser in Verbindung mit Alkalien;

5) aus flüssigen anorganischen Verbindungen;

6) aus Lösungen thierischen Leimes oder Pflanzenschleimes in Wasser;

7) aus Lösungen anderer organischer Substanzen in Verbindung mit Kalt.

Ursprünglich kannte man nur das trocknende Oel und allenfalls den thierischen Leim als Verbindungsmittel, und erst die fortschreitende Forderung: billigere und zweckdienliche Flüssigkeiten, billigere und haltbarere Farben, hat im Vereine mit der angewandten Chemie eine Menge anderer Stoffe herausgefunden, welche sich mehr oder weniger eignen.

Ueber den Farbekörper, d. h. die trockenen Farben, habe ich hier nur zu sagen, daß die verwendeten Metalloxyde oder deren Verbindungen, also mit einem Worte Metallfarben, folgende sind:

Weiß;
Bleiweiß, antimonsaures Bleioxyd, Zinkweiß, Barytweiß (künstlicher Schwerspath), auch Blanc fix, Wismuthweiß, Annaline (gefällter Gyps).

Gelb;
Chromgelb, Casslergelb, Montpelliergelb, Turnersches Patentgelb, Neapelgelb, Antimongelb, Barytgelb, Cadmiumgelb, Joddlei, Marsgelb, Siberingelb, Jaune Indien (Indischgelb), Nickelgelb, Mercurgelb, gelbe Arsenfarben.

Roth;
Zinnober, Minium, Chromroth, Eisenroth, Indischroth (Rouge Indien).

Blau;
Pariserblau, Berlinerblau, Mineralblau, Turnbullblau, Ultramarin, Bremerblau, Neu-Bergblau, Kalkblau, Cobaltblau.

Grün;
Braunschweiger Grün, Scheel'sches Grün, Neuwiebergrün, Schweinfurter Grün, Mitisgrün, Kuhlmann's Grün, Casselmann's Grün, Patentgrün, Grünspan, Chromgrün, Guignet'sches Grün, Smaragdgrün, Vert Pelletier, Türkisgrün, Laubgrün, Zinkgrün.

Violett;
Permanentbronze, Manganviolett.

Braun;
Bleibraun, Manganbraun, Hatchett's Braun, Chemischbraun, Preußischbraun, Chrombraun.

Dann haben wir noch als sogenannte Erdfarben:

Weiß;

Kreide, Wienerweiß.

Gelb und Braun;

Oder in den verschiedensten Nüancen, Satinober, Chinesergelb, Casslerbraun, braune Erde, Italienischbraun, Nußbraun, Rehbraun, Sammtbraun, Terra di Sienna, Umbraun.

Roth;

Engelroth, Eisenminium, Italienischroth, Venetianerroth, Terra di Sienna, gebrannt.

Farben organischen Ursprunges;

Beinschwarz, Elfenbeinschwarz, Ruß, Rebenschwarz.

Hierher haben wir dann weiter noch zu zählen Farben, welche in der Regel aus einem Farbstoffe organischen Ursprungs in Verbindung mit einem Metalloxyd — Bleioxyd, Zinnoxyd, Thonerde — bestehen, oder auch ein rein organischer Farbstoff sein können. Unter diese zählen als:

Gelbe Lackfarben;

Wau-Lack, Schüttgelb, Gummiguttlack, Gelbholzlack, Indischgelb.

Rothe Lackfarben;

Carmin, Carminlacke, Münchnerlacke, Safflorcarmin, Crapplacke, Orseille, Florentinerlack, Wienerlack, Kugellack.

Blaue Lackfarben;

Indigoblau, blauer Carmin, Englischblau.

Grüne Lackfarben;

Kreuzbeerenlack, Saftgrün, Blasengrün.

Braune Lackfarben;

brauner Lack, Sepia, Asphaltbraun.

Die Mineralfarben werden in den meisten Fällen künstlich dargestellt; sie finden sich zwar auch hier und da, z. B. Zinnober, in der Natur fertig gebildet vor, doch ist die Menge eine zu verschwindend kleine, und beschäftigen sich bedeutende Farbenfabriken mit deren Herstellung. Erdfarben finden sich in der Natur fertig gebildet vor und werden nur, um sie zum Anstreichen tauglich zu machen, einer Mahlung und Schlämmung unterworfen, hier und da auch, um ihre Farbe zu erhöhen oder anders zu gestalten, gebrannt. Die hier genannten schwarzen Farben organischen Ursprunges werden durch Verkohlen organischer Substanzen gewonnen, die anderen sind ebenfalls Erzeugnisse der chemischen Industrie.

Ich muß mich mit der Anführung dieser kurzen Charakteristik begnügen und empfehle als vortreffliche weitgehende Information das Werk von Dr. Jos. Bersch: „Die Fabrikation der Mineral- und Lackfarben und die Fabrikation der Erdfarben", sowie J. G. Gentele's „Lehrbuch der Farbenfabrikation", 2. Auflage.

Wenn wir nun die Flüssigkeiten betrachten, mit denen diese Farben angerieben werden können, so haben wir nur eine zu verzeichnen, welche allen schon früher

erwähnten Anforderungen entspricht und diese ist das Leinöl, bez. bie schon sauerstoffreichere Modification, der Leinölfirniß. Das Leinöl (und alle trocknenden Oele)
ist auch verändert als Firniß, als Linolein, Linoxyn und Linoxynsäure, in Wasser
absolut unlöslich; ebenso verhalten sich bie Harze, Harzöle und Theeröle, und diese
Unlöslichkeit in Wasser ist bie Hauptbedingung, wenn wir andere Flüssigkeiten betrachten, welche als Bindemittel (wenn ich mich bieses Ausbruckes hier bedienen
darf) verwendet werden können.

Wir haben gesehen, daß Leinöl und Firniß allen Anforderungen entsprechen,
wir werden nun bie anderen auf Seite 94 ad 2 und 3 genannten Flüssigkeiten näher
betrachten und kommen zuerst zu jenen, welche aus ben flüchtigen Destillationsproducten des Steinkohlentheeres in Verbindung mit einem Harze bestehen. Das
geeignetste bieser Destillationsproducte ist bas sogenannte Firnißöl, welches mit
amerikanischem Harze zusammengebracht eine Flüssigkeit abgiebt, welche ben Farben
Haltbarkeit und Glanz sichert. Diese Haltbarkeit ist nun allerdings eine sehr kurze,
das Oel verflüchtigt sich an ber Luft sehr rasch und es bleibt nichts zurück als bas bekanntlich außerordentlich spröde Harz.—Dieses Harz ist nicht geeignet, als Bindemittel
weiter zu dienen, es fällt binnen Kurzem in kleinen Stückchen von der Fläche bes gestrichenen Gegenstandes ab, und mit ihm selbstredend auch ber Farbekörper. Wir
vermissen hier bie lederartige, elastische Schicht, welche wir bei Leinöl- und Firnißfarben als Princip ihrer Haltbarkeit aufgestellt haben, und finden sie schon eher in
ben Lösungen von Harzen in fetten und ätherischen Oelen.

Die fetten (trocknenden) Oele geben hier, wenn auch in verschwindender Menge,
ebenfalls Linoxyn, und in Verbindung mit biesem hat auch bas angewendete Colofonium eine etwas längere Haltbarkeit. Das bei ber Destillation bes Harzes gewonnene Pinolin, sowie bas später übergehende Harzöl werden ebenfalls zur Bereitung von Anstrichfarben verwendet, aber auch bei biesen vermissen wir bas
lederartige, elastische Linoxyn, ohne welches kein haltbarer Anstrich erzielt werden
kann. — Es resultirt auch hier nur spröbes Harz, bas ben äußeren Einwirkungen
sehr bald verfällt.

Absolut verwerflich sind bagegen jene Flüssigkeiten, in benen Colofonium mit
einem ätherischen Oele (Terpentinöl) für sich allein ohne jeden anderen Zusatz gelöst werden, benn auch hier erhalten wir wie bei bem sogenannten Firnißöle aus
bem Steinkohlentheer nichts als einen Harzüberzug, der seinem Zwecke durchaus
nicht entspricht.

Die Sucht, wie überall auch hier billig zu liefern hat zu Flüssigkeiten geführt,
welche aus Lösungen von Harzen (Colofonium, Schellack ꝛc.) in Verbindung mit
Alkalien (Soda, Pottasche) bestehen, und bie eben gar nichts für sich haben, als ihre
Billigkeit, benn sie entsprechen ben Anforderungen in keiner Weise; bie geringste
Feuchtigkeit macht sie klebrig und Wasser löst sie vollständig wieder auf. — Sie
haben sowie bie Lösungen thierischen Leimes ober Pflanzenschleimes nur bann einen
Zweck, wenn sie als Grundirungsmittel verwendet werden, und erst ber letzte An-
strich mit einer Firniß- ober anderen Farbe erfolgt.

Zu ben flüssigen, anorganischen Verbindungen, welche verwendet werden,
zählen wir bas Wasserglas und bas Chlorzink und hat man namentlich mit ersterem
vielseitige Versuche angestellt, um basselbe als Anstrichmaterial tauglich zu

machen. Es sind aber auch der Vortheile, welche das Wasserglas bietet, so viele, daß ich hier nicht umhin kann, dieselben etwas eingehender zu erörtern, um so mehr, da das Wasserglas, wenn es erst gelungen sein wird, seine Nachtheile zu beheben, noch eine große Zukunft vor sich hat. Die Umstände, welche seine Anwendung empfehlenswerth erscheinen lassen, sind:

1) Das Wasserglas ist billiger als Oel.
2) Es sichert das Holz gegen Schwamm, Wurm, Fäulniß; es conservirt es bedeutend besser als Oelfarbe, da es die Zellenzwischenräume versteinert.
3) Es sichert das Holz gegen Feuersgefahr, denn es macht schwer verbrennbar.
4) Es ist vollkommen geruchlos.
5) Es dunkelt nicht wie Oelfarben nach.
6) Das Anstreichen mit demselben geht rascher vor sich.

Seine Nachtheile sind:

1) Leichte Zersetzbarkeit desselben durch Erden und Metalloxyde, womit die Kieselsäure des Wasserglases unlösliche Verbindungen zu erzeugen bestrebt ist, und die dadurch bedingte
2) beschränkte Auswahl in den Farbekörpern.
3) Greift es als Alkali organische Stoffe an.
4) Hält es sich nicht in offenen Geschirren.
5) Die damit gemachten Anstriche blättern sehr leicht ab oder werden gänzlich zerstört, verwittern, da das Wasserglas für sich allein keine Haltbarkeit hat.

Es sind also, wenn man Wasserglas als Anstrich verwenden will, nur jene Farbekörper anwendbar, welche das Wasserglas zersetzen, aber erst dann zersetzen, wenn die Farbe bereits aufgetragen ist und nicht schon früher, da diese Farbe sonst unverwendbar wäre. So sind zum Beispiel Bleiweiß, Zinkweiß, Kreide, Chromgelb, Minium erst nach vorheriger Behandlung mit Leim, Kleister, Milch, Casein ꝛc., dagegen alle Eisenfarben, Oder, Engelroth, Ultramarin, Chromgrün, Knochenschwarz ꝛc., ohne diese Vorbehandlung als Farbekörper verwendbar, und sind diese Uebelstände in Verbindung mit dem Bestreben des Wasserglases, Alkalien in Freiheit treten zu lassen, die Ursache, warum man dasselbe noch nicht häufiger und mit Erfolg verwendet.

Die organischen Substanzen, welche in Verbindung mit Kalk noch als Farbeverdünnungs- bez. Bindemittel in Betracht kommen, sind das Blut und der Käse. — Beide Stoffe haben das Bestreben, sich bei Vorhandensein von Wasser mit Aetzkalk zu verbinden, und geben, wenn bei Beginn der Verbindung Wasser nicht genügend vorhanden war, Gallerten, bei angemessener Menge desselben aber Flüssigkeiten, welche nach Verdunstung des Wassers eine feste, hornartige, in Wasser, schwachen Säuren und Alkalien unlösliche Masse hinterlassen, die den gestellten Anforderungen ziemlich, den Oelfarben jedenfalls zunächst stehend, entspricht. Doch steht auch hier wieder der allgemeinen Anwendung der Umstand im Wege, daß die gebildete Verbindung der raschen Zersetzung unterworfen ist, und daß nicht alle Farben als Farbekörper anwendbar sind.

Wir sehen somit, daß es wohl eine Menge Flüssigkeiten giebt, welche an Stelle des Leinöles oder überhaupt aller trocknenden Oele zu verwenden wären, daß aber mit wenigen Ausnahmen keine den gestellten Anforderungen entspricht.

Die Vortheile, welche die eine bietet, werden durch ihre Nachtheile wieder bedeutend aufgewogen und wir sind, wenn es sich um die Bereitung einer zweckdienlichen Anstrichfarbe handelt, immer noch auf das Leinöl oder seine verwandten Oele vegetabilischen Ursprunges angewiesen.

Anforderungen, welche man an eine Farbe stellt.

Die Anforderungen, welche man an eine fertig zubereitete, also mit dem Bindemittel bereits versehene Farbe stellt, sind bei allen, es mag was immer für ein Bindemittel zur Anwendung kommen, die gleichen, denn ich spreche hier lediglich von der Farbe an und für sich, ohne jede Rücksicht auf die vom Anstriche und seiner Haltbarkeit verlangten Eigenschaften, und bestehen in Folgendem:

1) Jede Farbe muß die nöthige Consistenz haben, d. h. sie muß, wenn sie streichfertig gemacht ist, sich leicht streichen lassen, nach dem Streichen sich leicht vertheilen bez. verlaufen und doch nicht abrinnen.

2) Die Farbe muß gut und fein gerieben sein, d. h. jedes Partikelchen des Farbekörpers muß mit dem Bindemittel so gleichmäßig umhüllt sein, daß die Farbe eine Salbe vorstellt, die vollkommen gleichmäßig ist und keine groben Theile sehen läßt.

3) Jede Farbe muß möglichst rasch und fest trocken werden.

4) Die Farbe muß gut decken; sie muß so viel Farbekörper in sich enthalten als nöthig ist um die Farbe des gestrichenen Gegenstandes zu verdecken, sie unsichtbar zu machen.

Die geforderte Consistenz liegt in der Menge des verwendeten Bindemittels, und dessen allenfalls vorhandener Eigenschaft, sich mit den Farbekörpern zu verdicken, sei es auf chemischem Wege durch Bildung einer chemischen Verbindung, sei es auf mechanischem Wege durch Vergrößerung der einzelnen Farbepartikelchen, Aufquellen derselben in dem Bindemittel. — Ebenso hängt auch das Trocknen der Farbe von dem Bindemittel ab, und hier sehen wir, daß das Leinöl und der Leinölfirniß sehr langsam, Harz- und Harzölfarben dagegen rascher trocknen.

Am schnellsten trocknen die Leimfarben, Wasserglasfarben und die Blut- und Käsefarben, da wir es hier nur mit mechanischer Vertreibung des vorhandenen Wassers durch Wärme zu thun haben, während in den beiden vorhergenannten Farben das Trocknen in Folge chemischer Veränderungen stattfindet. — Welcher Art diese chemischen Veränderungen sind und auf welche Neubildungen sie hinauslaufen, haben wir bereits gesehen und befassen uns jetzt nur noch mit jenen beiden Eigenschaften, welche auf dem Farbekörper allein beruhen, da wir das Reiben der Farben, das innige, mechanische Mischen mit dem Bindemittel später betrachten werden. Wenn von der fertigen Farbe verlangt wird, daß sie fein gerieben sei, so muß, um dieser Forderung zu genügen, und auch ganz ebenso der weiteren Bedingung, daß die Farbe gut decke, der Farbekörper selbst die hierzu nöthige Beschaffenheit haben. Es dürfen somit nur solche Farbekörper hierzu verwendet werden, welche an und für sich schon in so feinem Zustande sind, daß durch Aufnahme des Bindemittels die Partikelchen nicht größer und sichtbar werden und auch die genügende Deckkraft besitzen.

Mit Bezug auf die Feinheit des Farbekörpers habe ich hier namentlich von den Erdfarben zu sprechen, denn die Mineralfarben, wie Blei- und Zinkweiß, grüne und gelbe Farben sind in Folge ihrer Bereitungsweise ohnehin im feinsten pulverförmigen Zustande. Doch gilt das zu sagende für alle Farbekörper und nehme man solche unbedingt nur im feinsten Zustande, denn die in den Erdfarben namentlich vorkommenden feinen Sandtheilchen machen nicht nur die Erzeugung einer feinen Farbe unmöglich, sondern sie haben auch zerstörenden Einfluß auf die Farbenreibmaschinen. Jeder Fabrikant geriebener Farben und auch der Consument sehe daher in erster Linie darauf, daß seine Farbekörper, d. h. seine trockenen Farben, in dem möglichst fein vertheilten Zustande sich befinden und unbedingt frei von körnigen Bestandtheilen, namentlich Sand, sind. — Sandig sind Erdfarben, also Oder, Satinober, Engelroth, dann, wenn sie gar nicht oder nur ungenügend geschlämmt sind, chemische Farben aber, wenn sie sandige Zusätze (schlechten Schwerspath, Kreide, Kalk) enthalten. — Die Feinheit einer Farbe läßt sich am besten beurtheilen, wenn man solche zwischen die Finger nimmt und reibt, wobei man jedes Sandkorn fühlt, oder aber, und diese Prüfung ist noch besser, wenn man etwas von der trockenen Farbe auf einem feinen weißen Papier mit Oel verreibt; ist die Farbe fein, so muß eine vollkommen gleichmäßige Masse resultiren, welche verstrichen glatt und zart anzufühlen ist. Ist die Farbe hingegen sandig, so läßt sich mit freiem Auge jedes Sandkörnchen wahrnehmen und die Farbe bringt, mit dem Finger verrieben, ein kratzendes, knirschendes Geräusch hervor. — Dieser Uebelstand läßt sich auch durch noch so häufiges Reiben nicht beseitigen und es sind sandige Farben absolut unverwendbar. Der damit gemachte Anstrich ist immer rauh und unschön, abgesehen davon, daß niemand sandige Anstrichfarben überhaupt kauft.

Die zweite Hauptsache, auf welche der Fabrikant geriebener Farben zu sehen hat, ist, daß solche möglichst rein geliefert werden, d. h. daß sie nicht Zusätze enthalten, welche, wenn sie auch indifferent sind und auf die Haltbarkeit keinen Einfluß üben, für ihn werthlos sind und lediglich eine Verfälschung der Farbekörper vorstellen, allerdings hervorgerufen durch das Verlangen der Consumenten nach billiger Waare. — Diese indifferenten, aber den Werth der Waare bestimmenden Zusätze bestehen am häufigsten aus Schwerspath, seltener, bei grünen, blauen und gelben Farben, aus Thon, Gyps und Kalk. — Es sei daher der erste Grundsatz bei Erzeugung angeriebener Farben, seine Hauptfarben, d. i. Bleiweiß und Zinkweiß, zum mindesten chemisch rein zu beziehen und diese dann selbst je nach den Preisen, welche man erzielen kann, mit Schwerspath, dem geeignetsten Mittel zu solchen Zusätzen, zu mischen. — Auch bei gelben und grünen Farben würde sich dies empfehlen, denn alle diese chemischen Farben werden chemisch rein dargestellt und dann später erst mit den billigen und indifferenten Pulvern gemischt. — Das empfiehlt sich ganz besonders noch auch aus Ersparungsrücksichten bei Bezügen aus dem Auslande, denn die Zollbehörde macht keinen Unterschied, ob die betreffende Farbe chemisch rein ist oder nicht, und so kommt es, daß häufig der gezahlte Zoll den Werth der Farbe weitaus übersteigt. Die Zusätze an Schwerspath (schwefelsaurem Baryt) lassen sich sehr leicht und namentlich bei Bleiweiß und Zinkweiß nachweisen, indem man diese Farben in einem

Reagensglase mit Wasser und Salpetersäure oder Salzsäure schüttelt. Ist die Farbe rein, so muß sie sich in der Säure vollkommen auflösen, während Zusätze an Schwerspath ungelöst zurückbleiben. Die Menge des Schwerspathes läßt sich durch einfaches Abwiegen bestimmen. Andere Farben bedürfen eingehenderer Untersuchungen und empfehle ich hier nochmals Dr. Bersch's „Fabrikation der Mineral- und Lackfarben."

Das Zerkleinern (Mahlen der Farben).

Es werden nicht alle Farbekörper in feingemahlenem — also pulverförmigem — Zustande geliefert; es kommt auch hier und da vor, daß namentlich Erdfarben, wenn sie feucht und dann wieder trocken geworden sind, sich zusammenballen, und, um für Anstrichfarben verrieben zu werden, erst von Neuem in den pulverförmigen

Fig. 28.

Pulverisirmühle.

Zustand gebracht werden müssen. — Unter den vielen Constructionen, welche schon gemacht worden sind, hat sich die von August Zembsch in Worms a. Rh. erfundene Pulverisirmühle als außerordentlich praktisch und vortheilhaft gezeigt, und ist wegen der Einfachheit und leichten Handlichkeit sehr zu empfehlen. Fig. 28 ist eine Abbildung dieser Maschine.

Die arbeitenden Theile dieser Mühle sind zwei ringförmige Scheiben, wie Fig. 29 eine solche zeigt, aus deren Planflächen sich in concentrischen Kreislinien Zahnreihen von dreieckigem Querschnitt erheben, und zwar in der Weise, daß zwei benachbarte Zahnkreise zwischen sich eine kreisförmige Furche von gleichfalls dreieckigem Querschnitt bilden. — Bei der Arbeit bleibt die eine Scheibe unbeweglich, die andere dagegen rotirt, wobei ihre Zähne in die Furchenkreise der ersteren eingreifen und umgekehrt. Die Gesammtheit der Zahnlücken bildet radiale Gassen, durch welche das im Centrum eingeführte Mahlgut nach dem Umfange hin ausgeschleudert wird, während es in Folge der vielfachen Kreuzungen einer beständig zunehmenden Abscheerung unterworfen ist. Um die Einführung des Mahlgutes zu erleichtern, sind einerseits die Mahlscheiben nach dem inneren Umfange hin vertieft, so daß ihre Flächen die Form eines flachen Hohlconus bilden, andererseits erstreckt sich nur ein Theil der Zahnreihen in radialer Richtung bis zum inneren Umfange, wie aus der Figur ersichtlich ist. In Folge der Vertiefung

Fig. 29.

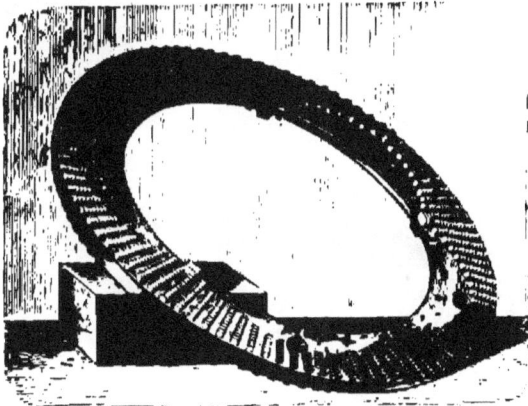

der Mahlscheiben sind die inneren Zähne bedeutend höher und stärker als die äußeren, so daß sie, wenn gröbere Theile dazwischen gerathen, als eine Art Vorbrecher dienen. Das Eigenthümliche der Construction ist die Dichtung des Mahlgehäuses, welche durch die rotirende Scheibe selbst gebildet wird. Die Erfahrung hat gelehrt, daß das fallende Mahlgut einen Luftzug von außen nach innen hervorruft, welcher die Mahltheilchen verhindert, in den Spielraum zwischen dem Dichtungsring einzudringen.

Durch eine einfache Stellvorrichtung kann die lose Scheibe der festen je nach der beabsichtigten Feinheit des Mahlgutes mehr oder weniger genähert werden. Die Zähne der Scheiben schneiden nach beiden Seiten, ist also die eine stumpf geworden, so läßt man die Scheiben in umgekehrtem Sinne rotiren, worauf sich die stumpfen Kanten durch die natürliche Abnutzung der Zähne wieder schärfen.

Die Erzielung größtmöglichster Feinheit und vollkommener Gleichmäßigkeit, große Leistungsfähigkeit und leichte Bedienung sind die Hauptvorzüge dieser Maschine, deren Construction auf zwei senkrecht stehenden, mit scharfen Zähnen versehenen Mahlscheiben beruht. — Die Maschinen werden für Hand= und Kraftbetrieb geliefert und kosten je nach Größe 30 bis 100 Gulden.

Auch die von Schranz und Rödiger in Wien construirte Pulverisirmühle (Fig. 30) gewährt ihrer großen Leistungsfähigkeit und Feinheit des Mahlgutes wegen

Fig. 30.

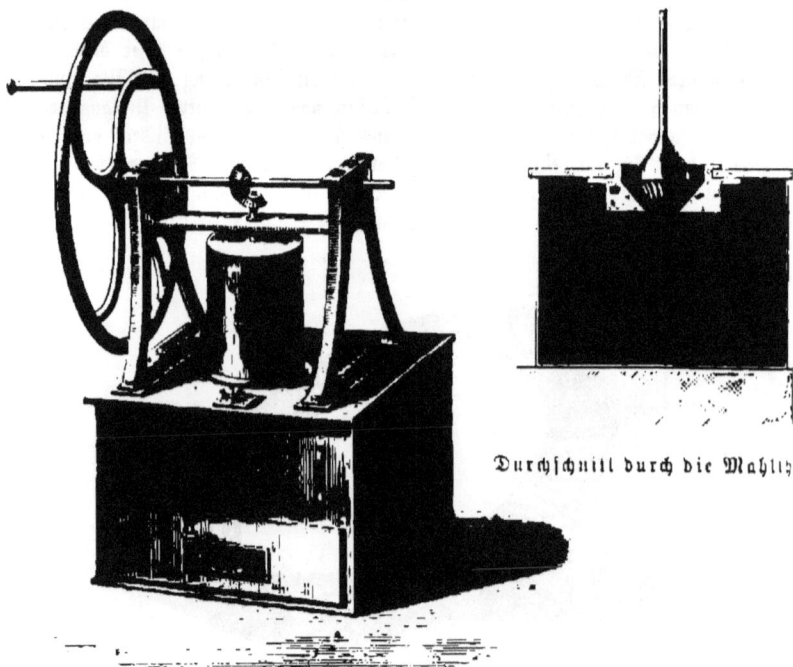

Durchschnitt durch die Mahltz

Pulverisirmühle von Schranz.
210 kg Leistungsfähigkeit pro Tag kostet 110 Fl. Oesterr. Währg.
500 „ „ „ „ „ 170 „ „ „

große Vortheile und ist auch, da das Werk vollkommen geschlossen ist und kein Staub sich der Luft mittheilen kann, für feine und giftige Farben verwendbar.

Die einfachste Pulverisirmühle ist die Kollermühle von W. Sattler in Schwein= furt, welche, wie Fig. 31 zeigt, aus zwei kreisförmigen, flachen Steinen besteht, die sich in einer metallenen oder hölzernen Schale mit Metall= oder Steinboden mittelst Zahnrad und Kurbel bewegen und in Folge der Schwere der Mahltheile die festen Körper zerquetschen und in ein mehr oder weniger feines Pulver ver= wandeln. Die Anschaffung der einen oder der anderen Construction sei jedem Farbenfabrikanten empfohlen, da sie ihn in den Stand setzt, alle vorkommenden

Farben, auch härtere Erd= und Mineralfarben selbst zu pulverisiren, was für ihn nur von Werth und Vortheil sein kann.

Fig. 31.

Kollermühle von W. Sattler.
Für Handbetrieb 120 Fl. Oesterr. Währg.
Für Maschinenbetrieb 150 Fl. Oesterr. Währg.

Das Anmachen der Farben.

(Mischen mit dem Bindemittel.)

Wenn uns nunmehr die Farben (Farbekörper) in feinem, pulverförmigem Zustande vorliegen, so haben wir solche mit dem Bindemittel zu mischen, gut unter einander zu arbeiten und dann den Maschinen zur weiteren innigen Mischung und Verreibung zu übergeben.

Im Handel kommen gewöhnlich nur ganz dick geriebene Farben vor, da einerseits der Vortheil des Fabrikanten darin liegt, die Farben so dick als möglich zu reiben, weil das Oel (oder das Bindemittel) gewöhnlich theurer ist, als der Farbekörper selbst, andererseits aber der Consument von der irrigen Annahme befangen ist, mit einer dicken Farbe besser daran zu sein, als mit einer dünnen. Auf diesen Umstand müssen wir beim Anmachen der Farben sehr bedacht sein; wollen wir dünnflüssige Farben, so ist das Mischen sehr leicht; wir nehmen einfach die Farbekörper und mischen denselben so viel Flüssigkeit zu, als zur streichfertigen Farbe erforderlich ist, und rühren das Ganze mit leichter Mühe unter einander. — Ganz anders aber verhält es ſich, wenn für den Verlauf im Großen dickgeriebene Farben angemacht werden ſollen, Farben, welche nicht mehr Flüſſigkeit enthalten, als unbedingt nöthig iſt, damit die Farbe teigförmige Beſchaffenheit zeigt, ſich gut reiben und dann weiter kurz vor dem Verbrauche mit der Verdünnungsflüſſigkeit miſchen läßt. — Hier iſt uns ein genaues Verhältniß gegeben, in dem Farbekörper und Bindemittel zu einander ſtehen, welches nicht überſchritten werden darf und welches das Miſchen der Farben außerordentlich ſchwierig, kraft- und zeitraubend macht. Es erfordern z. B. gewiſſe Farben, Ocker, Satinober, mehr als das doppelte Quantum Bindemittel, um flüſſig zu werden; der Farbenfabrikant nimmt aber aus oben angeführten Gründen meiſt nur ⅔ bis ¾, auch noch weniger des Farbenquantums Bindemittel; ähnlich iſt es bei Zinkweiß, Umbraun, Rebenſchwarz, Engelroth, allen Erd- und überhaupt leichteren Farben. — Die ſchweren Metallfarben, wie Bleiweiß, Minium, Chromoxyd ꝛc., fordern dagegen weniger an Oel bezw. Flüſſigkeit und erhält man mit dem doppelten Gewichte Bindemittel ſchon Farben; welche abrinnen. Man nimmt daher bei dieſen gewöhnlich nur ⅛ bis ⅙ des Farbenquantums Bindemittel und macht mit dieſem an. — Ich werde bei den ſpäter folgenden Vor-ſchriften die diesbezüglichen genauen Angaben machen; hier ſpreche ich nur im Allgemeinen, da das Geſagte von allen Farben und mehr oder weniger auch von allen Bindemitteln gilt.

Wir haben ſchon früher empfohlen, daß der Farbenfabrikant alle ſeine chemiſchen Farben möglichſt rein laufe und den erforderlichen Schwerſpath, um den Anfor-derungen ſeiner Abnehmer bezw. des Preiſes gerecht zu werden, erſt beim Reiben zuſetze. — Der Moment, Schwerſpath zuzuſetzen, iſt nun gekommen, bei dem Anmachen fügt man auch den nöthigen Schwerſpath hinzu.

Der Schwerſpath findet ſich in der Natur ſehr häufig in ziemlich großer Menge vor und kommt als außerordentlich feines zartes Pulver — ſogenannter Blüthenſpath — aus Thüringen, Franken, Sachſen in enormen Quantitäten in den Handel. Die Farbe iſt im Allgemeinen weiß, doch ſind hier und da verſchiedene Sorten mit gelbem, grünem, blauem oder rothem Stiche behaftet, der ſie zu weißen Farben untauglich, zu allen anderen Farben aber ganz gut verwendbar macht.

Macht man dieſe Unterſchiede in der Farbe, ſo hat man nur auf die Feinheit des Minerales zu ſehen, denn dieſe bedingt die Verwendbarkeit zu Farben.

Farbekraft hat der Schwerſpath keine, er vermindert nur in bedeutenderem Zuſätzen die Deckkraft der weißen Farben, da dieſe ja nun in einem größeren Quantum nur mehr ein geringes an wirklicher Farbe haben, und irritirt die Färbungen (Nüancen) aller anderen Farbekörper nur ganz unbedeutend. Der Schwerſpath iſt für den Fabrikanten angeriebener Farben das einzige Mittel, den Forderungen ſeiner Abnehmer nach billigen Farben gerecht zu werden, und un-ſolide Concurrenz hat es ſchon dahin gebracht, daß man bereits nur von gefärbtem Schwerſpath und nicht mehr von Farben ſprechen ſollte.

Das Anmachen geſchieht je nach den Quantitäten, welche auf einmal ange-macht werden, in den entſprechenden Gefäßen. Viele bedienen ſich hierzu einfach alter hölzerner Kiſten und dergleichen; ich habe als das allerpraktiſchſte Gefäß ein Schaff aus verzinktem Eiſenblech von ungefähr 60 bis 75 cm Weite und

35 bis 40 cm Höhe gefunden (Fig. 32), welches seines geringen Gewichtes und der leichten Reinigung wegen den Vorzug vor allen verdient. Zum Umrühren selbst bedient man sich eines mindestens 100 bis 120 cm langen, 3 cm dicken und 6 bis 8 cm am unteren und 3 bis 5 cm am oberen Ende breiten Rührers aus Eschen- oder sonstigem zähen Holze (Fig. 33). —

Fig. 32.

Blechschaff zum Farbenmischen.

Man giebt nun zuerst die zum Mischen bestimmte Flüssigkeitsmenge abgewogen in das Blechschaff und dann nach und nach unter beständigem Umrühren auch den Farbekörper bezw. den Schwerspath. Man rühre aber, sobald man eine Quantität Farbe in der Flüssigkeit hat, alles gut untereinander, so daß die Mischung eine möglichst innige ist, und hüte sich, alle Farbe auf einmal hineinzugeben; bann würde man mit dem bestimmten Bindemittel nicht auskommen und müßte ein weiteres Quantum davon hinzufügen; die Folge davon wäre, daß die Farbe nur dünner wird als sie sein soll und dies ist doch gegen das Interesse des Fabrikanten.

Fig. 33.

Rührer.

Dieses schwierige und zeitraubende Mischen hat auch dahin geführt, daß man die Arbeit mit Maschinen zu verrichten sucht, und haben Beyer Frères in Paris eine derartige vorzüglich functionirende, aber auch theure Maschine construirt, welche diese Firma in Zusammen-

Fig. 34.

Mischmaschine.

stellung von zwei oder vier Stück zu 400 Fl. bezw. 700 Fl. liefert. — Die Construction, welche durch Fig. 34 veranschaulicht wird, ist eine ziemlich einfache, denn jedes Mischfaß besteht aus einem cylindrischen Gefäß aus Eisenblech, in welchem sich eine Spindel mit drei verschieden hoch angebrachten, doppelarmigen Rührern befindet, welche durch Dampf-, Wasser- oder Handbetrieb in Bewegung gesetzt wird. Die Flüssigkeit und die Farbe werden zusammen in den Cylinder gethan und das Werk in Betrieb gesetzt. — Sobald die Farbe innig gemischt ist, öffnet man die oberhalb des Bodens befindliche

Thür und läßt die Farbe heraus. — Die auf dieſe Weiſe mit dem Bindemittel gemiſchte Farbe, welche eine dicke, mit den Händen herauszunehmende Maſſe bildet, giebt man nun auf die Farbreibmaſchinen, um ſolche auf dieſen zu verreiben.

Fig. 35 ſtellt eine von Werner und Pfleiderer in Cannſtadt-Stuttgart nach Paul Pfleiderer's Patent gebaute Maſchine dar, welche ſich zum Miſchen dicker, zäher Farben, wie ſolche namentlich zum Verkaufe geliefert werden ſollen, ganz vortrefflich eignet. Die Figur zeigt die Vorderwand der Maſchine niedergelegt, alſo in der Lage bei der Ausleerung des Miſchraumes.

Das Princip derſelben iſt, wie aus der Zeichnung hervorgeht, ein ſehr einfaches; die außerordentlich ſtarke und ſolide Conſtruction macht ſie zur Bewältigung

Fig. 35.

der größtmöglichſten Mengen von trockenen Farben und dem Bindemittel (Oel, Buchdruckfirniß 2c.) binnen kürzeſter Zeit geeignet. Das iſt namentlich dadurch möglich, daß die ſtarken eigenthümlich geſtalteten und gegen einander geſtellten Miſchſcheiben im Innern des Kaſtens durch die doppelte Riemenſcheibe abwechſelnd in entgegengeſetzter Richtung gedreht werden können. In Folge dieſer Einrichtung erfolgt auch die Entleerung des Miſchraumes ſelbſtthätig, ſobald die Vorderwand niedergelegt iſt. Auf beſondere Beſtellung wird die Maſchine auch, für ganz ſtarke Buchdruckfarben, heizbar geliefert.

Das Reiben der Farben

bezweckt die Mischung des Farbekörpers mit dem Bindemittel noch inniger zu gestalten, das Bindemittel den feinsten Partikelchen mitzutheilen, sie vollständig zu imprägniren und zu umhüllen und durch kräftiges Reiben zwischen zwei harten Körpern die Farbe so fein zu gestalten, als es nur immer möglich ist. — Wir haben früher schon genau bestimmt, was nöthig ist, damit die Farbe fein wird, daß dieselbe keine harten, festen Körner enthalten darf, und haben uns hier nur mehr mit den verschiedenen Constructionen der Farbreibmaschinen zu befassen.

In früherer Zeit und auch heute noch bei kleinem Verbrauch oder wenn es sich um das Anreiben kleiner Quantitäten Farbe handelt, verwendete man Platten aus Stein oder Glas, welche auf einem Tische befestigt sind und auf denen die Farbe ausgebreitet wird. Mit einer steinernen oder gläsernen Reibkeule wird

Fig. 36.

Farbereibplatte sammt Läufer.

dann die Farbe zwischen dieser und der Platte zu einer gleichartigen feinen Salbe verrieben. Fig. 36 zeigt die Einrichtung. — Daß diese Manipulation sehr zeit= raubend und kostspielig ist, ist leicht einzusehen, brachte doch ein Arbeiter in einem Tage, wenn er recht fleißig war, höchstens 20 bis 25 Pfund fertig. — Man sah sich daher veranlaßt, diese Arbeit durch Maschinen verrichten zu lassen, und es bestehen heute Systeme von Farbreibmaschinen, die ganz Vorzügliches leisten. Die= selben lassen sich eintheilen in solche, bei denen das Verreiben der Farbe stattfindet:

a) zwischen zwei schiefgestellten, gezahnten Flächen, von denen eine feststeht, während die andere sich in kreisförmiger Bewegung befindet,

b) zwischen zwei flachen, gerippten Platten, welche beide in umgekehrter Richtung (excentrisch) sich bewegen, und

c) zwischen einem Systeme rotirender stählerner oder granitner Walzen.

Die unter a) bezeichneten Maschinen sind die am häufigsten verwendeten; man findet sie in jeder Anstreicherwerkstätte, und auch ihr Preis ist in Folge der großen Massen, welche davon angefertigt werden, ein sehr mäßiger, so daß sie auch von dem kleinsten Geschäftsmanne gekauft werden können.

In den Trichter *T*, Fig. 37 (a. f. S.), bringt man die angerührte Farbe und öffnet nunmehr die früher ganz geschlossene Stellschraube *S*, durch welche die Mahl=

scheibe *M* mehr oder weniger an den Trichter *T* gepreßt wird, je nachdem man beabsichtigt, daß die bei der Spachtel *P* zum Abstreichen gelangende Farbe feiner oder gröber resultirt. Die Mahlscheibe ist innen mit Einkerbungen versehen, welche gegen die kegelförmige Spitze derselben sich verlaufen, in gleicher Weise

Fig. 87.

Farbreibmaschine für Kraftbetrieb.

ist auch der Trichter eingekerbt; wenn im Verlaufe der Zeit diese Einkerbungen flacher werden, so müssen sie wieder nachgefeilt werden, weil von ihnen die Fein-heit der Farbe abhängt.

Beabsichtigt man, die Farbe öfter als einmal durch die Maschine gehen zu lassen, so stellt man sie für das erste Mal etwas weiter und erst die folgenden Male enger, je nachdem man eben die Farbe haben will.

In Fig. 38 habe ich eine combinirte vierfache Farbreibmaschine zur An-schauung gebracht, welche ganz leicht von zwei Arbeitern mit der Hand in Be-trieb gesetzt wird und welche gestattet, zu gleicher Zeit vier verschiedene Farben zu reiben. Die Leistungsfähigkeit variirt je nach der Schwere der Farben (leichte Farben gehen immer langsamer durch die Maschine als solche, welche vermöge ihres großen Eigengewichtes einen Druck in dem Hute ausüben und in Folge dessen mehr Mahlgut liefern) von 30 bis 100 kg per Tag und Maschine.

Solche Combinationen (auch für Kraftbetrieb) werden von der Firma Schranz u. Rödiger in Wien preiswürdig geliefert.

Fig. 38.

Combinirte vierfache Farbreibmaschine.

Zum Aufnehmen der fertigen Farbe bedient man sich eines Blechgeschirres mit schnabelförmigem, breitem Ansatz versehen, das man unter die Spachtel der Maschine stellt. Gereinigt wird diese Maschine, indem man einfach die drei beweglichen Schrauben, welche den Trichter auf dem Gestelle festhalten, öffnet, den Trichter und die Mahlscheibe herabnimmt und mit Wasser und Sand gut ausreibt. — Behufs leichterer und rascherer Reinigung werden die Hüte bezw. Trichter auch ausgedreht oder emaillirt geliefert; für weiße Farben empfiehlt es sich, die eigentlichen Mahltheile aus Glocken- oder Kanonenmetall zu fertigen.

Eine andere, auf demselben Princip beruhende, ist die von F. A. Brockhaus in Leipzig construirte in Fig. 39 (a. f. S.) abgebildete Maschine, welche sich namentlich wegen des hohen Trichters zum Reiben leichterer Farben und auch zäher, dicker Buchdruckfarben eignet. — Dieselbe ist außerdem bedeutend stärker gebaut als die früher erwähnten und namentlich für Kraftbetrieb sehr empfehlenswerth.

a ist das Gestell der Maschine, bbb der Antrieb, c der Trichter, d die Mahlscheibe, e die Stellvorrichtung.

Die vorzüglichsten Maschinen, welche gebaut werden, sind die sogenannten Tellermaschinen, bei denen das Reiben auf zwei in entgegengesetzter Richtung sich

Fig. 39.

Brockhaus'sche Farbreibmaschine.

bewegenden gerippten Tellern aus Eisen (Stahl oder Bronze) vor sich geht. — Die in Fig. 40 abgebildete Maschine ist die kleinste Gattung, welche davon angefertigt wird; be Durchmesser der Teller be trägt ungefähr 10 Zoll; doch habe ich selbst eine Maschin in Betrieb, deren Trichte mehr als 50 kg Bleiweiß faßt und deren Teller 28 Zol Durchmesser haben. — Dies Maschine liefert täglich 300 bis 400 kg Bleiweißfarbe reibt außerordentlich fein und unterliegt vermöge ihrer starken Construction keiner Reparatur. Die abgebildet Maschine besteht aus dem gußeisernen massiven Stän der, den beiden Tellern, der Spindel bezw. Achse des oberen Tellers, welche mit dem Trichter fest verbunden ist und in ihrem Innern einen schraubenförmig gewun benen starken Eisendraht, die sogenannte Schlange, auf nimmt, dem Trichter zur Aufnahme der Farbe, der Abstreichspachtel und der Stellschraube, welche sich am unteren Ende des unteren Tellers befindet. Wenn die Maschine in Betrieb gesetzt werden soll, stellt man vermittelst der Stellschraube beide Teller fest zusammen, füllt die Farbe in den Trichter ein, mäßigt dann die Spannung ein wenig und beginnt an dem Schwungrad zu drehen. Es drehen sich nun der obere Teller und der Trichter in schraubenförmiger Bewegung und nehmen den unteren Teller in entgegengesetzter Richtung mit. Die Schlange dagegen bleibt fest stehen und vermittelt das Hinabstreichen der Farbe durch die hohle Spindel auf die beiden Teller, zwischen welchen nun die Farbe analog wie auf einer Platte mit Läufer gerieben wird. — Die Abstreichspachtel befindet sich auf jener Stelle, wo die beiden Teller, welche nicht in einer verticalen Achse liegen, an der Kante zusammentreffen. — Zum Reinigen der Maschinen entfernt man die beiden Lager, in denen die Spindel läuft, schraubt die Schlange ab und nimmt nun Trichter, Spindel und Teller heraus und kann beliebig reinigen.

Die auf S. 107 unter c angeführten Farbreibmaschinen eignen sich, ihres hohen Anschaffungspreises halber, nur für größere Anlagen, leisten aber hier auch wirklich ganz Vorzügliches. — Sie bestehen aus einem Systeme stufenförmig angeordneter Walzen (3 oder 4), von denen die tieferstehenden immer etwas enger gestellt sind als die höher gehenden, so daß man also hier mit einem einzigen Male Durch-

Fig. 40.

Tellermaschine.

reiben genau denselben Effect erzielt als bei den anderen Farbreibmaschinen durch öfteres Aufgießen und Reiben. Die zu rei-bende Farbe wird bei Fig. 41 (a. f. S.) auf das oberste Walzenpaar gegossen, fließt, nachdem sie zwischen diesem durchgegangen ist, sogleich auf das nächste, ent-sprechend tiefer gelegene Walzenpaar und sammelt sich, nachdem sie alle in der Maschine vorhandenen Walzenpaare passirt hat, als fertig geriebene Farbe in einem unter das unterste Walzenpaar gesetzten Ge-fäße. Die Walzen sind aus fein polirtem Stahl, aus Bronze oder aber am besten aus Granit; aus letzterem Material deshalb, weil sie auch die allerhellste und difficilste Farbe nicht verändern und auch leicht zu reinigen sind.

Beyer Frères in Paris liefern in diesem System eine außerordentlich sinnreich construirte in Fig. 42 (a. f. S.) abgebildete Maschine mit vier Granit-walzen, welche aus einem bereitstehenden Kasten die angemachte Farbe selbst auf-nimmt, im Reiben weitergiebt und endlich nach Passiren der vierten Walze das Feinste, was sich überhaupt erzielen läßt, liefert. — Aber, wie gesagt, es eignet sich diese Maschine des hohen Kostenpreises und der immerhin bedeutenden Betriebskraft wegen nur für größere Farben-, namentlich aber Buchdruckfarbenfabriken, denen die Anschaffung (Preis 2800 Frcs.) nicht warm genug empfohlen werden kann.

Fig. 41.

Walzenmaschine von W. Sattler in Schweinfurt.

Fig. 42.

Farbreibmaschine von Beyer Frères in Paris.

Aufbewahrung und Verpackung der Farben.

Ueber das Aufbewahren und die Verpackung fertig geriebener Farben werde ich hier nur bezüglich der Oel=, Harz= und Lackfarben sprechen, da die anderen entweder eine längere Aufbewahrung überhaupt nicht vertragen oder man das Zubereiten, das Mischen und Reiben erst kurz vor dem Gebrauche vornimmt.

Alle mit einem fetten oder ätherischen Bindemittel angeriebenen Farbkörper haben in Folge der Verschiedenheit des specifischen Gewichtes der Bestandtheile des Gemisches das Bestreben, sich abzusetzen, d. h. sich wieder auszuscheiden und am Boden des Aufbewahrungsgefäßes zu sammeln, während das Bindemittel in Be= rührung mit Luft jenes Vermögen hat, das wir mit Trocknen bezeichnet haben. Auf die Ursachen brauche ich hier nicht weiter einzugehen, ich habe zu wiederholten Malen klargelegt, daß sich bei Leinöl= und Firnißfarben Linoxyn bildet, während bei den anderen Farben das Lösungsmittel verflüchtigt wird; in beiden Fällen ent= steht auf der Farbe eine feste Schicht, die wir Haut nennen, die bei längerer Berührung mit der Luft sich nach unten hin verdickt und endlich nach und nach die ganze Farbe in eine harte, unbrauchbare Masse verwandelt. Diese Haut, wenn sie unter die Farbe gemischt wird, macht dieselbe unrein, nicht verwendbar und muß daher entfernt werden, was einen Verlust mit sich bringt.

Um nun diesem Verluste, der namentlich bei dünn geriebenen Farben sehr bedeutend werden kann, auszuweichen, bedeckt man die Farben in ihren Auf= bewahrungsgefäßen mit einer Schichte Wasser; dieses Wasser schließt nun die Farbe zwar nicht vollständig, aber doch so gut als möglich vor dem Einflusse der Luft ab und verhindert fast gänzlich die Hautbildung. Es ist selbstverständlich, daß man, wenn von der Farbe gebraucht werden soll, das Wasser sorgfältig entfernt und die Farbe gut aufgerührt werden muß. Bei dem enormen Auf= schwung, den die Fabrikation und der Consum fertiger Oelfarben, Lack= und anderer flüssiger Farben genommen hat, erscheint es mir nicht unnöthig, auch einige Worte bezüglich der zweckmäßigsten Verpackung zu sagen.

In früheren Zeiten verpackte man Oelfarben aller Art fast ausschließlich in thierischen Blasen, welche naß gemacht, beutelartig zusammengefaltet, mit der Farbe gefüllt und dann einfach mit Bindfaden zugeschnürt wurden. — Das Unbequeme dieser Verpackung einsehend, verpackte man die Farben in Holzkistchen, Thon= oder Glastiegel und jetzt meistens in Blechbüchsen verschiedener Form und Größe. Die Holzkistchen lassen das Oel durch, Thontiegel sind sehr schwer und gebrechlich, ebenso auch Glastiegel, und vertheuern die Frachtspesen bei Ver= sendungen ganz wesentlich. Hat man ganz flüssige, zum Anstrich fertige Farben zu verpacken, so kann dies in jede Blechflasche geschehen. — Anders aber ist es mit dick geriebenen Farben; hier muß dem Consumenten die Möglichkeit geboten werden, aus dem Gefäß die Farbe möglichst vollständig herauszubekommen, was bei vielen der heutigen Büchsenformen oft gar nicht möglich ist. Es empfiehlt sich daher runde Blechbüchsen als Verpackung zu wählen; der obere Boden der= selben ist mit einer möglichst großen Oeffnung zum Einfüllen versehen, welche dann mit einem aufgelegten und zu verlöthenden Deckel geschlossen wird. — Zu dem Verlöthen dieser Büchsen ist ein Spengler nicht nöthig, denn es kann von jedem halbwegs geschickten Menschen leicht ausgeführt werden. Blechbüchsen, die mit einem Deckel zu schließen sind, haben sich als unpraktisch für den Verkauf erwiesen, da bei längerem Stehen derselben, obwohl sie sonst ganz geeignet sind, das Oel sich abscheidet, durch den Zwischenraum zwischen Büchse und Deckel dringt, das Papier, welches zum Verkleben benutzt wurde, sowie die angebrachte Etiquette fett, und letztere damit unleserlich und schmierig, die ganze Büchse aber unsauber und zum Verkaufe wenig geeignet macht.

Zum Versandt größerer Quantitäten bedient man sich hölzerner Fässer oder eiserner oder hölzerner Kübel. Solche Kübel aus Eisenblech sind namentlich sehr praktisch, leicht und doch haltbar. — Sie bestehen aus einem Cylinder aus Eisenblech, der untere Boden ist eingesetzt und eingelöthet, außerdem mit Nieten versehen. Zum Verschluß verwendet man einen Deckel aus Eisenblech mit einer Handhabe und nach oben umgelegten Rand, welcher mit der inneren Wand des Cylinders gleichweit ist und in diesen eingesetzt wird. — Damit der Deckel nicht tiefer als eben nöthig ist einsinken oder, besser gesagt, hineingedrückt werden kann, ist das Eisenband, welches die Handhabe bildet, am Rande des Deckels umgebogen. Der Deckel selbst wird gegen das Herausziehen durch vier oder sechs Zungen aus Eisenblech geschützt, welche am Kübel selbst mittelst Nieten befestigt sind, und nachdem der Deckel eingepaßt ist, umgelegt werden und den Deckel so festhalten, daß man den Kübel, mit 50 und selbst 100 kg Farbe gefüllt, ohne Gefahr aufheben kann.

Soviel über die Verpackung der Farben, und komme ich nun zu den Vorschriften für Bereitung der

Oel- und Firnißfarben.

Zum Anmachen der Farbekörper mit Leinöl bedient man sich des gewöhnlichen Leinöles, nur zu ganz weißen und den feinsten Farben gebleichten Leinöles; bedient man sich dagegen des Firnisses, so muß man zu weißen Farben unbedingt den lichten Manganfirniß wählen, während man zu den anderen Farben den gewöhnlichen, mit Bleipräparaten gekochten Firniß gebrauchen kann. — Auch der beim Abklären des Firnisses zurückbleibende Satz läßt sich vortheilhaft für dunkle Farben, Grau, Braun und Schwarz, verwenden.

Speciell für die Bereitung der Oel- und Firnißfarben hat Hugoulin empfohlen, die Farben erst mit Wasser zu einem homogenen Teig anzurühren und dann mit dem bestimmten Quantum Leinöl oder Firniß zu vermischen. Während des Umrührens verbindet sich das Oel mit der Farbe, und das darüber befindliche Wasser läßt sich decantiren. Mit diesem Verfahren wurden wiederholt Versuche angestellt, welche vom besten Erfolge begleitet waren. Es können ohne Anwendung anderer Geräthschaften, als einfacher hölzerner Kufen, große Mengen von Farben gebrauchsfertig gemacht werden, so daß z. B. ein Arbeiter in zwei Stunden circa 100 kg Farbe ansetzen kann. Die Farben werden mit Wasser zu einem Teige durchgearbeitet, den man stark verdünnt durch ein seidenes Sieb laufen läßt,

röberen Theile und fremden Beimengungen zurückbleiben. Den durch-
arbebrei läßt man Stunden oder Tage lang stehen, bis die Farbe sich
bgesetzt hat; sodann gießt man das über der Farbe stehende helle
ober zieht es vermittelst eines Hebers ab, gießt die zur Bildung einer
nöthige Menge Oel hinzu, eher zu wenig als zu viel, und rührt einige
. Dabei verbinden sich Oel und Farbstoff, dei Teig ballt sich krüm-
n und sinkt in dem Kübel zu Boden. Das noch darüber stehende
abgegossen und nun der Teig durchgeknetet, um alles Wasser zu ent-
mittelbar vor der Verwendung wird der Teig noch mit der entspre-
ige Oel oder Firniß gemischt, und bildet dann eine Oelfarbe von
Korn und einer Feinheit, welche nichts zu wünschen übrig läßt. Zu
noch, daß der Kienruß, damit er mit Wasser zu einem Teig gerührt
vorher mit einer geringen Menge Wasser, welches mit 10 Proc. Alkohol
mzurühren ist; man rührt die Flüssigkeit und den Ruß mittelst einer
einem Gefäße zusammen, bis das Gemenge die Feuchtigkeit frischen
ks besitzt. In dieser Form läßt es sich vollständig im Wasser vertheilen
Seidensieb schlagen, so daß die beigemengten Verunreinigungen auf dem
rückbleiben. Man läßt absetzen, decantirt das über dem Kienruß
fer und mengt ersteren mit der nöthigen Oel= und Firnißmenge; die
ich ebenfalls zusammen und scheidet das in ihr befindliche Wasser aus.

Cremserweiß — Spickfarbe.

45 kg chemisch reines Bleiweiß,
11 „ gebleichtes Leinöl.

Feinstes Cremserweiß.

45 kg chemisch reines Bleiweiß,
11 „ Leinöl.

Feinstes Bleiweiß.

35 kg chemisch reines Bleiweiß,
10 „ Blüthenspath,
10 „ Leinöl.

Ordinäres Bleiweiß.

35 kg chemisch reines Bleiweiß,
20 „ Blüthenspath,
13 „ Leinöl.

Weiße Grundirfarbe.

25 kg chemisch reines Bleiweiß,
30 „ Blüthenspath.
13 „ Leinöl.

Zinkweiß — Spickfarbe.

22 kg chemisch reines Zinkweiß,
10 „ gebleichtes Leinöl.

Feinstes Zinkweiß.

22 kg chemisch reines Zinkweiß,
10 „ Leinöl.

Ordinäres Zinkweiß.

22 kg chemisch reines Zinkweiß,
11 „ Blüthenspath,
13 „ Leinöl.

Zinkgrau.

25 kg chemisch reines Bleiweiß,
30 „ Blüthenspath,
13 „ Leinölfirnißsatz,
2 „ Rebenschwarz.

Erste Sorte Silbergrau.

25 kg chemisch reines Bleiweiß,
30 „ Spath,
13 „ Leinölfirnißsatz,
4 „ Graphit.

Zweite Sorte Silbergrau.

25 kg chemisch reines Bleiweiß,
30 „ Schwerspath,
14 „ Leinölfirnißsatz,
5 „ Graphit.

Eisengrau.

25 kg chemisch reines Bleiweiß,
30 „ Schwerspath,
14 „ Leinölfirnißsatz,
7 „ Graphit.

Steingrau.

25 kg chemisch reines Bleiweiß,
30 „ Schwerspath,
14 „ Leinölfirnißsatz,
2 „ Chromgrün,
3 „ Rebenschwarz.

Perlgrau.

25 kg chemisch reines Bleiweiß,
30 „ Schwerspath,

14 kg Leinölfirnißsatz,
2 „ Ultramarinblau,
2 „ Rebenschwarz.

Kaisergrau.

20 kg Zinkweiß,
30 „ Graphit,
15 „ Schwerspath,
17 „ Leinölfirnißsatz.

Diamantfarbe.

20 kg chemisch reines Bleiweiß,
25 „ Schwerspath,
15 „ Kreide,
15 „ Graphit,
20 „ Leinöl.

Syderaminfarbe.

20 kg Kreide,
15 „ feines Zinkweiß,
2 „ Ultramarin,
3 „ Graphit,
17 „ Leinölfirniß.

Brückengrau.

30 kg chemisch reines Bleiweiß,
15 „ Schwerspath,
3 „ Ocker,
1 „ Pariserblau,
2 „ Rebenschwarz,
16 „ Leinölfirniß.

Graue Grundirfarbe.

20 kg chemisch reines Bleiweiß,
20 „ Kreide,
10 „ Leinölfirniß.

Erste Sorte Laubgrün.

22 kg Chromgrün, licht oder dunkel,
8 „ Leinöl.

Zweite Sorte Laubgrün.

22 kg Chromgrün, licht oder dunkel,
12 „ Leinöl,
10 „ Schwerspath.

Zink= oder Jalousiengrün.

20 kg Zinkgrün,
7 „ Leinöl.

Kaisergrün.

13 kg Schweinfurtergrün,
12 „ Zinkweiß,
8 „ Leinöl.

Erste Sorte Eichenfarbe, licht.

25 kg französischer Oder,
6 „ chemisch reines Bleiweiß,
10 „ Leinöl.

Zweite Sorte Eichenfarbe, licht.

6 kg chemisch reines Bleiweiß,
25 „ französischer Oder,
15 „ Schwerspath,
12 „ Leinöl.

Dritte Sorte Eichenfarbe, licht.

6 kg chemisch reines Bleiweiß,
25 „ französischer Oder,
25 „ Schwerspath,
13 „ Leinöl.

Zur Erzielung der drei Sorten dunkler Eichenfarbe nimmt man wie bei der lichten Eichenfarbe alle Bestandtheile gleich), nur statt x kg Oder überall x kg dunklen Oder.

Erste Sorte Odergelb.

22 kg französischer Oder,
8 „ Leinöl.

Zweite Sorte Odergelb.

22 kg französischer Oder,
10 „ Schwerspath,
12 „ Leinöl.

Engelroth.

20 kg feinstes Benetianerroth,
8 „ Leinöl.

Dachroth.

20 kg feinstes Venetianerroth,
10 „ Schwerspath,
10 „ Leinölsirnißsatz.

Ziegelroth.

20 kg feinstes Venetianerroth,
10 „ Schwerspath,
10 „ Ocker,
18 „ Leinölsirnißsatz.

Umbraun.

21 kg Umbraun, licht oder dunkel,
8 „ Leinölsirnißsatz.

Zweite Sorte Umbraun.

21 kg Umbraun, licht oder dunkel,
10 „ Schwerspath,
10 „ Leinölsirnißsatz.

Erste Sorte Rebenschwarz.

22 kg feinstes Rebenschwarz,
10 „ Leinölsirnißsatz.

Zweite Sorte Rebenschwarz.

22 kg feinstes Rebenschwarz,
10 „ Schwerspath,
12 „ Leinölsirnißsatz.

Chromgelb.

20 kg feines Chromgelb,
7 „ Leinöl.

Zweite Sorte Chromgelb.

20 kg feines Chromgelb,
5 „ Bleiweiß,
10 „ Schwerspath,
14 „ Leinöl.

Miniumroth.

20 kg Minium,
15 „ Schwerspath,
8 „ Leinöl.

Zinnoberroth.

    10 kg Zinnober,
    10 „ Chromorange,
     6 „ Leinöl.

Ultramarinblau.

    7 kg feinstes Ultramarinblau,
   10 „ Zinkweiß,
    6 „ Leinöl.

Zweite Sorte Ultramarinblau.

    7 kg feinstes Ultramarinblau,
   10 „ Zinkweiß,
    5 „ Schwerspath,
    8 „ Leinöl.

Filling-Up (Wagengrundfarbe).

   20 kg Filling-Up,
    8 „ Leinölfirnißsatz.

Wenn man bei den vorstehend angeführten Vorschriften statt des gebleichten Leinöles Manganfirniß und statt des gewöhnlichen Leinöles Firniß nimmt, so erhält man Firnißfarben, welche rascher trocknen, aber sich auch weniger lange aufbewahren lassen, da sie rasch eine Haut bekommen.

Unter den verschiedensten Namen kommt noch eine Menge Oelfarben im Handel vor, welche vor anderen Oelfarben bald diesen und bald jenen Vorzug haben sollen; meistens sind dies aber Irreführungen des Publicums; der Hauptbestandtheil einer guten, haltbaren Farbe bleibt, wie wir gesehen haben, immer das austrocknende Oel, und der Farbekörper kommt erst in zweiter Linie zur Geltung. Derartige neue Benennungen sind:

            Platin-Anstrichfarbe,
            Anti-Corrosivfarbe,
            Metallic Paints,
            Metallinische Anstrichfarben,
            Universal-Deckfarben,
            Marine Paints,
            Chromalinefarben,
            Ready Mixed Paints,
            Cement-Oelfarben,
            Peinture bicoque,
            Peinture hydraulique,
            Kieselsaure Versteinerungsfarben,
            Cline's patentirte Farben,
            Griffith's Emailfarben

und noch andere abenteuerliche Benennungen mehr.

Oelfarben als Material für die edle Kunst.

Wenn auch wesentlich nicht verschieden von den gewöhnlichen Farben zu An= strichzwecken —, sie bestehen ebenso aus einer innigen Vermischung des trocknen Farbekörpers mit einem trocknenden Oele —, so erfordert doch die Bereitung der Oelfarben als Material für die edle Kunst eine Betrachtung von einem ganz an= deren Standpunkte und eine bei weitem sorgfältigere Behandlung und Auswahl der Rohmaterialien.

Wir haben früher schon jene Anforderungen kennen gelernt, welche man an eine gute Oelfarbe zu Anstrichzwecken stellt; wir haben den Proceß genau verfolgt, welcher sich in der Farbenschicht nach und nach im Verlaufe der Zeit vollzieht, und sind zu dem Schlusse gekommen, daß endlich einmal alle — auch die besten — Oelfarben ihren Halt verlieren, sobald alles gebildete Linoxyn weiter oxybirt und statt zähe, leder= oder kautschukartig zu sein, spröde und bröckelig wird. Genau derselbe Proceß vollzieht sich auch mit jedem Gemälde, nur haben wir hier zu berücksichtigen, daß derartige, meist kostbare, Kunstwerke vor dem verderblichen Einflusse des Lichtes und der Luft, der Wärme und der Nässe mit aller Sorgfalt geschützt werden; — die grundirte Leinwand schließt die Farbenlagen von rückwärts, die Firniß= oder Lackschicht, mit der die fertigen Bilder versehen werden, schließt dieselben von vorn dicht ab, aber immerhin nicht dicht genug, um nicht doch schließlich auch dem Zahne der Zeit zu erliegen. Totale Abschließung der Luft ist unmöglich, die Ein= wirkung ist eine außerordentlich langsame, aber sie findet doch statt und der Unter= gang ist unvermeidlich.

In früherer Zeit kannte man nur die Wasserfarben, und diese wurden ein= gebrannt. Es war ein Mittel zur Beförderung der Dauerhaftigkeit, aber auch ebenso eine Anleitung zu vielem Verluste, welchen das Auge des Künstlers in Farbe und Ton für nützlich erachtete. Dann bedeckte man die Gemälde mit einer Schicht Wachs, um sie gegen Berührung und gegen die Einwirkung der Atmosphäre zu schützen, doch auch diese Methode war den Anforderungen nicht gewachsen. — Die Ge= brüder van Eyk im 14. Jahrhundert gebrauchten zu ihren vortrefflichen Kunstwer= ken Oel, und schufen damit eine neue Kunstperiode, gaben der Kunst eine nie ge= ahnte Ausbreitung und Entwickelung, und verschafften ihr Hülfsmittel, welche vor ihnen unbekannt waren. — Ob sie die Erfinder sind, muß dahin gestellt bleiben.

Bis in die jüngste Zeit bereiteten sich die Maler ihre Farben selbst. Sie besorgten nicht allein das Mischen und Verreiben der Farben mit dem Oele, sie fertigten auch die Farbekörper selbst, ihre Heimstätten waren gleichzeitig Labora= torien, und es ist uns mehr als ein Maler der alten Schule bekannt geworden, welcher diese oder jene Farbe in nie gekannter Vollendung auf seinen Werken zur Geltung brachte! Wenn auch heute dies nicht mehr der Fall ist, wenn auch hier die moderne Technik in so weit eingegriffen hat, daß sie dem Künstler seine Far= ben in jeder möglichen Nüance und so fein gerieben bietet, als er sie unmöglich selbst herstellen kann, so hätte diese von den alten Meistern geübte Selbstdarstel= lung der Farben auch noch heute Existenzberechtigung, denn dieselben kannten wenig=

stens das Material, mit dem sie ihre Kunstwerke der Nachwelt überlieferten. Und in den Farben, in dem Oele oder dem Firnisse, mit welchem diese letzteren ange- rieben sind, liegt doch die alleinige Bürgschaft der Erhaltung derselben. Es kann daher nicht genug Sorgfalt darauf verwendet werden, ein richtiges Oel, ein ge= eignetes Bindemittel in Anwendung zu bringen, welches den Eingangs erwähnten zerstörenden Einflüssen möglichst lange widersteht.

Es stehen auch hier dem Künstler drei Gattungen Oel zur Verfügung: Leinöl, Mohnöl und Nußöl. — Am vortheilhaftesten ist für die Zwecke der Malerei das Mohnöl und das Nußöl, da diese beiden Oelgattungen, die schon früher erwähnt wurden, am wenigsten fertig gebildetes Linoxyn enthalten und am längsten unter allen trocknenden Oelen brauchen, ehe jener verderbliche oxybirende Einfluß des Lichtes und der Luft zur Geltung kommt. Es wird aber namentlich das Nußöl seiner dunklen Farbe halber sich nicht überall anwenden lassen, für weiße und sehr empfindliche helle Farben wenigstens nicht, und wir sind deshalb auf das Mohnöl und das gebleichte Leinöl angewiesen. Diese beiden Oele sind es denn auch, welche zu Oelfarben für die edle Kunst fast ausschließlich Anwendung finden, und hat man bei ihrer Wahl nur darauf zu sehen, daß sie gut hell, klar und rein, ab= gelagert und alt sind ohne ranzig zu sein, denn in ranzigem Oele können die frei gewordenen Fettsäuren immerhin einen verderblichen Einfluß auf die Farbe= körper äußern.

Das Kochen der trocknenden Oele mit irgend welchen sauerstoffabgebenden Präparaten ist für den Zweck, welchen wir hier im Auge haben, absolut verwerf= lich, mit dem Kochen leiten wir nur eine raschere Oxydation des Leinöls oder Mohn= öles ein, und wir haben gerade früher gesehen, daß diese nur zerstörend auf die Oel= gemälde einwirkt. — Es muß getrachtet werden, mit allen möglichen Mitteln das Austrocknen des Oeles zu verhindern, und deshalb dürfen wir zur Bereitung der Farben nur ungekochtes Oel ohne jedes Trockenmittel verwenden. — Trock= nen dem Künstler die Farben zu langsam, so möge er auf seine Gefahr dieselben mit Siccativen und gekochtem Oele versetzen, der Fabrikant aber wird jedem Vor= wurf von vornherein entgehen, wenn er nur gut geklärtes, ungekochtes trocknendes Oel für seine Farben benutzt.

Die Vermischung der Farbekörper mit dem Oele, also das Reiben der= selben, erfolgt entweder auf Glas- oder Steinplatten mittelst des Läufers (Hand= arbeit) oder aber auf besonders genau construirten Maschinen, von welchen die von E. Kreul in Forchheim erfundenen unbedingt die besten sind. — Daß diese Farben eine weit aufmerksamere Behandlung erfordern, als die gewöhnlichen Oel= farben, daß das Reiben viel feiner und in Folge dessen auch viel langsamer vor sich gehen muß, ist selbstverständlich, denn der Künstler kann nur eine voll= kommen gleichmäßige, zarte, feine Farbe gebrauchen. — Die Locale, in welchen diese Farben zubereitet werden sollen, müssen licht, vollkommen trocken und staub= frei sein, und ist in denselben die größte Ordnung und Reinlichkeit aufrecht zu er= halten.

Was nun die Auswahl der Farbekörper betrifft, so wären alle Pflanzenfar= ben von vornherein unbedingt zu verwerfen, da sie durch das Licht ihr Feuer und ihren Farbenton mehr oder weniger verlieren, aber sie sind schon so unentbehrlich geworden, gewisse Farbentöne laſſen ſich nur mit ihnen (ſo z. B. Crapplack, Indigo ꝛc.) erzielen, daß die Anwendung dennoch auf Koſten ihrer Haltbarkeit erfolgt.

Unter den unorganiſchen mineraliſchen Farbekörpern haben wir wieder ſolche, welche zwar nicht durch das Licht, wohl aber durch atmoſphäriſche Einflüſſe, ſo namentlich Schwefelwaſſerſtoff u. dergl., verändert werden. Hierzu zählt in erſter Linie als empfindlichſte Farbe das Bleiweiß, welches ſchon bei Mangel an Licht gelb, bei ſchwefelwaſſerſtoffhaltiger Atmoſphäre aber ſchwarz wird. Aehnlichen Veränderungen unterliegen noch eine große Anzahl Farben, aber ſie ſind eben unentbehrlich und der Conſument verlangt ſie.

Die Farbekörper, welche hauptſächlich verwendet werden, ſind:

Cremſerweiß, Bleiweiß, Zinkweiß, Elfenbeinſchwarz, Beinſchwarz, Mumie, Asphalt, Caſſelerbraun, Umbraun;

Ocker, gebrannter Ocker, Terra di Sienna (gebrannt und ungebrannt), Van-Dyk-Braun, Preußiſchbraun (durch Erhitzen verändertes Berlinerblau), Rothes Eiſenoxyd, Engelroth (Pariſerroth, Neapelroth, Engliſchroth); Crapplacke, Cochenillelacke (Carminlacke), Carmin; Ultramarinblau, Cobaltblau (Thénard's Blau), Smalte, Berlinerblau, Pariſerblau;

Chromgelb in allen Nüancen, Zinkgelb, Cadmiumgelb, Neapelgelb, Antimongelb, Stil de grain (gelber, organiſcher Farbſtoff), Zinnſulfit, Scheel'ſches Grün, Schweinfurtergrün, Braunſchweigergrün, Rinmann's Grün, Chromoxyd, Grüne Erde.

Hierzu kommen noch die ſogenannten Modefarben, welche hier und da ebenfalls geſucht werden.

Die Farben werden, nachdem ſie genügend fein gerieben ſind, in Blaſen oder ſogenannte Tubes (zinnerne Röhren mit Schraubenverſchluß) verpackt und ſo in den Handel gebracht.

Harzölfarben.

Die Harzölfarben gehören zu jenen Farben, welche ein feſtes Harz, ein ätheriſches Löſungsmittel und allenfalls einen Zuſatz an trocknendem Oele (Leinöl oder Firniß) beſitzen, billiger, aber auch bei weitem weniger haltbar als Oelfarben und Firnißfarben ſind. Dr. F. W. Gintl ſagt: Die Anwendung von Harzöl für die Zwecke der Firnißfabrikation bringt, wenn, wie angenommen werden darf, die höher ſiedenden Fractionen des Harzdeſtillates benutzt werden, ganz entſchiedene Vortheile für die Beſchaffenheit des Firnißanſtrichs mit ſich, deren einer gewiß auch der iſt, daß ihre Gegenwart dem Anſtriche bei völliger Trockenheit und zureichender Härte einen gewiſſen Grad von Zähigkeit verleiht, der nicht allein die Gefahr des Riſſigwerdens weſentlich verringert, ſondern auch die Anwendbarkeit derſelben für ſo manche Zwecke ermöglicht, für welche man gewöhnliche Firniſſe nicht wohl verwenden kann. Allerdings haben die Anſtriche mit ſolchen Farben keinen hohen Glanz, vielmehr ein mehr mattes Ausſehen, das indeß für viele Fälle nur angenehm sein kann, und um so weniger einen Mangel bedeutet, als sich die Harzöl=farben sowohl mit Leinölfirniß als auch mit Lacken sehr gut mischen lassen. Eine besondere Verwendbarkeit haben diese Harzölfarben für die Herstellung von Anstrichen auf Holz, Dachpappe, Eisen, Zink, dann aber auch auf rohem oder ver=putztem Mauerwerk, also namentlich für den immer moderner werdenden Häuser=anstrich. Das feste Harz ist also hier Colophonium, das ätherische Lösungsmittel das Pinolin (die Harzessenz), welche aus dem Colophonium durch trockene Destilla=tion desselben gewonnen wird. Dieses Pinolin und auch das häufig verwendete Harzöl stellt man folgendermaßen dar:

In einen größeren Destillirapparat füllt man zerschlagenes Colophonium bis zu ³/₄ des Fassungsraumes des Kessels ein, verschließt dann das Mannloch mit der Verschraubung und verschmiert es überdies noch mit Lehm, damit keine Dämpfe entweichen können. Dann beginnt man langsam anzufeuern, damit das Colopho=nium in Fluß kommen kann, und verstärke dann das Feuer, damit das Colophonium sich zersetze. — Es geht nun mit der beginnenden Zersetzung zuerst Wasser und ein leichtes Oel, das Pinolin, über; dieses beträgt ungefähr 10 Proc. des Harz=quantums, und sobald dieses Quantum erreicht ist, stockt die Destillation. — Man wechselt nun die Vorlage, um das übergehende dicke Harzöl aufzufangen; nach diesem kommt das dünne Harzöl und jedes dieser drei Producte wird separat für sich aufgefangen. Sobald das zuletzt übergehende Destillat einen grünen Schim=mer zeigt, wird das Feuer unter dem Kessel entfernt, und der noch im Kessel bleibende Rest durch das Abgangsrohr ausgelassen.

Wir haben nunmehr hier vier Produkte:

> Pinolin mit Wasser,
> dickes Harzöl,
> dünnes Harzöl,
> Rückstand;

wir verwenden davon das Pinolin und dünne Harzöl zu Harzölfarben, das dicke Harzöl zu Buchdruckfarbe und den Rückstand zu Schusterpech oder zur Rußfabri=kation.

Das Pinolin wird nach der Destillation einige Tage ruhig stehen gelassen, damit es von dem mit überdestillirten Wasser abgezogen und nochmals über Kalk destillirt werden kann. — Das dünne Harzöl kann gleich so wie es ist ver=wendet werden.

Nachdem wir nunmehr die Rohstoffe für die Harzölfarben entweder selbst dargestellt oder aber gekauft haben, gehen wir an die Fabrikation des Firnisses oder vielmehr der Masse, welche uns das Bindemittel für die Farben liefert. In einem geräumigen Kessel schmilzt man

> 6 Theile Colophonium,
> 10 „ dünnes Harzöl,

und giebt nach dem Auflösen 18 Theile Pinolin hinzu, seiht die Flüssigkeit durch Leinwand, und macht nach dem Erkalten die Farbekörper in der vorbeschriebenen Weise an. Oder man nimmt bei gleicher Behandlung:

10 Theile Colophonium,
6 „ dünnes Harzöl,
4 „ guten Leinölfirniß,
10 „ Pinolin,
8 „ Terpentinöl.

Vorschriften für Harzölfarben.

Weiß.

25 kg chemisch reines Bleiweiß,
10 „ Blüthenspath,
20 „ Harzölfirniß.

Grau.

25 kg chemisch reines Bleiweiß,
10 „ Schwerspath,
20 „ Harzölfirniß,
2 „ Rebenschwarz.

Braun.

15 kg Umbraun,
10 „ Harzölfirniß.

Grün.

15 kg Chromgrün,
6 „ Harzölfirniß.

Ockergelb.

18 kg französischer Ocker,
11 „ Harzölfirniß.

Gelbbraun.

20 kg französischer Ocker,
4 „ Benetianerroth,
4 „ Umbraun,
12 „ Harzölfirniß.

Dachroth.

20 kg Benetianerroth,
10 „ Schwerspath,
16 „ Harzölfirniß.

Engelroth.

20 kg Benetianerroth,
13 „ Harzölfirniß.

Blau.

20 kg Zinkweiß,
10 „ Ultramarinblau,
16 „ Harzölfirniß.

Chromgelb.

20 kg Chromgelb,
10 „ Schwerspath,
13 „ Harzölfirniß.

Diese Farben sind alle streichfertig, können auch nicht anders geliefert wer=
den, da das bestimmte Quantum Terpentinöl und Pinolin dem Bindemittel warm
zugesetzt werden muß, und ein nachträglicher Zusatz sehr leicht eine Zersetzung der
Farbe mit sich bringen könnte. — In der Zusammensetzung· des Firnisses kann
man, je nach den erzielten Preisen, kleine Abänderungen treffen; ein Zusatz von
gut= und dickgekochtem, gut trocknendem Leinölfirniß verbessert die Farbe außer=
ordentlich und ist nur zu empfehlen, denn das Harz allein hat wenig oder gar
keine Haltbarkeit und auch die flüchtigen Bestandtheile des Harzes verlieren sich
bald, so daß in einer reinen Harzölfarbe in sehr kurzer Zeit gar kein Bindemittel
mehr vorhanden ist und die Farbe zerstört wird. Statt des Harzöles kann man
in die Farbe auch Holztheeröl nehmen, und stellt die richtige Consistenz dann wie=
der mittelst Terpentinöles oder Pinolins her.

Asphalt= und Theerfarben

können nur zu ganz gewöhnlichen Anstrichen verwendet werden, da sie einen außer=
ordentlich penetranten Geruch haben, den sie lange Zeit nach dem Anstriche nicht
verlieren, und weil sie schwer oder gar nicht trocken, d. h. hart werden. — Sie werden
daher nur zu Stein= und Holzanstrichen auf ungehobeltem Holze, hier und da auch
für Eisen und Eisenblech gebraucht, sind aber namentlich für letzteres mehr geeignet.
So haben die Holländer Grothe und van Manen eine schwarze Theerfarbe,
welche sehr gerühmt, und aus dem pechartigen Rückstande, welcher bei der Destillation
des Steinkohlentheers zurückbleibt, und den flüchtigen Brandölen bereitet wird. —
Mulder z. B. hält sehr viel auf Theer, wünscht aber, daß das Paraffin darin
bleibe, weil es den Anstrich weich erhält. Die Brandöle des Steinkohlentheeres ver=
hüten das Rosten, und im Frühjahr oder Herbst, nicht aber im Sommer ange=
brachter Anstrich blättert nicht ab. Er haftet stark am Eisen, giebt einen wasser=
dichten Firniß und ist sehr wohlfeil.
Ein eisernes Gitter, vor drei Jahren mit einer Lage Steinkohlentheer bedeckt,
ist noch ganz rostfrei und bedarf noch keines neuen Anstriches. — Der Stein=
kohlentheer scheint die beste Farbe bez. Schutzmittel für Eisen, der schwedische Theer
das beste Anstrich=, bez. Conservirungsmittel für Holz zu sein.
Ich werde in Nachfolgendem einige Vorschriften für asphalt= und theerhaltige
Bindemittel, sowie die Zusammensetzung der Farben geben, und bemerke hier im

Allgemeinen, daß man die Mischung der einzelnen consistenteren Bestandtheile in einem entsprechenden Kessel über Feuer flüssig macht und die Verdünnungsmittel erst dann zusetzt, wenn das Feuer unter dem Kessel erloschen oder dieser vom Feuer entfernt ist.

Erste Vorschrift.

> 25 kg Steinkohlentheer,
> 13 „ Rohes Benzin,
> 3 „ Leinölfirniß.

Zweite Vorschrift.

> 20 kg Rückstand der Theerdestillation,
> 10 „ Brandöl,
> 5 „ Rohes Benzin,
> 3 „ Leinölfirniß.

Dritte Vorschrift.

> 25 kg schwedischer Theer,
> 5 „ Colophonium,
> 3 „ Leinölfirniß,
> 15 „ Brandöl.

Vierte Vorschrift.

> 20 kg schwedischer Theer,
> 3 „ Colophonium,
> 3 „ Leinölfirniß,
> 20 „ Steinkohlentheer, Firnißöl,
> 5 „ Rohes Benzin.

Steinkohlentheerfirnißöl wird aus dem bei der Reinigung des rohen Steinkohlentheeröles übergehenden zweiten Destillate im specifischen Gewichte von 0,850 bis 0,890 gewonnen, auch aus dem schweren rohen Steinkohlentheeröl kann man das erste Destillat, welches beim nochmaligen Destilliren desselben übergeht, verwenden. Beide Destillate vereinigt zeigen ein specifisches Gewicht von 0,900. Um aus denselben das Firnißöl darzustellen, bringt man davon circa 100 kg in mit Blei ausgeschlagene Ständer, giebt ½ kg chromsaures Kali und ¼ kg Braunstein, sowie 2 kg englische Schwefelsäure hinzu und läßt diese unter fortwährendem Umrühren eine Stunde darauf einwirken. Dann überläßt man das Gemenge einige Stunden der Ruhe und gießt das dunkel gewordene Oel davon ab, während am Boden mit der Säure sich viele harzartige Stoffe vorfinden. Das abgezogene Oel wird zunächst mit warmem Wasser gewaschen, dann 2 Proc. 5° B. starke Aetznatronlauge dazu gegeben und wieder gut damit abgerührt, wobei die Lauge noch viele Unreinigkeiten und harzige Theile wegnimmt.

Diese Operation wird nochmals wiederholt, nur mit dem Unterschiede, daß man nur ¼ kg chromsaures Kali und ⅛ kg Braunstein, sowie 1 kg englische Schwefelsäure anwendet. Das Oel wird wieder mit warmem Wasser gewaschen und mit 2 Proc. 5⁰ B. Aetzlauge entsäuert. Hierauf giebt man das abgesetzte klare Oel in eine reine kupferne Destillirblase und destillirt bei gelindem Feuer im Anfang. Es geht zunächst noch etwas Benzol über, welches besonders aufgefangen wird, und dann folgt das Firnißöl im specif. Gewichte von 0,800; dasselbe ist ganz wasserhell und riecht schwach aromatisch angenehm. — Es wird an der Luft nicht mehr gelb, ist ein gutes Lösungsmittel für Harz- und Fettstoffe und mischt sich auch mit Terpentinöl.

Da die Asphalt- und Theerfarben zu billigem Preise geliefert werden müssen, so versetzt man solche mit entsprechenden Quantitäten Schwerspath; verdünnen kann man sie eventuell mit Benzin oder Firnißöl, auch mit Terpentinöl.

Schwarze Asphaltfarbe.

25 kg ad Vorschrift 1,
20 „ Rebenschwarz,
10 „ Schwerspath.

Rothe Asphaltfarbe.

25 kg ad Vorschrift 2,
22 „ Engelroth,
12 „ Schwerspath.

Braune Asphaltfarbe.

25 kg ad Vorschrift 1,
22 „ Umbraun,
12 „ Schwerspath.

Graue Asphaltfarbe.

25 kg ad Vorschrift 1,
15 „ Kreide,
15 „ chemisch reines Bleiweiß,
3 „ Rebenschwarz.

Grüne Asphaltfarbe.

25 kg ad Vorschrift 1,
25 „ Chromgrün,
15 „ Schwerspath.

Weiße Theerfarbe.

25 kg ad Vorschrift 4,
18 „ chemisch reines Bleiweiß,
20 „ Schwerspath.

Graue Theerfarbe.

25 kg ad Vorschrift 3,
18 „ chemisch reines Bleiweiß,
20 „ Schwerspath,
4 „ Rebenschwarz.

Rothe Theerfarbe.

25 kg ad Vorschrift 3,
10 „ Schwerspath,
15 „ Benetianerroth.

Blaue Theerfarbe.

25 kg ad Vorschrift 3,
10 „ Ultramarinblau,
10 „ Bleiweiß,
15 „ Schwerspath.

Gelbe Theerfarbe.

25 kg ad Vorschrift 4,
18 „ Ocker,
12 „ Schwerspath.

Dunkelgelbe Theerfarbe.

25 kg ad Vorschrift 4,
18 „ Ocker,
3 „ Umbraun,
12 „ Schwerspath.

Braune Theerfarbe.

25 kg ad Vorschrift 4,
18 „ Umbraun,
14 „ Schwerspath.

Grüne Theerfarbe.

25 kg ad Vorschrift 3,
20 „ Chromgrün,
10 „ Schwerspath.

Schwarze Theerfarbe.

25 kg ad Vorschrift 3,
20 „ Rebenschwarz,
10 „ Schwerspath.

Leim-, Gummi- und Honigfarben.

Wir sprechen auch hier wieder nur von fertigen flüssigen Farben, welche stets kurz vor dem Gebrauche erst zubereitet werden können, da alle diese Binde= mittel, wenn sie mit viel Wasser in Berührung sind, sich zersetzen und dann ihre Bindekraft größtentheils verlieren.

Die Bindemittel sind Auflösungen von Leim, Gelatine, arabischem oder weißem Dextringummi, Traganth, Erdäpfelsyrup ꝛc. in Wasser, die Mengenverhältnisse zwischen Klebestoff und Wasser richten sich nach diesem selbst, da der eine mehr, der andere weniger Wasser erfordert, um die entsprechende Haltbarkeit zu erzielen.

Die abzureibenden Farben werden alle nur mit Wasser zu einem halb= flüssigen Teige angerührt und passiren als solcher, bis sie die nöthige Feinheit erlangt haben, die Farbreibmaschine; und erst kurz vor dem Gebrauche rührt man in diese zarte, feine Masse das Bindemittel hinein. — Da derartige Farben (außer zur Aquarellmalerei, für welche sie in feste Formen gebracht werden und vollkommen rein sein müssen) nur für billige, gewöhnliche Anstriche, welche der Luft nicht ausgesetzt sind, und zum Färben der Häuser verwendet werden, so erfordern sie weniger Deckkraft; man nimmt daher stets sehr wenig Farbe und setzt einen indifferenten Körper, Kreide oder Thon, hinzu.

Ich gebe in Nachstehendem eine kleine Zusammenstellung für derartige An= striche; die Grundsubstanz, aus der sie bestehen, ist weißer Thon oder feine weiße Kreide und die Farbekörper werden nur im Verhältniß von 5 bis 15 Proc. hinzugefügt.

Weiß:	Bleiweiß;
Milchweiß:	Bleiweiß mit Schwarz;
Strohgelb:	Lichter Ocker und Bleiweiß;
Grünlichgelb:	Lichter Ocker, Ruß und Bleiweiß;
Erbsgelb:	Braunschweiger Grün, Bleiweiß, lichter Ocker;
Grün:	Braunschweiger Grün, lichter Ocker, Bleiweiß;
Graugrün:	Ocker, Blau und Ruß;
Lederfarbe:	Dunkler Ocker und Bleiweiß;
Gelbgrün:	Kienruß, Bleiweiß, grüne Erde und lichter Ocker;
Fahlgrün:	Lichter Ocker, Bleiweiß und grüne Erde;
Aschgrau:	Bleiweiß und Kienruß;
Blaugrau:	Bleiweiß, Kienruß und Ultramarin;
Blau:	Ultramarin und Bleiweiß;
Braun:	Umbraun mit Bleiweiß;
Röthlich:	Rother Bolus und Bleiweiß;
Blaßziegelroth:	Gebrannter Ocker und Bleiweiß;
Roth:	Engelroth oder Zinnober, oder Chromroth und Bleiweiß;
Hellgrün:	Berggrün und Bleiweiß;
Hellgelb:	Mineralgelb und Bleiweiß;
Hochgelb:	Ocker mit Bleiweiß;

hellblau: Ultramarin und Bleiweiß;
Rosenfarbe: Berliner Roth und Bleiweiß;
lila: Berliner Roth und Indigo mit Bleiweiß.

Um sowohl den gewöhnlichen Kalf, als auch Leimfarben mehr Haltbarkeit und Widerstandsfähigkeit zu geben, kann man dieselben mit Leinöl oder Leinölfirniß ersetzen, was namentlich bei den erstgenannten sehr leicht geschehen kann, da das reie Kalkhydrat in der Kalkfarbe mit dem Oele eine Kalkseife bildet, welche dann n Wasser unlöslich ist.

Um auch Leimfarben eine größere Haltbarkeit zu geben verfährt man nach Karel wie folgt:

Man läßt 120 g guten hellen Tischlerleim über Nacht in kaltem Wasser aufquellen und löst denselben dann in einer aus 1 kg Aetzkalt bereiteten, dicklichen, is zum Kochen erhitzten Kalkmilch unter beständigem Umrühren. In den ochenden Leimfalf rührt man so viel Leinöl, als durch Verseifung gebunden wird, is sich das Oel einfach nicht mehr mit der Flüssigkeit mischt. Es sind hierzu mgefähr 500 g Oel erforderlich. Die erkaltete dickliche weiße Grundfarbe ist mn mit jeder durch Kalk nicht veränderlichen Farbe unter Verdünnung mit Wasser vermischbar. Nach Wunsch oder Bedarf kann man die Farbe auch mit inem durch Schütteln von Kalkwasser mit etwas Leinöl erhaltenen gleichförmig milchigen Liniment verdünnen.

Derartige Mischungen lassen sich gut streichen, decken sehr gut und verbinden ie Unterlage aufs Dauerhafteste mit dem deckenden Anstrich jeder beliebigen Art. Da man mit den dazu geeigneten Farben auch beliebige Farbentöne erzeugen ann, so lassen sich durch Anwendung dieses Anstriches, der durch Firniß oder adüberzug den schönsten Glanz annimmt, in vielen Fällen die Oelfarben der Billigkeit halber ersetzen.

Farben aus Harzen mit Wasser und kohlensauren Alkalien.

Die meisten Harze, wie Schellack, Colophonium, weiche Copale ꝛc., lösen sich eim Kochen mit Wasser und Soda oder Pottasche, sowie mit Aetzkali und Aetz- atron auf und bilden dann eine Art Seife, welche ebenfalls als Bindemittel ir Farben zu Anstrichzwecken verwendet wird, aber da sie nicht feuchtigkeit- und etterbeständig ist, keine ausgedehnte Verwendung finden kann. Sie eignen sich ir innere Anstriche oder Grundirungen ganz gut und haben vor den Leimfarben och voraus, daß man sie aufbewahren kann, ohne daß man eine Zersetzung rselben befürchten muß.

Die Herstellung dieses Bindemittels ist eine sehr einfache; in einem passen- en eisernen oder kupfernen Kessel wird das nöthige Wasserquantum zum Kochen ebracht, dann das Alkali darin aufgelöst und nun nach und nach unter- be- ändigem Umrühren das Harz zugesetzt. Man hat hierbei sehr darauf zu sehen, ß das Wasser constant im Sieden erhalten werde und das Harz immer erst n Neuem hinzugefügt werde, wenn das frühere vollständig aufgelöst ist. Dann laffe man die Flüffigkeit erkalten, becantire fie von dem gebildeten Bodenfatz, welcher die Unreinigkeiten enthält, und vermifche fie in der gewöhnlichen Weif mit Farbekörpern.

Erfte Vorfchrift:

40 kg Waffer,
3 „ Soda oder Pottafche,
5 „ Schellack.

Zweite Vorfchrift:

40 kg Waffer,
3 „ Aetzkali,
6 „ Colophonium.

Dritte Vorfchrift:

40 kg Waffer,
4 „ Aetzkali,
7 „ weichen Manillacopal.

Vierte Vorfchrift:

40 kg Waffer,
2½ „ Borax,
5 „ Schellack.

Fünfte Vorfchrift:

40 kg Waffer,
3½ „ Aetzkali,
3 „ Colophonium,
1 „ Schellack,
3 „ weichen Manillacopal.

Sollten die Löfungen zu confiftent fein, oder in Folge mangelhaft Aufbewahrung es werden, fo kann man diefelben beliebig mit Waffer verfetzen.

Cafeïn=Firniß und Farben.

Die Verwendung von Milch, auch des daraus gefchiedenen Käfeftoffes a Bindemittel ift fchon lange bekannt und ich will hier nur die Darftellung ein Bindemittels aus letzterem Materiale eingehend erörtern, weil daffelbe vielfa verwendungsfähig, bei feiner Darftellung aber eine fehr große Aufmerkfamkeit u Genauigkeit erfordert. Profeffor Modeft Kittary in St. Petersburg war zuletzt, der fich eingehend mit demfelben befaßte, und von ihm ftammen auch t weiter unten angegebenen Zufammenftellungen der Farben, welche von mir u Anderen als praktifch und zuverläffig erprobt wurden.

Caseïnfirniß kann sowohl in Verbindung mit trockenen mineralischen als auch Oelfarben gebracht werden; er ist eine milchartige Flüssigkeit von ziemlicher Consistenz, käsigem Geruche und unangenehmem Geschmack, stark klebend, rasch trocknend. — Sein Gewicht ist je nach der Consistenz 2½ bis 5° B.; er zersetzt sich bei + 36° C. rasch und vollständig unter Entwickelung von Schwefelwasserstoffgas; bei niedriger Temperatur tritt wohl auch nach einiger Zeit Zersetzung ein, doch ist der Firniß noch immer verwendbar. Vorzüge des Caseïnfirnisses sind: Billigkeit, Geruchlosigkeit und sehr schnelles Trocknen der damit gemachten Anstriche; seine Nachtheile: leichte Zersetzbarkeit bei nicht luftdichter Verwahrung und einer Temperatur von + 36° C., sowie völlige Unhaltbarkeit geriebener Farben.

Die Hauptanwendung der mit Oelfarben und mit Caseïnfirniß herzustellenben Farben wäre für Häuseranstriche, da dieselben bei gleicher Haltbarkeit wie Oelfarben keinen Glanz haben, was für das wirksame Hervortreten der Architektur an Gebäuden von großer Wichtigkeit ist. Zur Präparation des Caseïnfirnisses nimmt man 64 Thle. Käsequark (Topfen, Siebkäse), rührt denselben mit der je nach der Dichtigkeit des herzustellenden Firnisses bemessenen, nachfolgend angegebenen Menge Wasser gut an und drückt dann den Brei behufs weiterer Verfeinerung durch ein Metallsieb.

Andererseits wird gut gebrannter Kalk mit Wasser von 14½° R. nach und nach so lange abgelöscht, bis er zu einem feinen Pulver zerfällt. Von diesem gelöschten Kalk, Kalkhydrat, werden 1,5 Thle. mit 7 Thln. Wasser gemischt, fein verrieben, durch Papier filtrirt und nach und nach unter beständigem Umrühren dem Käse zugesetzt. Die Mischung wird nach dem Zusatz der Kalkmilch dick, und erst durch fortgesetztes Rühren tritt eine gewisse Klärung der Masse und mit dieser auch die richtige Consistenz ein. Alten, sauergewordenen Käse wäscht man einige Male mit heißem Wasser aus und verwendet ihn nach dem Erkalten wie angegeben.

Es ist sehr darauf zu sehen, daß der Kalk sehr gut und frisch gebrannt ist, und daß das Ablöschen genau mit nicht zu wenig und nicht zu viel Wasser erfolge. Der Käse muß in dem Wasser sehr fein vertheilt sein, darf keine Knollen bilden und das Wasser soll genau 14½° R. haben.

Dickster Caseïnfirniß von 5° B.

Käse	64 Thle.
Wasser	21,3 „ von 14½° R.
Kalk	1,5 „
Wasser	7 „ von 14½° R.

Mittelbicker Caseïnfirniß von 3½° B.

Käse	64 Thle.
Wasser	64 „ von 14½° R.
Kalk	1,5 „
Wasser	7 „ von 14½° R.

Dünnſter Caſeïnfirniß von 2¹/₂°B.

{Käſe . . . . 64 Thle.
{Waſſer . . . . . . 96 „ von 14¹/₂° R.
{Kalk . . . . 1,5 „
{Waſſer . . . . . . 7 „ von 14¹/₂° R.

Nur Farben mineraliſchen Urſprunges können mit Caſeïnfirniß in Verbindung gebracht werden und auch dieſe nur kurz vor ihrer Verwendung, da an geriebene Farben völlig unhaltbar ſind, und auch dann nur in gewiſſen Verhältniſſen, die ich hier angebe; Kreide ſoll noch die beſondere Eigenſchaft haben, mi Caſeïnfirniß einen weißen Anſtrich zu geben. Für Holz-, namentlich aber für Eiſenanſtriche müſſen die mineraliſchen Farben ſtets zuerſt mit Leinölfirniß oder Leinöl in breiartiger Conſiſtenz angerieben und dann mit Caſeïnfirniß verdünnt werden.

Reine Caſeïnfarben.

Schwarz: 100 Thle. Caſeïnfirniß,
            26 „   Kienruß.

Chromgelb: 100 Thle. Caſeïnfirniß,
            20 „   Chromgelb.

Kreide: 100 Thle. Caſeïnfirniß,
            64 „   Kreide.

Bleiweiß: 100 Thle. Caſeïnfirniß,
            70 „   Bleiweiß.

Roth: 100 Thle. Caſeïnfirniß,
            32 „   Zinnober.

Engelroth: 100 Thle. Caſeïnfirniß,
            32 „   Engelroth.

Blau: 100 Thle. Caſeïnfirniß,
            16 „   Berliner Blau,
            8 „   Bleiweiß.

Grün: 100 Thle. Caſeïnfirniß,
            28 „   Bleiweiß.
            42 „   Chromgrün.

Ocker: 100 Thle. Caſeïnfirniß,
            24 „   Ocker.

Oelfarben mit Caſeïnfirniß.

Schwarz: 100 Thle. Caſeïnfirniß,
            30 „   Ruß in Oel.

Chromgelb: 100 Thle. Caſeïnfirniß,
            50 „   Chromgelb in Oel.

Kreide: 100 Thle. Caseïnfirniß,
     60 „ Kreide in Oel.

Bleiweiß: 100 Thle. Caseïnfirniß,
     100 „ Bleiweiß in Oel.

Roth: 100 Thle. Caseïnfirniß,
     100 „ Zinnober in Oel.

Engelroth: 200 Thle. Caseïnfirniß,
     100 „ Engelroth in Oel.

Blau: 80 Thle. Caseïnfirniß,
     100 „ Berliner Blau in Oel.

Grün: 100 Thle. Caseïnfirniß,
     100 „ Chromgrün in Oel.

Ocker: 233 Thle. Caseïnfirniß,
     100 „ Ocker in Oel.

Farben mit Oelfirniß und Caseïnfirniß.

Hierzu werden die Farben ganz dick mit Wasser gerieben, zuerst der Caseïn-firniß und dann der Leinölfirniß aufs Innigste damit gemischt.

Schwarz: 100 Thle. Caseïnfirniß,
     20 „ Leinölfirniß,
     8 „ Ruß.

Chromgelb: 100 Thle. Caseïnfirniß,
     5 „ Leinölfirniß,
     14 „ Chromgelb.

Kreide: 100 Thle. Caseïnfirniß,
     10 „ Leinölfirniß,
     64 „ Kreide.

Bleiweiß: 100 Thle. Caseïnfirniß,
     10 „ Leinölfirniß,
     84 „ Bleiweiß.

Zinnober: 100 Thle. Caseïnfirniß,
     4 „ Leinölfirniß,
     32 „ Zinnober.

Engelroth: 100 Thle. Caseïnfirniß,
     40 „ Leinölfirniß,
     32 „ Engelroth.

Blau: 100 Thle. Caseïnfirniß,
     15 „ Leinölfirniß,
     8 „ Berliner Blau,
     16 „ Bleiweiß.

Grün:	100 Thle.	Caseïnfirniß,
	10 „	Leinölfirniß,
	42 „	Chromgrün,
	28 „	Bleiweiß.
Oder:	100 Thle.	Caseïnfirniß,
	10 „	Leinölfirniß,
	24 „	Oder.

Wafferglas und Wafferglasfarben als Anstrichmittel.

Schon seit einer langen Reihe von Jahren verwendet man das Wafferglas für sich allein und in Verbindung mit Farben zu Anstrichzwecken für Holz, namentlich aber für Mauerwerk und glaubte man besonders für den Anstrich des letzteren die theure Delfarbe für immer verdrängen zu können. — Die mannigfaltigsten Versuche, die von verschiedenen Seiten damit angestellt worden sind, haben theils günstige, theils minder günstige Erfolge aufzuweisen, zu einer durchgreifenden Verwendung ist es indeß noch nicht gelangt und wird es so lange nicht gelangen, bis nicht seine beiden Hauptübelstände: Unhaltbarkeit der geriebenen Farben und Verwitterung an der Luft, beseitigt werden können.

Unter Wafferglas versteht man ein in Waffer lösliches kieselsaures Alkali. Daß eine Verbindung aus Kieselsand mit vielem Alkali an feuchten Orten zerfließt, wußte von Helmont bereits 1640. Daffelbe Präparat aus Kieselerde und Weinsteinsalz (kohlensaures Kali) zu bereiten, lehrte Glauber 1648 und gab ihm den Namen Kieselfeuchtigkeit; von Fuchs entdeckte nun 1825 eine Verbindung von Kieselsäure mit Alkali, in welcher Kieselerde vorherrschte, die zwar in Waffer sich löst, aber an der Luft nicht zerfließt, eine Verbindung, die uns als Wafferglas bekannt ist und bedeutende Verwendung gefunden hat.

Je nach der chemischen Zusammensetzung unterscheiden wir Kaliwafferglas, Natronwafferglas und Doppelwafferglas (Kali-Natron-Wafferglas).

Das Kaliwafferglas bereitet man durch Zusammenschmelzen von Quarzpulver oder reinem Quarzsand 45 Thle., Pottasche 30 Thle., Holzkohlenpulver 3 Thle. und Lösen der geschmolzenen und gepulverten Maffe durch Kochen in Waffer. Das in der Flüssigkeit möglicherweise vorhandene Schwefelkalium wird durch Kochen desselben mit Kupferoxyd oder Kupferhammerschlag, oder auch Bleiglätte unschädlich gemacht. Der Zusatz von Kohle soll die vollkommene Austreibung der Kohlensäure durch Reduction derselben zu Kohlenoxyd bewirken und außerdem die Schmelzung beschleunigen. Zurückgebliebene Kohlensäure äußert stets einen nachtheiligen Einfluß auf das Wafferglas.

Das Natronwafferglas wird entweder aus Quarzpulver 45 Thle., calcinirter Soda 23 Thle., Kohle 3 Thle., oder nach Buchner am wohlfeilsten aus Quarz- pulver 100 Thle., calcinirtem Glaubersalz 60 Thle., Kohle 15 bis 20 Thle. dargestellt. Kuhlmann stellt das Wafferglas durch Auflösen von Feuerstein- pulver in concentrirter Natronlauge in eisernen Kesseln unter einem Drucke von 7 bis 8 Atm. dar. Ganz besonders vortheilhaft verwendet man jetzt statt des Feuersteins die von Liebig zuerst vorgeschlagene Infusorienerde an.

Das Doppelwafferglas (Kali-Natron-Wafferglas) läßt sich nach Döbereiner darstellen, indem man 152 Thle. Quarzpulver, 54 Thle. calcinirte Soda; 70 Thle. Pottasche, nach v. Fuchs 100 Thle. Quarzpulver, 28 Thle. gereinigte Pottasche, 22 Thle. calcinirte Soda, 6 Thle. Hohlzkohlenpulver zusammenschmilzt.

Diese so dargestellten Wafferglasarten geben in fein gepulvertem Zustande durch Kochen mit Waffer jene Flüssigkeit, welche wir als Wafferglas kennen. Im Handel kommt diese Lösung in verschiedener Consistenz vor, welche man als x grädig bezeichnet, d. h. in 100 Thln. flüssigem Wafferglas sind x Thle. festen Wafferglases enthalten. — So enthält z. B. das 33 grädige Wafferglas 33 Thle. festes Wafferglas und 67 Thle. Waffer, das 66 grädige 66 Thle. festes Waffer- glas und 34 Thle. Waffer u. f. w. — Alle Säuren, selbst die schwächsten, zer- setzen die Wafferglaslösung und scheiden die Kieselsäure gallertartig aus; sie muß daher in gut verschlossenen Gefäßen aufbewahrt werden. Das Gleiche gilt von den Farbenkörpern, so namentlich gewissen Erden und Metalloxyden, womit die Kieselerde unlösliche Verbindungen einzugehen strebt, eine Reaction, die man wohl beabsichtigt, die aber meistens zu schnell vor sich geht und die die Unmög- lichkeit gewisse Farben vorräthig zu halten bedingt.

Kreide giebt mit Wafferglaslösung eine sehr compacte Maffe, welche beim Austrocknen fast Marmorhärte erhält. Hierbei findet keine chemische Wechsel- wirkung, keine Umsetzung der Bestandtheile zu kieselsaurem Kalk und kohlensaurem Kalk statt, das Erhärten ist in diesem Falle entweder nur eine Wirkung der Cohäsionskraft oder geschieht dadurch, daß das Wafferglas und der kohlensaure Kalk directe, d. h. ohne sich gegenseitig zu zersetzen, eine schwache chemische Ver- bindung mit einander eingehen.

Zinkoxyd und Magnesia wirken vorzüglich energisch auf das Wafferglas und zwar offenbar chemisch, indem sich die Kieselerde mit einem Antheil Kali mit der Magnesia oder dem Zinkoxyd verbindet und zugleich etwas kohlensaures Kali gebildet wird. Gips mit Wafferglas zusammengerieben kommt sogleich ins Stocken und beim Austrocknen wittert sehr bald schwefelsaures Kali oder Natron in großer Menge aus; nach dem Trocknen ist die Maffe kaum fester als der ge- wöhnliche Gips.

Als Schutzmittel gegen Feuer wird das Wafferglas vielfach verwendet, indem es brennbare Gegenstände: Holz, Leinwand, Papier 2c., vor dem Verbrennen schützt. — Man setzt zu der Wafferglaslösung irgend eine feuerfeste Körperfarbe, wie Thon, Kreide, Knochenerde, Glaspulver (namentlich von Bleiglas), Pulver von Hochofen- oder Frischschlacken, Flußspath, Feldspath u. f. w. Das 33 grädige Wafferglas wird beim ersten Anstriche mit der doppelten Gewichtsmenge Regen- waffer verdünnt. Man giebt mehrere Anstriche und läßt jeden Anstrich, bevor

man einen neuen aufträgt, gut trocknen, wozu wenigstens 24 Stunden Zeit erforderlich sind.   Zu den späteren Anstrichen bedient man sich einer starken
Auflösung und zwar einer solchen, welche aus gleichen Gewichtstheilen Wafferglas
von 33 Grad und Regenwasser besteht.   Holz, Leinwand, Papier ꝛc., welche mehrmals mit Wafferglas angestrichen wurden, brechen nicht mehr in Flammen aus,
sondern verkohlen nur, gewinnen außerdem bedeutend an Dauerhaftigkeit.   Holz,
welches dem freien Einflusse der Witterung ausgesetzt ist oder sich an feuchten
Orten bei Mangel an Luftwechsel befindet, wird durch einen Wafferglasanstrich
conservirt und gegen Schwamm und Wurmfraß gesichert. — Taucht man einen
Holzspan oder einen Streifen Papier in verdünntes Wafferglas bis zur Hälfte
ein und zündet die andere Hälfte nach dem Trocknen an einer Kerzenflamme an,
so brennt der Span oder Papierstreifen ab, bis zu der Stelle, wo das Wafferglas beginnt, und gelingt es nicht, diesen mit Wafferglas behandelten Theil weiter
zum Brennen zu bringen.

    Tapeten mit Wafferglas angestrichen, bieten den Vortheil, daß sie nicht so
leicht schmutzen, daß die Farben sich nicht mehr verwischen lassen und daß man
dieselben mit dem nassen Schwamme abwaschen kann.   Manche Farben werden
dadurch freilich entweder verändert oder ganz zerstört, man muß deshalb jederzeit
mit einem Streifen der Tapete, die man mit dem Wafferglas zu behandeln
wünscht, eine Probe anstellen, um zu sehen, ob eine Veränderung der Farben
durch das Wafferglas bewirkt wird oder nicht. — Bisweilen ist jedoch diese Veränderung der Farben sogar vortheilhaft oder doch wenigstens so unbedeutend,
daß man darauf kaum Rücksicht zu nehmen braucht.

    Zu den eigentlichen Wafferglasanstrichen und Wafferglasfarben übergehend,
sind die Vortheile, welche dieselben bieten, folgende:

    1) Sie sind weit billiger herzustellen, als Anstriche mit Oel- und Firniß-
farben.

    2) Das Anstreichen geht viel schneller vor sich.

    3) Sie sind ganz geruchlos, während Firnißgeruch anhaltend und lästig ist.

    4) Die Wafferglasanstriche dunkeln nicht nach wie die Firnißanstriche.

    5) Sie sichern das Holzwerk ꝛc. gegen Feuer, während der Firnißanstrich
die Feuersgefahr noch vermehrt.

    6) Sie sichern das Holz gegen Schwamm, Wurm, Fäulniß und sind daher
bei Neubauten die Anstriche des Bauholzes mit Wafferglas allein oder mit irgend
einer Erde, z. B. mit Bolus, abgerieben, ernstlich zu empfehlen.

    Die Nachtheile sind:

    1) Beschränkte Auswahl in den Farben selbst, da, wie schon erwähnt, viele
Erden und Metallverbindungen theils augenblicklich unlösbare Verbindungen mit
der Kieselsäure eingehen, theils in den Nüancen verändert werden.

    2) Geringe Haltbarkeit der angeriebenen Wafferglasfarben.

    3) Leichte Zersetzbarkeit des Wafferglases durch die atmosphärische Luft
allein und durch schwache Säuren.

    4) Häufiges Verwittern der damit hergestellten Anstriche, Abblättern der
Farbenlage, Uebelstände, mit denen auch die besten bis jetzt hergestellten Wafferglasfarben nicht erfolgreich kämpfen.

Bei allen Anstrichen mit Wasserglas gilt als Regel, daß man daffelbe nie concentrirt, sondern stets nur mit einem gleichen Maßtheil heißen Wasser verdünnt anwende. Wenn der erste Aufstrich nach 12 Stunden trocken ist, läßt man einen zweiten Aufstrich folgen. Ein dritter Anstrich ist nicht gerade nothwendig, wenn man nicht dadurch mehr Glanz bezwecken will, der aber stets ein matter bleibt. Nach einiger Zeit wird man an diesen Anstrichen meistens ein Trübewerden und einen leichten weißlichen Anflug bemerken, der von etwas ausgewittertem Natron herrührt. Diesen weißen Anflug entfernt man zunächst, indem man ihn mit einem nassen Schwamme wegnimmt, dann aber gießt man auf einen wollenen Lappen etwas Leinöl und reibt damit die ganze Fläche ab; sie bekommt dadurch etwas mehr Glanz und der weiße Anflug erscheint dann nicht wieder.

Es ist schon früher bemerkt worden, daß sich solche Anstriche mit Wasserglas allein, ohne Farbenzusätze, für Gegenstände, die im Freien bleiben, nicht eignen, weil anhaltende Nässe sie aufweichen würde.

Zu den farbigen Anstrichen zählen wir auch die weißen und bemerken, daß alle farbigen Wasserglasanstriche im Wetter besser aushalten, weil, wie schon erwähnt, jede Erde, jedes Metalloxyd mit der Kieselsäure des Wasserglases eine in Wasser unlösliche Verbindung eingeht, welche durch überschüssiges Wasserglas auf der Fläche festgehalten wird. Es treten aber bei diesen farbigen Anstrichen sehr oft Schwierigkeiten ein, weil die zersetzende Wirkung des Wasserglases auf die Farbekörper zuweilen so rasch eintritt, daß die Farbenmasse schon zu erstarren anfängt, während man das Anstreichen beginnt. Mit der erstarrten Masse ist dann nichts mehr anzufangen.

Dieser Umstand ist Veranlassung geworden, die Natur des Wasserglases eingehender zu studiren und sich die Verbindungen, welche es mit dem zu wählenden Farbekörper eingeht oder eingehen könnte, genau vor Augen zu halten, auf daß man diese Uebelstände von vornherein vermeide. — Gewisse organische Körper helfen über die Schwierigkeiten der Vermischungsfähigkeit des Wasserglases mit Erden und metallischen Verbindungen, wie wir später sehen werden, hinweg, doch werden wir, ehe wir zu dem eigentlichen Anstrichverfahren übergehen, jene Farbekörper in Betracht ziehen, welche sich einigermaßen mit Wasserglas vertragen, d. h. deren Farbenton nicht verändert wird und gleichzeitig auf jene Erden und Metallverbindungen aufmerksam machen, welche ein directes Zusammenreiben mit Wasserglas nicht gestatten, da sie mit der Kieselsäure sofort unlösliche Verbindungen eingehen und aus der Lösung ausfallen bezw. gerinnen.

Bleiweiß, Zinkweiß, schwefelsaurer Baryt (für Weiß);

Grünes Chromoxyd, grünes Ultramarin, Cobaltgelb (für Grün);

Chromsaurer Baryt, Uranoxyd, Ocker (für Gelb);

Chromgelb (für Orange, da es in diese Nüance verändert wird);

Cadmiumoxyd (für Gelbbraun);

Ultramarinblau, Smalte (für Blau);

Chromroth und die rothen Eisenfarben (für Roth);

Caput mortuum, gebrannte Terra di Sienna, braunes Manganoxyd (für Braun);

Kienruß, Knochenschwarz, Graphit (für Schwarz).

Alle diese Farben halten den Ton, sie werden nicht in der Nüance verändert, dagegen aber gerinnen von ihnen in Verbindung mit Wafferglas

1) **sehr bald:** Bleiweiß, Zinkweiß, in geringerem Maße Permanentweiß und Kreide.

2) **Weniger empfindlich als die vorgenannten** Bleifarben verschiedener Art, so namentlich Chromgelb, Chromroth, Mennige c.

3) **sehr langsam:** Chromoxyd, chromsaurer Baryt, Uranoxyd, Cadmiumoxyd, Smalte, alle Eisenfarben, Ultramarin, Knochenschwarz und Kienruß.

Aus dieser Zusammenstellung erhellt, daß wir in Bezug auf die Farbekörper nur eine sehr geringe Auswahl aus den so außerordentlich vielen, welche uns für Oele und andere Farben zu Gebote stehen, haben und daß gerade jene Farben, welche sich mit Wafferglas vertragen würden, ihres hohen Preises halber keine Anwendung finden können.

Jene Farbekörper, welche mit dem Wafferglas nicht schnell gerinnen, können mit der Flüssigkeit einfach verrieben und dann weiter in der gewöhnlichen Weise wie jeder andere Anstrich behandelt werden; vortheilhaft ist es auch hier, das anzustreichende Holz, Mauerwerk c. mindestens einmal mit Wafferglas zu tränken und zwar nimmt man hierzu am besten 33 grädiges, welches man mit dem gleichen Gewichte Waffer verdünnt.

Anstrichmethoden für die mit Wafferglas coagulirenden Farben.

Verfahren nach Kuhlmann.

1) Man streicht das Holz zuerst mit Wafferglas an, welches mit dem gleichen Quantum Regenwaffer verdünnt wurde. Nach 6 bis 12 Stunden, wenn dieser erste Anstrich getrocknet, wird ein Anstrich einer Farbe aus dünnem Mehlkleister gegeben. Sobald auch dieser Farbenauftrag nach ungefähr 6 Stunden getrocknet, überstreicht man denselben mit Kalkmilch, um den Kleister unlöslich zu machen. Hierauf wird nach einigen Stunden wieder Wafferglas aufgestrichen, um die Farbe zu fixiren. Deckt die Farbe nicht genug, so wiederholt man diese Anstriche in der nämlichen Ordnung wieder, wie das erste Mal.

2) Nach diesem Verfahren soll man die Farben mit einer Mischung von Leim oder Stärkekleister und Wafferglas anreiben. Man nimmt auf 1 Thl. Leim 10 Thle. Waffer, bei Kleister auf 1 Thl. Kartoffelstärke 20 Thle. Waffer. Die Stärke wird zuerst mit ein wenig kaltem Waffer angerührt und das fehlende Waffer unter fortwährendem Umrühren siedend zugegeben. Nun vermischt man gleiche Theile 35 grädiges Wafferglas und Stärkekleister oder Leimwaffer und reibt mit dieser Mischung die Farben an. Die Anstriche mit Farbe nach diesem Verfahren sollen sehr dauerhaft und auch glänzend sein.

Verfahren nach Kreuzburg.

1) Die Farben werden mit abgerahmter Milch, die mit gleich viel Waffer verdünnt ist, abgerieben. Man giebt dem Holze zuerst einen Anstrich mit ver-

dünntem Wafferglas, trägt, wenn diefer trocken ift, die Milchfarbe auf und giebt, nach dem Trocknen diefer letzteren, einen zweiten Wafferglasanstrich, um die Farbe zu fixiren. Diefe Anstriche werden in gleicher Ordnung wiederholt im Falle der erfte Anstrich nicht gut decken sollte. Zwischen je zwei Wafferglas= anstriche kommt also immer ein Farbenanstrich und den Anfang und den Schluß macht immer eine Wafferglaslage. Wenn der letzte Anstrich gut getrocknet ist, polirt man mit einem wollenen Lappen, der mit Leinöl getränkt ist, nicht allein des Glanzes wegen, sondern auch, um das sich ausscheidende Natron wegzunehmen und den schon früher erwähnten weißen Anflug zu vermeiden. Sollte diefer nach einiger Zeit sich noch etwas zeigen, so überfährt man die Fläche mit einem nassen Schwamme und polirt hinterher noch einmal mit dem Leinöllappen. Es ist rathsam, zwischen jedem Anstrich mindestens 5 Stunden abzuwarten, um diefelben recht fest werden zu lassen. Es ist zwar jeder Anstrich schon nach $1/2$ Stunde trocken, aber er ist noch nicht fest und daher immerhin die Möglichkeit nicht aus= geschlossen, daß der folgende Anstrich den vorhergehenden aufweicht, wodurch un= gleiche Stellen entstehen würden.

2) Reibt man frisch ausgeschiedenen Käse (Topfen, Siebkäs, Quark) mit Wafferglas zusammen, so wird eine halbdurchsichtige Gallerte gebildet, welche man mit Vortheil zum Reiben verwendet. — Diefes gebildete Caseïnwafferglas ist geeignet, die energische Wirkung des Bleiweißes auf das Wafferglas bedeutend zu verzögern und es bietet diefes Mittel die Möglichkeit, dem zu schnellen Coaguliren gewiffer Farben zu begegnen.

Die Darstellung des Caseïnwafferglases ist eine sehr einfache. — Man reibt frischgepreßten Käse mit etwas wenig Wafferglas von 33° zu einer gleichmäßigen Masse an und fügt dann nach und nach das übrige Wafferglas unter fortwähren= dem Reiben hinzu. — Das einzuhaltende Verhältniß kann allerdings nur die Erfahrung lehren.

Am vortheilhaftesten lassen sich die Wafferglasanstriche auf Holz, Lein= wand ꝛc. ausführen. — Auf Mauerwerk, wenn der Verputz nicht mit ganz be= sonderer Sorgfalt hergestellt wurde, haben die Wafferglasfarben weniger Haltbar= keit, da sie durch den noch vorhandenen Kalk sehr leicht zerstört werden, auswittern oder abblättern. Auf Eisen hält sich der Wafferglasanstrich besser als man glauben sollte; er hält starke Hitze aus und scheint sich gleichsam in die feinen Poren des Eisens hineinzuziehen; doch entstehen bei größerer Hitze, z. B. an Oefen, für deren Anstrich Wafferglasfarben mit Vortheil verwendet wird, bisweilen kleine Bläschen, welche nach und nach zum Ablösen des Anstriches führen.

Die Unmöglichkeit oder Schwierigkeit alle Farben für Wafferglasanstriche zu verwenden, hat größere Etablissements schon veranlaßt, eigene Farben her= zustellen und solche als „kieselsaure Versteinerungsfarben", kieselsaure Farben", „Silicatfarben" und „Zinksilicat" in Handel zu bringen.

Die kieselsauren Versteinerungsfarben fertigt die „Silicate Paint Company" in Liverpool und hebt diefe Fabrik besonders hervor, daß ihre Farben nur Kieselerde in besonderer Form enthalten, welch' letztere sich in einem Mineral vulcanischen Ursprunges vorfindet. — Von diefem Mineral ist erst eine Fundstätte entdeckt worden und diefe ist Eigenthum der Gesellschaft, so daß also jede Concurrenz ausgeschlossen wäre. — Die Farben haben versteinernde Wirkung, sie äußern keinerlei chemische Wirkung, der Anstrichproceß ist leichter als mit jeder anderen Farbe, wird in 6 bis 8 Stunden je nach der Witterung steinhart und es kommen bei derselben niemals Blasen vor. — Bei der von derselben Fabrik gefertigten „versteinernden Kiesellösung" wird ausdrücklich hervorgehoben, daß solche „keinerlei Wasserglas" enthält.

Unter der Benennung „Silicatanstrich" bringt die „Vieille montagne" eine Anstrichfarbe in den Handel, bei welcher flüssiges Silicat an die Stelle des bei Oelanstrichen angewendeten Oeles tritt. Unter dem Namen „Steinzinkoxyd" stellt sie weiter ein Pulver speciell zu dem Zwecke dar, um, vermischt mit Silicat, zur Imitation der Farbe und körnigen Textur des massiven Steines zu dienen; dasselbe kann sowohl auf Zink wie auf Mörtel, Ziegelsteinen oder beliebigem Verputz angewendet werden. Für einen Silicatanstrich kann Bleiweiß nicht benutzt werden, da die entstehende chemische Verbindung die Arbeit unmöglich macht (s. Wasserglas), Zinkweiß und die übrigen Zinkoxyde sind dagegen zur Mischung geeignet und deswegen hat der neue Anstrich den Namen „Zinksilicat= anstrich" oder kieselsaurer Zinkoxydanstrich erhalten. — Derselbe ist anwendbar auf Holz, Gips, Cement, Stein, Ziegelstein, auf allen Metallen, mit alleiniger Ausnahme des Eisens. Auf fetten oder säurehaltigen Gegenständen ist der Anstrich nicht haltbar. — Da der Silicatanstrich sehr schnell trocknet, muß man die Farbe nur auf denjenigen Flächenraum auftragen, den man vor dem An= trocknen streichen und vertreiben kann; man darf also nur ziemlich kleine Flächen auf einmal vornehmen. Absorbirende Körper müssen mit einer Lage reinen Silicates getränkt werden. — Das Steinzinkoxyd hat den Zweck, den Farbenton, die Dauerhaftigkeit und die körnige Textur des massiven Steines täuschend nach= zuahmen. Auf Zink angewendet, giebt das Steinzinkoxyd demselben das Aus= sehen und die körnige Textur von massivem Stein. Das Steinoxyd haftet an diesem Metall so vollkommen, daß z. B. die aus Zink gepreßten Ornamente die Beschaffenheit und das Aussehen eines vorzüglich behauenen Steines erlangen. Es widerstehen solche Gegenstände der Luft, der Hitze und Kälte, wie auch dem Regen vollständig.

Wir sehen hier in dem letztgenannten Anstrich das neuerliche und wie es scheint auch gut gelungene Bestreben, dem Wasserglas jene Anwendung und Ver= breitung, welche es bei seinen außerordentlichen Vorzügen der Billigkeit auch verdient, zu verschaffen, und es ist nicht zu bezweifeln, daß es mit der Zeit ge= lingen wird, die anhaftenden Mängel vollständig zu beseitigen.

Die **Stereochromie** ist eine der weiteren Anwendungen des Wasserglases zu Decorationen und unterscheidet sich, wenn wir von der künstlerischen Bedeutung derselben ganz absehen, von der gewöhnlichen Anwendung des Wasserglases haupt= sächlich dadurch, daß hier auf einen entsprechend vorgerichteten Grund mit Farben, welche nur mit Wasser angerieben wurden, gemalt wird. — Das Wasserglas bildet das Bindemittel der Farben und ihrer Grundlagen.

Bei der Ausführung dieser stereochromischen Malerei ist besonders auf den Grund, den Mörtelgrund, Untergrund und Obergrund Rücksicht zu nehmen. Es ist dabei wesentlich, dem Grund durch und durch gleiche, steinartige Beschaffenheit

sam mit der Mauer zu verschmelzen. Der erste Bewurf
mit Kalkmörtel hergestellt. Den so gemachten Bewurf
ut austrocknen, sondern auch mehrere Tage der Luft aus-
s Kohlensäure anziehen kann. Ist der Mörtel vollkommen
ian das Wasserglas in Anwendung, womit er getränkt
Natron- oder Doppelwasserglas und versetzt es mit soviel
es nicht opalisirend, sondern ganz klar ist. Nachdem der
Beise befestigt ist, bringt man den Obergrund, welcher das
r, welcher von ähnlicher Beschaffenheit wie der Untergrund,
: auf diesen letzteren möglichst eben aufgetragen und wenn
t einem scharfen Sandstein abgerieben wird, um die dünne
Kall, welcher sich beim Austrocknen gebildet hat, und das
aslösung verhindern würde, wegzunehmen und zugleich der
liche Rauheit zu geben. Sobald der Obergrund aus-
rt man ihn mit Wasserglas, um ihm die gehörige Festig-
nit dem Untergrunde zu verschmelzen. Auf den vollkommen
erben die Farben bloß mit Wasser unter Anspritzen der
sser aufgetragen. Es ist dann nichts weiter mehr nöthig,
zu fixiren, wozu das Fixirungswasserglas bestimmt ist. Mit
iswasserglas bezeichnet von Fuchs (der Erfinder der
lischung von mit Kieselerde vollkommen gesättigtem Kali-
kieselfeuchtigkeit, welches man durch Zusammenschmelzen
: Soda mit 2 Thln. Quarzpulver enthält.
i auf dem Obergrunde so schwach, daß man das Fixirungs-
ent Pinsel auftragen kann, ohne die Malerei wieder zu
rb das Wasserglas mit einer Staubspritze in Form eines
Malerei gespritzt. Sind die Farben gut fixirt, so ist das
i Schlusse wird es nach einigen Tagen mit Weingeist
Schmutz und Staub nebst etwa freigewordenem Alkali weg-

npfiehlt von Fuchs einen Wasserglasmörtel, bestehend aus
Wasserglaslösung mit gepulvertem Marmor, Dolomit,
Luft zerfallenem Kalk. Als stereochromische Farben benutzt
ngrün (Chromoxyd), Cobaltgrün (Rinnmann'sches Grün),
omsaures Bleioxyd), Zinkgelb, Eisenroth (hellroth, dunkel-
), Schwefelcadmium, Ultramarin, Oker (Hellocker, Fleisch-
i di Sienna, Umbraun u. s. w. Zinnober ist zu verwerfen,
n und zuletzt ganz schwarz wird. Kobaltultramarin zeigt
ierklich heller und ist daher in der Stereochromie nicht anzu-

eochromie ein von allen anderen Malarten verschiedenes
t wird, ist sie als eine ganz eigenthümliche Malart zu be-
beruht, abgesehen von der artistischen Vollkommenheit, in
ben sie befähigt ist, unter jedem Himmelsstriche auszuhalten
bingt schädlichen Einflüssen zu widerstehen (Rauch, sauren

Dämpfen, dem grellsten Wechsel der Temperatur, Hagel u. s. w.), welche den Freslen verderblich sein würden. Das Wasserglas als Bindemittel, wodurch nicht nur der Malgrund befestigt, sondern mit diesem zugleich die Farben gleichsam verschmolzen und verkieselt werden, macht das Wesen dieser Malart aus, wodurch sie der Frescomalerei, deren Grund aus gewöhnlichem Kalkmörtel besteht, bedeutend überlegen ist, während sie die Glanzlosigkeit mit derselben gemein hat und somit den Nachtheil der Oelbilder vermeidet, so daß der Beschauer sie von jedem Standpunkte aus ganz übersehen kann.

Bei der Anwendung des Malgrundes nach der Fuchs'schen Stereochromie kam es vor, daß oft zu viel Wasserglas verwendet, oder daß dasselbe ungleich auf der Wandfläche vertheilt wurde, so daß der ganze Malgrund oder einige Stellen besselben mehr, andere weniger und wieder andere gar nicht einsaugten, wodurch das Malen sehr erschwert wurde. Um diesen Uebelstand zu vermeiden wurde von M. v. Pettenkofer, der sich eingehend mit dem Wesen dieser Malart beschäftigte, ein Malgrund aus Cement und Sand ohne Zusatz von Wasserglas vorgeschlagen, von welchem nach eingetretener Erhärtung nur das incrustirende Kalkhäutchen entfernt wird. Der Cementgrund erlangt eine viel größere, durch und durch gehende Festigkeit als der Frescogrund und der Wasserglasmörtel, ebenso besitzt er auch eine viel größere Saugkraft für Flüssigkeiten, wodurch also das Malen und Fixiren der Bilder wesentlich erleichtert wird. Auch sprechen die bisher gemachten Erfahrungen für eine große Dauerhaftigkeit des Cementgrundes. Der einzige Einwand, welcher gegen den Cementgrund von den Künstlern vorgebracht wird, ist, daß derselbe nicht weiß ist, wodurch für sie das Malen, da sie an den weißen Frescogrund gewöhnt sind, erschwert wird, und ferner, daß die auf Cementgrund gemalten Bilder etwas matt und kraftlos erscheinen. Historienmaler J. Schweizer in München, welcher sich für Stereochromie sehr interessirte, suchte diese Einwände zu beseitigen, indem er Versuche anstellte, einen weißen Malgrund herzustellen, der allen Anforderungen entspricht, und ist ihm dies auch gelungen.

Der Malgrund nach Schweizer besteht aus kohlensaurem Kalk, Cement und Quarzsand, vermischt mit einer Kaliwasserglaslösung; von letzterer wird so viel zugesetzt, daß die Masse mit einem Pinsel aufgetragen werden kann und zwar muß von der Wasserglaslösung um so mehr zugesetzt werden, je poröser der Untergrund ist.

Der kohlensaure Kalk kann entweder als Kreide oder als Marmorpulver verwendet werden. Der Quarzsand muß rein gewaschen und wo möglich gleichkörnig benutzt werden. Bei Bildern, welche in der Nähe angesehen werden, muß ein feinerer Sand zur Verwendung kommen, während bei Bildern, welche in einiger Entfernung zur Anschauung kommen, das Korn des Quarzsandes etwas gröber sein darf.

Die Menge des kohlensauren Kalks und Quarzsandes zusammen soll das drei- bis vierfache Volumen des Cementes betragen, weil sonst, da der Cement sich mit Wasserglas umsetzt und zusammenzieht, leicht Sprünge im Malgrunde entstehen. Als Wasserglas muß sowohl beim Anrühren des Malgrundes wie auch beim Fixiren des fertigen Bildes nur Kaliwasserglas verwendet werden, niemals

das Natron= oder Doppelwasserglas, wie schon von von Pettenkofer mit Recht
für alle stereochromischen Bilder empfohlen wurde, und zwar aus dem Grunde, weil
bei allen stereochromischen Bildern, wo Natron= oder Doppelwasserglas in Anwen=
dung kommt, sich nach dem Austrocknen Auswitterungen von kohlensaurem Natron
zeigen, wodurch das Bild trübe wird. Diese Auswitterung schadet allerdings dem
Gemälde nicht im mindesten und kann leicht mittelst eines nassen Schwammes
wieder entfernt werden, aber der Laie wird dadurch sehr leicht gegen die stereo=
chromische Malerei eingenommen, weil er glaubt, es habe das Bild Schaden ge=
nommen. Da das Wasserglas sich mit dem im Cement enthaltenen freien Kalk
schnell umsetzt und in Folge dessen auch das Gemisch von kohlensaurem Kalk,
Quarz und Cement mit der Wasserglaslösung schnell erstarrt, so können nur
immer kleine Quantitäten des Malgrundes angemacht werden, welche dann auf
den Mörtelgrund schnell aufgetragen werden müssen; es darf auch das Wasserglas
nicht zu concentrirt sein (am besten mit dem gleichen Quantum Wasser vermischt),
weil sonst keine so innige Verbindung des Malgrundes mit dem darunter liegen=
den Mörtel erzielt wird, was für die Haltbarkeit des Grundes von großem Ein=
flusse ist. Der Schweizer'sche Malgrund kann auf gewöhnlichen Mörtel= oder
auf Cementgrund aufgetragen werden; nur muß derselbe um so mehr Wasserglas
zugesetzt erhalten, je poröser dieser Grund ist.

Sehr bewährt hat sich die Anwendung des Schweizer'schen Malgrundes auf
gebranntem Thon, weil derselbe ebenfalls porös ist; es können auf diese Weise
stereochromische Gemälde auf gebrannten Thonplatten hergestellt werden, oder es
können Oefen aus gebranntem Thon stereochromisch bemalt werden, da die beim
Malen zur Verwendung kommenden Farben sowie der Malgrund der Hitze voll=
kommen widerstehen.

Das Keim'sche stereochromische Verfahren.

Hrn. Adolf Keim in Augsburg ist ein Verfahren patentirt worden, um
Mineralfarben auf Wandputz zu befestigen und dadurch die Herstellung dauerhafter
Wandgemälde zu erzielen. Bei der bisher geübten Stereochromie haben die Farben
nur einen Ueberzug von Wasserglas erhalten, der sehr wenig in den Untergrund
eindringen konnte. Es würde also möglich, daß die mit dem Untergrund
nicht homogene Farbenschicht sich blätterig ablösen kann, wie es bei einigen in
Berlin und an anderen Orten nach stereochromischer Manier ausgeführten Wand=
gemälden leider bereits geschehen ist. Nach dem Keim'schen Verfahren bilden
aber Untergrund und Farbenschicht eine homogene Masse, so daß also ein Ab=
blättern der ersteren unmöglich ist. — So lange als der Putz auf der Mauer
haftet, bleibt auch das nach Keim's Verfahren hergestellte Bild unzerstört. Ein
sorgfältig hergestellter Putz besitzt aber bekanntlich eine außerordentliche Dauer,
wie die Ueberreste mit Stuck überzogener Bauwerke aus dem griechischen und
römischen Alterthume beweisen. Der Verfahren zerfällt in drei Theile:

1) Die Herstellung des Putzmörtels,
2) die Bereitung der Farben,
3) die Herstellung des Fixirungsmittels.

Verfahren zur Herstellung des Putzmörtels.

Guter scharfer Mauersand, durch Sieben und Waschen von allen Unreinig=
keiten befreit, wird mit Kalkmilch aus gelöschtem Kalk, der ebenfalls gesäubert
und mit reinem Fluß = oder Regenwasser hergestellt ist, zu einem recht magern
Mörtel angerührt. Diesem Mörtel setzt man ⅓ des gebrauchten Sandquantums
Bimsstein zu und fügt zu dem Ganzen mit reinem Wasser angeriebenes Bitter=
erdehydrat. Dieser Zusatz von Bittererdehydrat ist dem Quantum nach nicht
von vornherein zu bestimmen, sondern muß der Beschaffenheit des Kalkes re. ent=
sprechend für jeden Fall genau durch Versuche festgestellt werden. Mit dem so
gewonnenen Mörtel fertigt man den Wandputz auf guter gereinigter Mauer zur
Aufnahme des Gemäldes und überstreicht ihn dreimal mit Doppelwasserglas.

Verfahren zur Herstellung der Farben.

Auf dem so bereiteten Mauergrund wird das Gemälde mit Farbentönen
hergestellt, die zusammengesetzt werden aus Oker, Terra di Sienna, Umbra, grüner
Erde, Asphalt, Hausroth, Zinnober, Zinkweiß, Cobaltgrün, Chromoxyd, Victoria=
grün, Ultramarin, Cobaltblau, Chromgelb, Mergelgelb, Cadmiumgelb, Chromroth,
Violett, Elfenbeinschwarz (im Innern ist auch Crapplack anwendbar) re. Diese
Farben werden, nachdem sie sorgfältig auf ihre Reinheit geprüft sind, unter An=
wendung von destillirtem Wasser mit frischgefälltem Kieselerde=, Bittererde= und
Thonerdehydrat versetzt. — Den mit den Hydraten präparirten Farben wird, um
sie leichter behandelbar und brillanter zu machen, etwas Glycerin, dem auch etwas
Aetzkali zugegossen wird, beigegeben. Dann behandeln sich diese Farben leicht und
sicher wie Oelfarben.

Verfahren zur Herstellung des Fixirungsmittels.

Das fertig gestellte Gemälde muß, um es witterungsbeständig zu machen,
fixirt werden. Die dazu erforderliche Flüssigkeit wird bereitet aus 150 Thln.
frischgefälltem Kieselerdehydrat, 200 Thln. gestoßenem weißen Marmor, 500 Thln.
Kaliwasserglas.

Dieses Gemenge wird in einen hermetisch verschließbaren Topf gebracht und
bis zweifingerbreit unter dessen Rand mit Aetzammoniak übergossen. Der luftdicht
verschlossene Topf wird im Wasserbade 6 Stunden lang bei Siedehitze gekocht
Nach langsamem Erkalten läßt man die Flüssigkeit 24 Stunden stehen, gießt sie
sodann in hohe, gut verschließbare Glascylinder, in welchen sich die Flüssigkeit
wasserhell abklärt und dadurch zum Gebrauche fertig wird. Das gut getrocknete
Gemälde wird mit der Fixirungsflüssigkeit 3= bis 4mal in 6 bis 8 Stunden
Zwischenzeit befeuchtet. Fixirungsmittel und die Zusätze der Farben verbinden

sich zu einer steinharten, im Wasser und selbst in schwachen Säuren unlöslichen Masse, die nicht nur den Witterungsverhältnissen, sondern auch mechanischen Einwirkungen großen Widerstand leisten. Dieses Verfahren, wetterbeständige Wandgemälde mit den beschriebenen Präparaten herzustellen, ist zwar mit keinen Schwierigkeiten verknüpft, erfordert indessen große Aufmerksamkeit, Sorgfalt und einige Uebung, um die gewünschte Dauerhaftigkeit und Schönheit der Bilder zu erreichen.

Blut mit Farben zu Anstrichzwecken.

Wir haben bereits erwähnt, daß alle eiweißhaltigen Körper mit Kalk Verbindungen eingehen, welche sich ganz vortrefflich zu Anstrichen eignen, und dasselbe ist auch mit dem Blute der Fall.

Hofrath Dr. von Scherzer brachte vor längerer Zeit aus China einen unter dem Namen Schio-liao bekannten Kitt bezw. Anstrichfarbe mit, welcher aus Schweineblut, Aetzkalk und etwas Alaun bereitet und insbesondere zum Anstrich von Kisten und anderen Holzgegenständen gebraucht wird, um solche nach Innen und Außen wasserdicht zu machen. Auf Veranlassung des k. k. Ackerbauministeriums wurde eine solche Probe Schio-liao chemisch untersucht, um beiläufig das Verhältniß der einzelnen Bestandtheile festzustellen und dann Versuche mit solchen Gemengen anstellen zu können.

Nach dem in der Originalmasse vorgefundenen Stickstoff- und Kalkgehalt berechnete sich das Verhältniß zwischen frischem Blut und gelöschtem Kalk wie 3 zu 4 und erhält man, wenn man zu drei Theilen frisch geschlagenen (defibrinirten) Blutes vier Theile zu Staub gelöschten Kalk zuführt, eine dünnkleberige Masse. Erhöht man den Kalkzusatz, so erhält man ein dickeres Gemenge, ohne daß es seine kittende Eigenschaft eingebüßt hätte.

Diesen Versuchen entsprechend habe ich nun als Bindemittel für eine gute Farbe zusammengestellt:

5 Theile geschlagenes frisches Blut,
1,5 „ gelöschten Kalk,
7 „ Wasser

und hierzu noch 3 Theile Wasser; dieses Bindemittel läßt sich mit allen Farben mischen und kann man jeden beliebigen Anstrich, weiß ausgenommen, damit ausführen.

Verschiedene Anstrichfarben.

Nach Allbuy's Angabe setzt man der auf gewöhnliche Weise angeriebenen Farbe statt Leinöl eine Auflösung von Wachs und Harz in Terpentinöl zu. Eine solche Farbe schält sich später nie ab. Man schmilzt

5 kg gelbes Wachs,
5 „ Leinöl und
andererseits 2,5 „ Harz in
4 „ Terpentinöl, und

gießt beide Lösungen zusammen; man verdünnt noch mit wenig Terpentinöl und mischt von der angeriebenen Farbe etwa $^1/_3$ dazu; auch ohne Zusatz von Farbe kann das Gemisch als Anstrich zu verschiedenen Zwecken aufgetragen werden.

Zur Bereitung eines Surrogates für Leinölfirniß wird Milch unter fort-während Umrühren bis auf den vierten oder fünften Theil eingekocht. Unter 1 kg dieser Flüssigkeit mischt man

20 g rohe Stärke,
20 „ Zucker;
20 „ Leinöl
und 20 „ Kalkmilch (Kalkhydrat).

Man rührt das Ganze durch bis es flüssig wird und schlägt es dann durch ein Haarsieb.

Man nimmt 10 kg gut geschlämmten Ocker oder Grundkreide in einen ge-räumigen Topf, gießt Essig hinzu, so daß die Masse breiartig wird; den Topf stellt man zum Feuer und läßt kochen; in einem anderen passenden Gefäß löst man (auf 1 kg Ocker)

250 g Alaun,
50 „ Weinstein,
500 „ Essig

und gießt diese Lösung, sobald die Ockermischung kocht, in dieselbe, der man nun auch

100 g Leimlösung
und 10 „ Ochsengalle

hinzufügt, und nach abermaligem 10 Minuten langem Kochen endlich 500 g Leinölfirniß zumischt.

Es werden gerieben: 2 Theile geschlämmter Grafit, 2 Theile Eisenminium, 16 Theile Cement, 16 Theile Schwerspath, 4 Theile Bleioxyd, 2 Theile alkoho-lisirte Glätte in einem Firniß, welcher bereitet wurde aus 100 Theilen Leinöl, 5 Theilen Braunstein, 10 Theilen Schwefelblüthe, 20 Theilen Harz.

Man löst $3^1/_4$ kg Eisenvitriol in 85 kg Wasser und setzt der kochenden Flüssigkeit dann 4 bis 5 kg Roggenmehl zu. Zu gleicher Zeit macht man in einem anderen Gefäße 15 kg Leinöl heiß und löst $2^1/_2$ kg Harz in demselben. Diese beiden Lösungen vereinigt man dann zusammen, rührt so lange bis sie sich gut gemischt haben und verreibt sie nun mit beliebiger Farbe.

Fabrikation der Buchdruck-, Lithographie- und Kupferdruckfarben.

In früheren Jahren, als die Buchdruckerkunst noch nicht jene Ausdehnung und Verbreitung gefunden hatte, wie es jetzt der Fall ist, wo der ganze Druck noch ein sehr primitiver war, fertigte der Buchdrucker seine Farben zumeist selbst an; er kochte an einem schönen Tage aus Leinöl seinen Firniß, seine Arbeiter brieten sich in dem heißen Oele Brot und Zwiebeln und wenn der Tag nach mancherlei Gefahren glücklich zu Ende gegangen war, hatte er eine dunkelschwarz= braune mehr oder weniger dicke Masse, die er nun mit Kienruß noch heiß ver= mischte und wenn er es schon sehr gut machte, auf einem Reibstein reiben ließ.

So wie in allen Industriezweigen ist es auch hier geworden, die fortschreitende Technik hat der Buchdruckerkunst in vorzüglich construirten Druckmaschinen Hilfs= mittel an die Hand gegeben, — die für den bisherigen Druck mit der Handpresse ganz genügenden Farben entsprachen nicht mehr —, auch die Anforderungen, welche an das Aussehen, die Schönheit des Druckes gestellt wurden, machten Neuerungen nöthig. Franzosen und Engländer waren die ersten, welche Farben zum Druck im Großen fabricirten und von solcher Güte zu Markte brachten, daß die früher übliche Art, die Farben selbst zu bereiten, von selbst entfallen mußte. Der Gang der mittelst Dampf in Bewegung gesetzten, mit großer Schnelligkeit sich bewegenden Maschine verlangte eine dünne Farbe, welche es gestattet, längere Zeit fortzuarbeiten, ohne die Formen und Walzen waschen oder letztere gar er= neuern zu müssen, welche rasch trocknete ohne zu kleben und dergleichen mehr.

Wenn wir näher betrachten, was wir unter dem Namen Druckerschwärze (sei es nun für Buch=, Stein= oder Kupferdruck) verstehen, so stellt sich uns solche als ein Gemisch von einer klebrigen, möglichst rasch trocknenden, mehr oder weniger strengflüssigen Substanz mit einer schwarzen Farbe dar. Die klebrige, strengflüssige Substanz bezeichnen wir mit dem Namen Firniß, als schwarze Farbe benutzen wir ausschließlich Ruß und nur für Kupferdruckfarben ein vegetabilisches Product, eine Kohle.

Die Firnisse aber, welche wir zum Druck verwenden, müssen wesentlich anderer Art sein, als jene, welche zu Anstrichen taugen. Wir haben gesehen, daß wir beim Kochen des Leinöles Linoleïnsäure als Product nebst einer Spur Linoxyn erhalten haben; dieser Firniß ist aber dünnflüssig, er macht auf Papier gebracht Fettflecke und trocknet erst später zu Linoxyn ein. Dieser Firniß ist zum Druck unverwendbar! Daher müssen wir uns nach einer anderen Modification der trock= nenden Oele umsehen; was wir hier brauchen ist das trocknende Oel in streng= flüssigem Zustande, wir müssen einen Firniß haben, der auf Papier keinen Fett= fleck giebt, sonst würden alle unsere Zeitungen, Bücher &c. Oelpapier sein, und da finden wir was wir brauchen in jenem trocknenden Oele, welches Linoxyn als Haupt= bestandtheil enthält. Ich habe bereits ausführlich erwähnt, daß alle trocknenden

Oele länger der trockenen Destillation unterworfen oder bei einer Temperatur von 250° bis 310° C. gekocht sich in eine zähe, dicke Flüssigkeit verwandeln, welche auf Papier keinen Fettfleck hinterlassen und in sehr dünnen Schichten rasch sich vollständig in Linoxyn umsetzen, während die geringen noch vorhandenen Antheile an Fettsäuren flüchtig gehen. Dieses so verwandelte trocknende Oel, und zwar nimmt man gewöhnlich nur Leinöl, da alle anderen trocknenden Oele zu theuer sind, ist der beste Firniß zum Fabriciren von Druckerschwärzen jeder Art. Er kann leicht in jeder gewünschten Consistenz hergestellt werden, er enthält keine Fettsäuren mehr, es kann daher ein nachträgliches Entstehen von gelben fetten Rändern an dem Drucke nie vorkommen, er hat den unbedingt nöthigen so= genannten „Zug“, er verschmiert die Lettern oder die Formen nicht, verharzt in denselben nicht und giebt auch der Farbe selbst auf dem Papier den sicher= sten Halt.

Man hat, als die Druckerfarben im Allgemeinen, namentlich aber auch die in großen Massen consumirten Zeitungsfarben noch besser bezahlt wurden, so lange man also den Abnehmern noch eine gute und unverfälschte Waare liefern konnte, Firnisse nur aus diesem reinen Leinöle hergestellt und erst die geringeren Preise, welche von den Consumenten angelegt und welche von gewissenlosen Concurrenten selbst angeboten wurden, sind die Veranlassung geworden, daß man dieses vor= züglichste aller Materiale seltener mehr benutzt und sich dagegen mit einer Menge Surrogate behelfen muß, welche es gestatten, den Anforderungen nach Billigkeit zu entsprechen.

Hierher gehören namentlich das Harz, das Harzöl, der dicke Terpentin, einige schwere und leichte Theeröle und dergleichen mehr. — Ich werde auf dieselben noch später zurückkommen und mich hier mit der fertigen Farbe allein befassen.

Welche Anforderungen wir an den Firniß und an den Ruß, die beiden Be= standtheile der Druckerschwärze, zu stellen haben, werden wir bei den betreffenden Artikeln, welche auch ihre Fabrikation behandeln, noch sehen und wir werden uns nunmehr darüber klar zu werden haben, welche Anforderungen wir an eine gute Farbe zu stellen haben, denn nur wenn diese bekannt sind, kann der Fabrikant seine Hilfsstoffe oder die Fabrikation derselben darnach einrichten.

Da wir die Bestandtheile, aus denen die Farbe zusammengesetzt ist, bereits ihrem Wesen nach kennen, so haben wir vor allem zu sagen, daß diese beiden Bestandtheile, Ruß und Firniß, aufs Innigste mit einander gemischt bezw. ver= rieben sein müssen. — Eine gute brauchbare Farbe muß folgende Eigenschaften haben.

1) Sie muß eine vollkommen gleichmäßige, syrupdicke Flüssigkeit darstellen, von glänzend schwarzer (blau= und nicht grau=schwarzer) Farbe; es dürfen in der= selben weder kleine Körnchen unverriebenen Rußes, noch Häutchen oder sonstige Verunreinigungen, die der Firniß enthalten kann, vorhanden sein.

2) Sie muß bei Vorhandensein der geforderten Stärke (stark, mittelstark und schwach) und den Anforderungen der Druckmaschinen (Maschinen= oder Handbetrieb) sich leicht mit der Walze auf die Formen auftragen lassen.

3) Sie muß einen vollkommen reinen schwarzen und nicht grauen Druck geben, darf die Lettern nicht verschmieren und muß sich von denselben leicht ab= waschen lassen.

4) Sie darf nicht zu rasch und nicht zu langsam, sondern in der angemessenen Zeit trocknen; im ersteren Falle würde sie auf Papier und Lettern während des Druckens trocknen, das Papier würde sich an den Lettern anhängen, zerreißen und damit einen Weiterdruck unmöglich machen; dasselbe würde sich beim Auftragen der Farbe mit den Walzen ereignen, es würden aus derselben Stücke herausge= rissen und an der Form anhängend werden, beides Uebelstände, welche nicht vor= kommen dürfen. Dagegen darf auch die Farbe nicht zu langsam trocknen, da sonst die bedruckten Bogen nicht abgenommen, gefalzt und versendet werden können, was namentlich bei Zeitungen sehr störend wirken würde.

5) Die Farbe darf, sobald sie trocken geworden, nicht abfärben, da sonst die auf einander liegenden Seiten sich gegenseitig abdrucken und das Lesen unmöglich machen würden; auch die Hände der Leser würden von dieser schwarzen Farbe beschmutzt werden, was namentlich bei Zeitungen schon öfters zu Reclamationen ge= führt hat.

6) Die Farbe darf keinen starken Geruch haben oder derselbe muß sich mit dem Trocknen des Druckes verflüchtigen.

7) Die Farbe darf, nachdem der Druck trocken geworden ist, nicht aus= laufen, d. h. Fettränder um die Lettern bilden; diese dürfen namentlich bei solchen Farben, welche zum Bücherdruck verwendet werden, nicht erscheinen; bei Zeitungen, welche heute gedruckt und gelesen und morgen wieder weggeworfen werden, hat dies weniger zu sagen, obwohl es auch hier nicht vorkommen soll.

Alle diese Eigenschaften beziehen sich zunächst auf die Bestandtheile der Farbe, auf den Firniß und den Ruß, und kommt es also in erster Linie, wenn diese beiden Stoffe die richtige Qualität an und für sich haben, auf das Mengenverhältniß beider an.

Hierin liegt eine große Schwierigkeit, und wenn Firniß und Ruß von noch so vorzüglicher Qualität und die Mengenverhältnisse falsch sind, so kann unmög= lich eine gute brauchbare Farbe resultiren. — Es ist jedem, der einmal mit Farbe zu thun gehabt hat, bekannt, woraus sie besteht, und doch ist es außerordentlich schwierig, mit genauer Kenntniß von Firniß und Ruß eine gute Farbe herzu= stellen. — Dies hat die Praxis ganz deutlich gezeigt, denn es bedurfte längerer Zeit, ehe es gelungen war, die französischen und englischen Farben vom Continente zu verdrängen. — Diese und dann deutsche Fabrikate z. B. beherrschten sehr lange den österreichischen Markt ausschließlich, verschiedene Versuche, im Inlande Farben zu erzeugen, mußten wieder aufgegeben werden, und es ist erst einer einzigen Fabrik gelungen, concurrenzfähige Producte darzustellen, mit denen sie den Kampf auf= nimmt und schon recht schöne Resultate erzielt hat.

Also, entsprechende Qualität des Firnisses, entsprechende Qualität des Rußes und das richtige Mischungsverhältniß beider sind die Grundbedingungen für eine brauchbare Buchdruckfarbe.

Der Firniß darf weder zu schwach noch zu stark sein, es muß ihm ge= rade so viel Ruß zugesetzt werden als nöthig ist, um die Farbe schön schwarz und gut trocknend zu erhalten und es lasse sich daher nie ein Fabrikant einfallen, einer zu schwachen Farbe mit einer größeren Menge Ruß die geforderte Stärke zu geben! — Dies ist unter allen Umständen verwerflich und der Fabrikant, der sich damit zu helfen vermeint, wird nie eine richtige Farbe fertig bringen. Enthält dieselbe mehr Ruß als unbedingt nöthig ist, so schmiert sie, der Druck wird unrein, auch läßt er sich leicht wegwischen und der Drucker ist nicht im Stande, damit zu arbeiten.

Ist in einer Farbe zu wenig Ruß, so deckt sie nicht genügend; ist sie stärker als sie sein soll, so klebt dem Drucker alles zusammen, es reißen ihm Walzen und Papier und er kann damit nicht weiter arbeiten!

Ich werde mich nun zunächst mit dem Ruß und dem Firniß eingehend beschäftigen und dann zu den Vorschriften für die einzelnen Farben übergehen.

Die Fabrikation des Rußes.

Der Ruß bildet den zweitwichtigsten Bestandtheil der Buch-, Lithographie- und Kupferdruckfarben und wird es sich, wenn diese Farben im Größeren erzeugt werden, empfehlen, den Ruß selbst zu brennen, da dann der Fabrikant wenigstens genau weiß, mit was er arbeitet und jederzeit das gleiche Product erzielen kann.

Ruß bildet sich bei unvollkommener Verbrennung sehr kohlenstoffreicher, organischer Substanzen und besteht seiner Hauptsache nach aus reinem Kohlenstoff; neben diesem finden wir aber im Ruße auch noch fast alle Producte der trockenen Destillation, welche aus jenen Stoffen entstehen, von welchen der Ruß herstammt.

Harte Hölzer mit wenig oder gar keinem Harzgehalt geben einen für Buchdruckfarben nicht tauglichen Ruß; harzreiche Hölzer dagegen, Harz, Thran, Oele, Erdharze und namentlich die flüchtigen Producte der trockenen Destillation des Steinkohlentheeres, mit einem Worte alle sehr kohlenstoffreichen und dabei leicht brennbaren Substanzen geben einen schönen, tiefschwarzen und glänzenden Ruß. Der Ruß bildet flockenförmige, leichte Massen, die sich an Vorsprüngen der Canäle, durch welche die Verbrennungsproducte geleitet werden, absetzen; je größer diese Flocken sind, desto eher werden sie zu Boden sinken, je zarter sie sind, desto länger werden sie schwebend bleiben, und gründet sich hierauf auch die Einrichtung der Rußkammern. Dr. Bersch sagt in seinem Werke [1]): Die richtige Anlage einer Rußfabrik kann von jedem ausgeführt werden, welcher so viel von der Chemie versteht, daß ihm die Processe, welche bei der Verbrennung stattfinden, vollständig geläufig sind, eine Sache, die zwar jedem Gebildeten ziemlich bekannt ist, über die aber in den Köpfen der praktischen Rußbrenner bis nun nur sehr unklare Ansichten zu existiren scheinen, denn man trifft bisweilen Anlagen zur Fabrikation von Ruß, welche geradezu mit den Anforderungen einer Rußfabrik wie sie sein soll in directem Widerspruche stehen.

---

[1]) Die Fabrikation der Mineral- und Lackfarben S. 387.

Wegen der Gleichförmigkeit des Productes und auch wegen der Feuersicher= heit der ganzen Anlage empfiehlt es sich, die Canäle, in denen sich der Ruß ab= lagern soll, ganz aus Mauerwerk herzustellen; damit sich nicht eine große Menge von Ruß zwischen den Fugen der Ziegel festsetze ist es angezeigt, dieselben gut verputzen zu lassen. Das Ende dieses Canales soll mit einem hohen Schorn= steine in Verbindung stehen, der aber an seiner Spitze mit einem gut schließenden Registerschieber versehen ist, welcher gestattet, den Luftzug in den Canälen und in dem Schornstein selbst nach Belieben zu reguliren oder ganz abzustellen.

Eine derartige Anlage, zwar ziemlich kostspielig, enthält aber doch eine große Zahl schwerwiegender Vortheile; die ganze Anlage ist feuersicher gebaut, sie wärmt sich langsam an, hat aber den Vortheil, daß sie, einmal angewärmt, durch sehr lange Zeit warm bleibt, weil bekanntlich die Ziegel schlechte Wärmeleiter sind. Ist der Canal einmal angewärmt, so findet keine Verdichtung von Wasser in dem= selben statt, sondern alles in Folge der Verbrennung entstandene Wasser bleibt dampfförmig und wird mit den Verbrennungsgasen durch den Schornstein fort= geführt. Ein weiterer Vortheil, welchen eine derartige Anlage bietet, liegt darin, daß man die zur Aufsammlung des Rußes bestimmten Canäle nicht oft zu betreten gezwungen ist; man kann durch längere Zeit mit dem Rußbrennen fortfahren und nimmt eine größere Menge von Ruß auf einmal aus den Canälen oder den sogenannten Rußkammern.

Es setzt sich nämlich der Ruß an den Wänden der Rußkammern in Form von Flocken an, welche endlich so schwer werden, daß sie sich loslösen und auf den Boden der Kammern herabfallen. Der Zugang zu dem Innern der Rußkammern soll nur durch eine einzige Eisenthür geschehen, die während des Betriebes der Kammer vollständig verschlossen und am zweckmäßigsten an den Fugen mit einem guten Kitte verstrichen ist. Hat diese Thür keinen luftdichten Schluß, so ist es selbstverständ= lich nicht möglich, die Verbrennung durch den an dem Schornsteine angebrachten Registerschieber genau zu reguliren. Das Ausnehmen des Rußes aus der Rußkammer geschieht durch einen Arbeiter, welcher, mit einem passenden Blechgefäße versehen, die Kammer betritt und mittelst einer weichen Bürste den an den Wänden haftenden Ruß abstreift und auch die am Boden liegende Menge desselben sammelt. Es ist hierbei von höchster Wichtigkeit, daß nur Ruß und nichts Anderes in die Sammelgefäße ge= lange; es müssen darum die zum Abkehren des Rußes verwendeten Bürsten so weich sein, daß nicht etwa ein Abscheuern des Mörtels in den Kammern durch dieselben stattfinde; der Arbeiter darf die Rußkammer nur mit Schuhen betreten, welche mit Filzsohlen versehen sind, indem durch die Stiefel ebenfalls Staubtheile von dem Boden der Rußkammer losgerissen und dem Ruße beigemengt werden könnten. Die Beimischung der kleinsten Menge Sand wäre aber bei der weiteren Verarbeitung des Rußes höchst nachtheilig. Während die zur Ansammlung des Rußes dienenden Canäle in allen gut eingerichteten Rußfabriken so ziemlich gleiche Einrichtung haben, herrscht in Bezug auf die Einrichtung der Apparate, deren man sich zur Verbrennung der den Ruß liefernden Materialien bedient, eine sehr große Verschiedenheit, welche durch die verschiedene Beschaffenheit der Materia= lien selbst bedingt wird.

Gegenwärtig wird zwar noch immer eine gewisse Menge des in den Ge
werben verbrauchten Rußes durch Verbrennen von sogenanntem Kienholz nur au
Abfällen dieses Holzes dargestellt; zur Darstellung der feineren Sorten des Ruße
benutzt man aber dermalen sehr häufig das amerikanische Colophonium, welche
im Handel in ausgezeichneter Qualität und zu billigen Preisen vorkommt. Da
sogenannte Erdwachs und die kohlenstoffreichen Verbindungen, welche sich bein
Raffiniren des Petroleums und bei der Destillation der Braunkohlen ergeben, sin
gegenwärtig sehr häufig in der Rußfabrikation benutzte Materialien, welche Ru
von sehr guter Qualität geben; für die feinsten Sorten des Rußes, wie wir si
für die Buchdruckfarben benöthigen, verwendet man am häufigsten Ruß, der au
Fett, Thran &c. hergestellt ist.

Zum Verbrennen von flüssigen Fetten, z. B. Thran, oder ordinären Oe
gattungen und von Mineralölen, wendet man Lampen an, welche selbstverständlic

Fig. 43.

Rußlampe mit je einem Behälter.

eine andere Construction habe
müssen als jene Lampen, welch
wir zu Beleuchtungszwecke
benutzen. Hier handelt es si
darum, nur soviel Kohlensto
verbrennen zu lassen, als un
umgänglich nöthig ist, um da
Weiterbrennen der Flamm
nicht unmöglich zu mache
Gleichzeitig muß die Tempe
ratur der Flamme nieder ge
halten werden, damit nicht ei
Theil des soeben ausgeschiede
nen Rußes wieder verbrenn

Die zum Rußbrennen b
nutzten Lampen haben Flach
brenner und müssen in ei
Blechgehäuse eingeschlosse
sein, welches mit einem R
gisterschieber versehen ist, de
sehr genau gearbeitet sein muß
weil sonst zwischen den Fuge
Luft eindringt und der Nutze
des Registerschiebers gan
illusorisch würde. Damit su
das Brennmaterial nicht zu sehr erhitze, was namentlich bei Anwendung vo
Mineralölen große Verluste herbeiführen könnte, soll der Behälter mit de
Brennmateriale immer außerhalb des Blechmantels angebracht sein, mit dem be
Brenner umgeben ist.

Der Flachbrenner B der Rußlampe steht in der aus der Fig. 43 ersicht
lichen cylinderförmigen Blechhülse H, die oben gekrümmt, nicht durch ein eckige
Knie abgebrochen sein soll. Diese Krümmung führt die Verbrennungsproduct

in eine Kammer K, aus der sie in die zur Absetzung des Rußes bestimmten
Canäle geführt werden. Die Form des oberen Theiles des Blechcylinders ist von
Wichtigkeit; macht man dieselbe knieförmig, so hängt sich an der hierdurch ent=
stehenden Kante eine Menge Ruß an, welcher, nachdem er einmal zu einem
größeren Klumpen geworden ist, abfällt und theils in der Flamme verbrennt,
theils sich auf der unteren Fläche des Blechcylinders ablagert. Hat hingegen
der obere Theil dieser Cylinder eine entsprechende Krümmung, so setzt sich in den
Cylindern gar kein Ruß ab, sondern derselbe wird vollkommen in die Rußkammern
geführt.

Der Registerschieber S ist an dem unteren Theile der Cylinder angebracht
und muß leicht drehbar sein; je größer man die durch die Umdrehung dieser
Schieber entstehenden Spalten macht, desto mehr Sauerstoff bringt zu der Flamme
und desto lebhafter geht die Verbrennung vor sich. An einer Stelle der Mantel=
fläche des Cylinders ist eine gut schließende kleine Thür angebracht, um zu dem
Dochte zu gelangen; ihr gegenüber ist eine Glasplatte eingesetzt, um die Flamme
sehen zu können, ohne die Seitenthür öffnen zu müssen. — Die Schraube R dient
zum Heben oder Senken des Dochtes.

Die Behälter O für das Brennmaterial müssen, wie schon erwähnt wurde,
an der Außenseite der Cylinder angebracht sein und haben bei den älteren Lampen=
constructionen die Einrichtung, daß der Docht das Brennmaterial aufsaugt; der
Arbeiter, welcher die Lampen zu beaufsichtigen hat, muß sein Augenmerk besonders
darauf richten, daß die Behälter für das Brennmaterial immer die richtige Menge
davon enthalten. Uebersieht er es, in einem Behälter Brennmateriale nachzufüllen,
so findet eine zu starke Verkohlung des Dochtes statt. In Folge dessen wird von
dem Dochte eine zu große Menge Brennmaterial aufgesaugt; dieselbe kann nicht
verbrennen und wird zum großen Theile trocken destillirt, wodurch eben der Ruß
jene schmierige Beschaffenheit erhält, welche für die weitere Verarbeitung desselben
so ungünstig einwirkt. Es kann dem verläßlichsten und aufmerksamsten Arbeiter
bei der großen Zahl von Lampen, welche er zu überwachen hat, leicht geschehen,
daß die eine oder die andere der Lampen Mangel an Brennmaterial hat und hier=
durch die eben beschriebenen Einwirkungen eintreten. Bei dem hier abgebildeten
Behälter für das Brennmaterial findet das Abfließen des letzteren erst wieder statt,
wenn der Flüssigkeitsspiegel unter die Linie N gesunken ist. Sobald eine kleine
Menge von Brennmaterial verbraucht ist, strömt etwas Luft in den Behälter O,
dafür fließt so lange Brennmaterial aus, bis die Oeffnung N durch die Flüssig=
keit wieder geschlossen wird. Diese Lampenconstruction functionirt aber nur gut,
wenn man dünnflüssige Oele zu verbrennen hat, und ist große Aufmerksamkeit
darauf zu legen, daß die Lampen beständig rein gehalten werden.

Alle Lampenconstructionen sind mit geringeren oder größeren Nachtheilen ver=
bunden, die Lampen müssen immerfort gereinigt werden und finden beim Füllen
der Lampen beständig Verluste an Brennmaterial statt.

Die hierdurch entstehenden Uebelstände lassen sich aber nur dann ganz be=
seitigen, wenn man statt jeder Lampe einen besonderen Behälter für das Brenn=
material zu geben, für eine größere Zahl von Lampen einen einzigen Behälter
anwendet und für eine automatische Speisung der Lampen sorgt. Es bleibt in

diesem Falle dem Lampenwärter nur die Aufgabe, für den richtigen Luftzutritt zu den Lampen zu sorgen und darüber zu wachen, daß die mechanische Vorrichtung durch welche der Abfluß des Brennmateriales zu den einzelnen Lampen bewerkstelligt wird, nicht Störungen erleidet.

Wenn man eine automatische Speisevorrichtung für die Lampen verwenden will, so müssen die Brenner der einzelnen Lampen unverrückbar festgestellt werden und müssen alle Brenner in einer Horizontallinie liegen. Von jedem Brenner führt ein Rohr ab, welches mit einem gemeinschaftlichen Rohre, das unter den Lampen hinläuft, communicirt. Dieses letztgenannte Rohr steht mit dem Flüssigkeitsbehälter in Verbindung und dieser ist seinerseits mit einem etwas höher gelegenen Reservoir in Verbindung gesetzt.

Zwischen dem Reservoir und dem Behälter für das Brennmaterial befindet sich ein Hahn, der durch einen Schwimmer, welcher in dem letztgenannten Gefäße angebracht ist, geöffnet wird, sobald das Niveau der Flüssigkeit in dem Gefäße um ein Geringes gesunken ist und so lange geöffnet bleibt, bis der Flüssigkeitsspiegel wieder auf eine bestimmte Höhe gestiegen ist. Der Schwimmer in dem mit den Lampen in Verbindung stehenden Gefäße wird so gestellt, daß der Spiegel der Flüssigkeit in letzterem um ein sehr Geringes höher liegt, als die Brenner. Durch den hierdurch hergestellten schwachen, hydrostatischen Druck fließt fortwährend Brennmaterial zu den Brennern und ist es mit keinen Schwierigkeiten verbunden, den Zufluß des Brennmateriales so zu reguliren, daß gerade so viel Brennmaterial verbrannt wird, als zufließt.

Wenn man mit einem neuen Brennmateriale arbeitet, so ist es nicht leicht, den Zufluß des Brennmateriales im Anfange der Arbeit schon so zu reguliren, daß absolut auch der letzte Tropfen desselben verbrannt wird, ohne daß ein Abtropfen stattfindet. Um den hierdurch entstehenden Verlusten für alle Fälle vorzubeugen, versieht man das unterste Ende des Registerschiebers mit einem schwach kegelförmigen Boden; an der Spitze dieses Kegels bringt man eine Röhre an, und stellt unter dieser ein kleines Gefäß auf, in dem das nicht verbrannte Brennmaterial aufgefangen wird.

In der Abbildung Fig. 44 zeigt S den Registerschieber, T das zum Auffangen des nicht verbrannten Theiles des Brennmateriales bestimmte Gefäß; L die Röhren, welche von den einzelnen Brennern zu dem gemeinschaftlichen Rohre H führen, G das Gefäß, in dem durch einen Schwimmer der Zufluß aus dem größeren Reservoir immer so geregelt wird, daß der Spiegel der Flüssigkeit in diesem Gefäße stets auf gleicher Höhe bleibt. Wenn man Theeröle zur Rußfabrikation anwendet, oder überhaupt dünnflüssige Mineralöle hierfür benutzt, so kann man die Röhren, durch welche das Brennmaterial zu den Brennern geführt wird, ziemlich eng machen; hat man hingegen dickflüssige Oele oder Thran zu verbrennen, so setzt sich diesen Flüssigkeiten in engen Röhren ein zu großer Widerstand entgegen und ist es daher in allen Fällen angezeigt, ziemlich weite Röhren zu benutzen.

Es ist bekannt, daß Fette, wie z. B. Oele oder Thran, in höherer Temperatur bedeutend an Flüssigkeit gewinnen; man thut daher gut, das Reservoir, in dem man das Brennmaterial vorräthig hält, in demselben Raume anzubringen, in dem sich die Lampen selbst befinden; in Folge der Verbrennung in den Lampen steigt

selbst im Winter die Temperatur ziemlich hoch und wird hierdurch ein Dünnflüssig-
werden des Brennmateriales bewirkt.

In neuerer Zeit kommen auch verschiedene Kohlenwasserstoffe, die einen verhältnißmäßig sehr niederen Siedepunkt besitzen, zu billigen Preisen in den Handel.
Diese Flüssigkeiten liefern beim Verbrennen einen Ruß von ausgezeichneter
Qualität und können daher zur Darstellung eines sehr feinen Productes verwendet
werden.

Wegen des niederen Siedepunktes, welchen diese leicht entzündlichen Flüssigkeiten zeigen, ist besondere Vorsicht bei der Verbrennung derselben nothwendig.
Da diese Kohlenwasserstoffe immer einen Grad von Dünnflüssigkeit haben und
denselben auch bei niederer Temperatur beibehalten, ist es wegen der Sicherheit
gegen Entzündung dieser Flüssigkeiten immer angezeigt, das Reservoir für dieselben

Fig. 44.

Rußlampe mit automatischer Speisevorrichtung.

außerhalb des Arbeitsraums anzulegen, und dasselbe mit einem luftdicht schließenden Deckel zu versehen, in dem nur eine kleine Oeffnung angebracht ist, durch welche
die Luft eintreten kann. Bei Anwendung solcher leicht entzündlicher Flüssigkeiten
von niederem Siedepunkte hat man besondere Sorgfalt auf die richtige Regulirung
des Zuflusses zu verwenden, indem sonst eine große Menge der Flüssigkeit verdampft, ohne verbrannt zu werden.

Zur Herstellung dieser Ruße, auch Lampenruße genannt, werden, wie wir
gesehen haben, verschiedene Pflanzen- und Mineralöle verwendet. Bezüglich der

Oele ist zu bemerken, daß es in Bezug auf die Ausbeute an Kohle resp. Ruß sogar vortheilhafter ist, solches Oel anzuwenden, welches stark ranzig geworden ist; erfahrungsgemäß braucht ein stark ranzig gewordenes Oel eine größere Menge von Sauerstoff, um ohne rußende Flamme zu verbrennen, als ein nicht ranziges Oel. Dieses Verfahren zeigt also an, daß sich ein Theil des Kohlenstoffes in dem Oele in einer solchen Form befinde, daß eine höhere Temperatur nöthig ist, um denselben zu verbrennen, als dies bei dem Kohlenstoffe in dem nicht ranzigen Oele der Fall ist.

Es stellt sich daher für den Rußfabrikanten das Verhältniß bei Anwendung von ranzig gewordenen Oelen in doppelter Beziehung günstig; ranzig gewordenes Oel ist zu sehr billigen Preisen zu haben und ergiebt eine größere Ausbeute an Ruß als das nicht ranzige Oel. Der einzige, aber nicht besonders ins Gewicht fallende Uebelstand, welcher mit der Anwendung der ranzigen Oele verbunden ist, liegt darin, daß diese Oele in Folge ihres Gehaltes an freien Fettsäuren die Metalltheile der Lampen stark angreifen; dies ist namentlich bei Messing und Kupfer der Fall, und man läßt daher am besten nur jene Theile aus diesen Metallen anfertigen, welche unbedingt davon erzeugt sein müssen; alle anderen Theile, besonders die Behälter für das Oel, läßt man am besten aus verzinntem Blech herstellen.

Wenn es sich darum handelt, leichte Oele zur Rußfabrikation anzuwenden, so kann man die Verbrennungsvorrichtungen für diese leicht entzündlichen Oele sehr einfach construiren; man bedarf in diesem Falle keiner eigentlichen Lampen mit Dochten und erspart hierdurch ziemlich viel an laufenden Ausgaben, weil die Anschaffungskosten für die Dochte ganz in Wegfall kommen. An Stelle der Brenner finden sich bei diesen Vorrichtungen flache Schalen, in welche die leichten Oele von unten in dem Maße eintreten, in welchem der Inhalt der Schalen abbrennt. Es ist aber unbedingt erforderlich, daß man diese Verbrennungsschalen fortwährend von unten abkühlt, weil sie sonst bald so heiß würden, daß das Oel, welches in die Schalen tritt, zum größten Theil verdampfen würde, ohne zu verbrennen und es außerdem sehr schwierig wäre, die Flamme gehörig reguliren zu können. Seitdem die Theerindustrie so ungemein an Ausdehnung gewonnen hat, kommen Oele, welche aus Braunkohlentheer bestillirt wurden, zu billigen Preisen im Handel vor. Diese Oele bestehen fast ganz aus Kohlenstoff und Wasserstoff und haben mit den sogenannten ätherischen Oelen die Flüchtigkeit gemeinsam. Man unterscheidet bei diesen Theerölen leichte und schwere; der Unterschied zwischen beiden liegt sowohl in dem specifischen Gewichte als auch in dem Siedepunkt, welcher bei diesen Oelen innerhalb ziemlich weiter Grenzen schwankt. Wenn man diese Oele in Bezug auf ihre Brennfähigkeit untersucht, so zeigt sich eine große Verschiedenheit hinsichtlich der Sauerstoffmengen, welche die verschiedenen Oele zum Verbrennen benöthigen, damit eine vollkommene Verbrennung mit weißer, nicht rußender Flamme stattfinde.

Je mehr ein Oel an Sauerstoff bedarf, um ohne Ruß zu bilden zu verbrennen, desto geeigneter ist es für die Zwecke der Rußfabrikation. In der Regel sind diese Oele um so schwieriger zu verbrennen, je größer ihre Dichte und je höher ihr Siedepunkt ist.

Durch Deſtillation von Harzrückſtänden erhält man ebenfalls Oele, die weſent=
lich aus Kohlenſtoff und Waſſerſtoff beſtehen und ein brauchbares Material für
die Rußfabrikation abgeben. — Das unter dem Namen Erdwachs oder Ozokerit
bekannte, weſentlich aus Paraffin beſtehende petrificirte Harz läßt ſich ebenfalls
zur Rußfabrikation anwenden, muß aber als feſter Körper in Wannen verbrannt
werden. Zum Erzeugen von Ruß aus Harz, Pech und den anderen ſoeben erwähn=
ten Stoffen bedient man ſich der in Fig. 45 dargeſtellten Einrichtung. Das ſchlüſſel=
förmige Gefäß G iſt aus Eiſen verfertigt und ſteht in einem zweiten Gefäß G',
welches mit Waſſer gefüllt erhalten wird; es hat dies den Zweck, eine zu ſtarke
Erwärmung der geſchmolzenen Maſſe zu verhindern; würde nämlich die Hitze
in dem Verbrennungsgefäß zu hoch ſteigen, ſo würde nebſt der Verbrennung auch

Fig. 45.

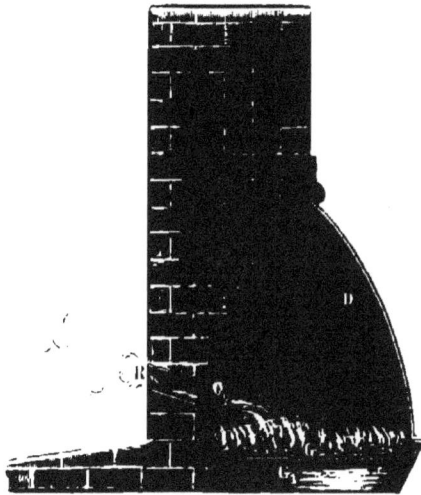

Verbrennungsofen für Harz ꝛc.

eine trockene Deſtillation vor ſich gehen und der Ruß ſehr ſtark mit den Producten
der trockenen Deſtillation verunreinigt werden, was ſo weit gehen könnte, daß ſich
in den Rußcanälen an Stelle des feinen flockigen Rußes eine ſchmierige Maſſe
abſetzen würde, die aus einem Gemenge von Ruß mit Deſtillationsproducten beſteht
und nur unter großen Schwierigkeiten auf Ruß verarbeitet werden könnte. Die
Verbrennungsproducte, Ruß und Feuergaſe, ziehen durch die Oeffnung O in die
Rußcanäle R. Dieſer Spalt beſitzt nur eine Breite von einigen Centimetern, ſeine
Länge iſt aber jener der Verbrennungsgefäße beinahe gleich. Ueber den Verbren=
nungsſchalen liegt ein drehbarer Eiſendeckel D, an dem Schieber angebracht ſind,
durch welche der Luftzutritt regulirt werden kann. Der Deckel wird nur abge=
hoben, wenn neues Brennmaterial in die Schalen nachgefüllt werden ſoll.

Die Regulirung des Luftzutrittes durch die in dem Deckel angebrachten Schieber reicht nicht hin, um den Zutritt der Luft in der gewünschten Weise zu leiten, dies kann nur unter Mitwirkung des am Schornsteine vorhandenen Register=schiebers geschehen. Um die Verbrennung in den Verbrennungsschalen beurtheilen zu können, ohne den Deckel zu heben, bringt man in demselben auch eine starke Glasscheibe an.

Bei Beginn der Arbeit öffnet man die an dem Deckel angebrachten Schieber vollständig und sorgt auch durch passende Stellung des Registerschiebers für einen kräftigen Luftzug in den Rußcanälen; sobald man aber wahrnimmt, daß aus dem Schornstein ein dichter schwarzer Qualm aufzusteigen beginnt, so ist dies ein Zeichen dafür, daß die Rußcanäle mit den Verbrennungsgasen angefüllt sind und ein regelmäßiger Abzug der Verbrennungsproducte durch die Canäle hergestellt ist. Man mäßigt dann sogleich die Stärke des Luftstromes in den Canälen soweit, daß aus dem Schornstein ein möglichst wenig sichtbarer Rauch entweicht und die Flamme nicht mehr weiß, sondern trübroth erscheint. Bei Ingangsetzung einer neu angelegten Rußfabrik macht man die Wahrnehmung, daß der anfangs gewon- nene Ruß nie von entsprechender Qualität ist und erst allmälig ein gutes Product erzielt wird.

Die Ursache dieser Erscheinung liegt darin, daß das neue Mauerwerk immer feucht ist und in Berührung mit den heißen Feuergasen Wasser abdampfen läßt, welches die Verbrennungsgase abkühlt, hierdurch störend auf die Geschwindigkeit ihrer Fortbewegung wirkt und sich auch wohl dem Ruße beimengt. Man erhält in letzterem Falle einen schmierigen Ruß; es nützt nichts oder doch nur sehr wenig, wenn man, um das Eintreten dieser Uebelstände zu vermeiden, den Bau einige Monate nach seiner Vollendung trocknen läßt, ehe man ihn dem Betriebe über= giebt; es trocknet hierbei das Mauerwerk nur oberflächlich aus und beim ersten Anheizen tritt das Wasser wieder aus der Mauer hervor.

Um den ganzen Bau rasch trocken zu legen, wenigstens soweit, daß die aus dem Mauerwerk entweichende Feuchtigkeit nicht mehr störend auf den Betrieb ein- wirkt, ist es zu empfehlen, die Arbeit mit einem wenig werthvollen Materiale zu beginnen und einen Theil desselben durch Herstellung eines für den gewöhnlichen Betrieb zu starken Luftzuges verloren gehen zu lassen, um die Rußcanäle möglichst bald von aller Feuchtigkeit zu befreien. Das hier Gesagte hat selbstverständlich für jede der in Anwendung gebrachten Constructionen Geltung.

Die Fabrikation des Rußes ohne Rußkammern

gründet sich darauf, daß zur Verbrennung eines Körpers eine bestimmte Tempe- ratur nothwendig ist. Bringt man in die Flamme einer Kerze oder einer Oel= lampe einen kalten Körper, so beschlägt sich derselbe mit Ruß, indem die Flamme so weit abkühlt, daß der Kohlenstoff nicht mehr auf die zu seiner Verbrennung erforderliche Temperatur erhitzt wird und sich in Folge dessen in sein vertheiltem Zustande abscheidet.

Die Anwendung dieser Thatsache hat zu einer Methode der Rußfabrikation geführt, welche sehr viele Vorzüge für sich hat, von denen der wesentlichste ist, daß zur Anlage einer Rußfabrik nicht mehr kostspielige Bauten erforderlich sind, sondern daß diese Fabrikation in einem beschränkten Raume ausgeführt werden kann. Eine zweckmäßige Vorrichtung zur Gewinnung von Ruß nach diesem Verfahren ist die in Fig. 46 abgebildete.

Der aus Eisen gegossene, dünnwandige Cylinder ist an seiner Oberfläche glatt abgedreht und von einem Blechmantel, der einige Centimeter absteht, umgeben; er bewegt sich in Lagern, welche, sowie die Zapfen, mit denen der Cylinder in den Lagern ruht, hohl sind und von kaltem Wasser, welches aus einem höher gestellten Behälter zufließt, durchströmt werden. Unter dem Cylinder sind die Brenner von Lampen, welche stark rußen, neben einander aufgestellt, und an der Seite des Cylinders befindet sich eine breite Bürste aus weichem Haar, welche den an der Mantelfläche des Cylinders abgesetzten Ruß fortwährend abstreift und über die stark geneigte Blechfläche in einen Sammelkasten fallen läßt. Der

Fig. 46.

Rußerzeugungsapparat.

Cylinder wird durch irgend eine mechanische Vorrichtung in langsamer Umdrehung erhalten.

Die Function dieser Vorrichtung ist nun folgende: Die Lampen erzeugen an und für sich in Folge ihrer Construction keine heißen Flammen; kommen letztere aber mit der kalten Metallfläche des Cylinders in Berührung, so wird sich an dem rotirenden Cylinder eine ringförmige Schicht Ruß ansetzen, welche durch die weiche Bürste entfernt wird. Durch das den Cylinder durchströmende Wasser wird die Oberfläche desselben fortwährend abgekühlt, so daß keine Erhitzung des Cylinders platzgreifen kann. Der nach längerem Betriebe des Apparates in dem Sammelgefäße in größerer Menge vorhandene Ruß zeigt in Folge der raschen Abkühlung der Flamme, durch welche auch eine größere Menge von Destillationsproducten verdichtet wird, eine ziemlich stark ins Braune neigende Färbung und muß in allen Fällen dem Ausglühen unterworfen werden.

Auch das Rußöl, das ist das bei der trockenen Destillation des Steinkohlen=theeres zuletzt erhaltene, von Naphtalin möglichst befreite Oel, wird behufs Erzeugung von Ruß benutzt und bedient man sich hierzu besonderer Oefen (Fig. 47 und 48).

Fig. 47.

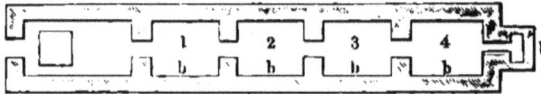

Grundriß des Ofens für Oelruß.

Fig. 48.

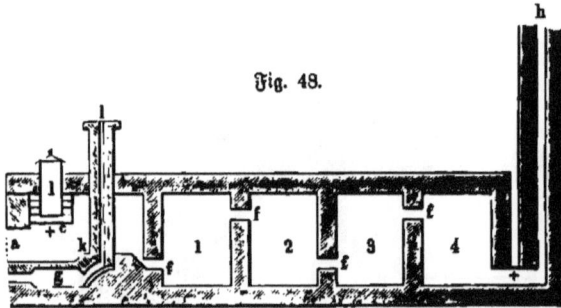

Durchschnitt des Ofens für Oelruß.

a   Thür mit kleinen Oeffnungen,
b   eiserne Platte,
c   Röhrchen für das Rußöl,
f   Oeffnung für den Ruß,
g   Feuerung,
h   Rauchfang für Gase,
i   Feuerung,
k   Weg des Rußes in den Kammern,
l   Oelbehälter.

In diesem Ofen befindet sich nach Thenius[1] in der Abtheilung *a* eine eiserne Platte, welche immer glühend erhalten werden muß; auf diese läßt man durch ein darüber angebrachtes Röhrchen *c* das Rußöl tropfen, es wird zersetzt und zieht sich der Ruß in die Kammern 1, 2, 3, 4 durch angebrachte kleine Oeffnungen *f*.

---

[1] Thenius, Die technische Verwerthung des Steinkohlentheeres, S. 133.

Wenn das zur Verbrennung bestimmte Quantum Oel verbraucht ist, läßt man den Ofen einige Tage ganz ruhig stehen und öffnet erst nach Verlauf dieser Zeit die Kammern 1, 2, 3, 4 durch die daran angebrachten Fenster. In

Fig. 49.

Ofen für Kohlruß.

a a a a Thüren. *b* Rauchfang. *g* Abzugscanal in die Rußkammer. *f* Zuglöcher.

Kammer 4 befindet sich naturgemäß der feinste Ruß, während stufenweise bis in die Kammer 1 derselbe immer gröber wird.

Zur Fabrikation des Kohlrußes bedient man sich eines in Fig. 49 ange-deuteten Ofens. Es wird in demselben das Asphalt- oder Schmiedepech verbrannt. Der Rußofen kann von Mauerwerk gebaut werden, jedoch muß der innere Raum mit starken Eisenplatten ausgekleidet sein. Die Thüren sind ebenfalls aus starkem Eisenblech, ebenso die Thüre, die ein paar Oeffnungen hat, welche die zur Verbrennung nöthige atmosphärische Luft zuführen und die auch wieder geschlossen werden können. Der Rauchfang hat bei *g* einen Ausgang in die daranstehenden Rußkammern 1, 2, 3, 4 und diese sind wie bei der Oelrußerzeugung eingerichtet.

Durch die Thüren *a a* wirft man das Pech hinein, es zieht der Rauch durch den Rauchfang *b* nach den Rußkammern durch den Canal *g* ab und sortirt sich wieder in den Kammern. Wenn das zur Verbrennung bestimmte Quantum Asphaltpech verbrannt ist, so läßt man den Ofen einige Tage ruhig stehen, ohne ihn zu öffnen; nach Verlauf dieser Zeit öffnet man langsam die eisernen Thüren und läßt etwas Luft ein, später können dieselben ganz geöffnet werden, nachdem man sich überzeugt hat, daß der Ruß vollständig erkaltet ist.

So sorgfältig man nun auch bei der Fabrikation des Rußes vorgehen mag, immer erhält man neben Kohlenstoff auch noch eine wechselnde Menge von Destil-lationsprodukten, welche zum Theil fest, zum Theil flüssig sind und sich dem Ruße beimengen. Infolge dieser Beimengungen zeigt kein Ruß eine rein schwarze Farbe, sondern eine mehr oder weniger ins Braune ziehende Färbung, die besonders deutlich hervortritt, wenn man den Ruß auf weißes Papier aufstreicht; bei einer gewissen Dicke der Rußschicht wird man sehen, daß die Farbe gar nicht schwarz zu nennen ist, sondern aus einem unreinen Braun besteht. Wenn man solchen Ruß, wie er unmittelbar aus den Rußkammern genommen wird, der chemischen Untersuchung unterwirft, so zeigt sich bei dieser, daß der Ruß an verschiedene chemische Agentien eine große Menge löslicher Stoffe abzugeben vermag. Es ist in der That durch eine geeignete chemische Behandlung des Rußes möglich, die dem Kohlenstoffe beigemengten Substanzen beinahe vollständig zu entfernen, so daß ein Product hinterbleibt, welches fast nur aus chemisch reinem Kohlenstoff besteht. Man kann diesen höchst gereinigten Kohlenstoff auf die Weise darstellen, daß man Lampenruß so oft mit starker Natronlauge auskocht, als die Flüssigkeit noch gefärbt wird. Erst nachdem Natronlauge nichts mehr zu lösen vermag, kocht man den Rückstand so lange mit Königswasser, als durch dieses noch lösliche Stoffe aufgenommen werden. Wenn auch das Königswasser endlich farblos bleibt, wäscht man den Ruß so lange mit Wasser, bis dieses keine Spur von Säure mehr aufnimmt, und trocknet den Rückstand.

Infolge dieser Behandlung verwandelt sich der Ruß in ein ungemein zartes Pulver von der reinsten schwarzen Farbe, die es überhaupt giebt, und ist, wie schon gesagt wurde, nach dieser Behandlung eigentlich nicht mehr Ruß, sondern chemisch reiner Kohlenstoff in der nicht krystallisirten Modification. Auf einem Platinblech erhitzt, verbrennt dieser Kohlenstoff ohne Entwicklung von Rauch oder Geruch zu reiner Kohlensäure.

In der Praxis geht man mit der Reinigung des Rußes nicht so weit vor, bis man reinen Kohlenstoff hat, was nur eine verringerte Ausbeute an Farbe zur Folge haben würde, ohne sonst irgendwie auf den Handelswerth des Productes einen günstigen Einfluß zu nehmen. Der Zweck, welchen der Fabrikant verfolgt, ist der: aus dem braunen Ruß einen schwarzen darzustellen.

Man kann sich zur Beseitigung der braunfärbenden Producte, welche im rohen Ruß dem Kohlenstoffe beigemengt sind, der lösenden Wirkung der Aetznatronlauge bedienen; man kocht zu diesem Zwecke den Ruß in eisernen Kesseln mehrere Male mit starker Aetznatronlauge aus, um die Producte der trockenen Destillation in Lösung zu bringen. Es ist aber überflüssig, das Auskochen so lange fortzusetzen, bis neu aufgegossene Natronlauge farblos bleibt; man kann die Behandlung mit der Lauge unterbrechen, wenn letztere nur mehr eine schwach bräunliche Färbung annimmt; ist der Ruß einmal so weit gereinigt, so hat er auch die bräunliche Färbung verloren und erscheint als ein sammtschwarzes, ungemein zartes Pulver, welches sich durch eine große Deckkraft auszeichnet. Wenn auch die Natronlauge gegenwärtig zu verhältnißmäßig billigem Preise zu beschaffen ist, so muß doch diese Methode der Reinigung des Rußes unter Anwendung dieses Präparates als eine ziemlich kostspielige bezeichnet werden, weil sie viel Arbeit verursacht. Man wendet daher dieses Verfahren nur für die feinsten Sorten Ruß an, welche zur Anfertigung feiner Farben dienen sollen. Für minder feine Sorten (aber auch für die feinsten) benutzt man die Methode des Ausglühens (Calcinirens), die, wenn richtig ausgeführt, den Ruß in einem solchen Grade von Reinheit liefert, daß er selbst zur Herstellung der feinsten schwarzen Farben tauglich ist.

Das Ausglühen (Calciniren) des Rußes.

Die Producte, welche dem Ruße seine braune Färbung ertheilen, sind, wie schon erwähnt wurde, Producte der trockenen Destillation und sind demnach sämmt= lich bei einer gewissen Temperatur flüchtig. Man kann sie daher von dem Ruß trennen, wenn man denselben bei Luftabschluß erhitzt. Die zur vollständigen Ver= flüchtigung dieser Verbindungen erforderliche Temperatur ist eine ziemlich hohe; man muß daher mit dem Erhitzen des Rußes bis zur starken Rothglut gehen, um ein sicheres Resultat zu erhalten. Wenn man das Erhitzen des Rußes zu rasch vornimmt, oder mit der Erhitzung zu weit geht, so erleidet der Ruß hierdurch eine Veränderung, welche nachtheilig auf die Qualität des Productes einwirkt. Der Ruß ändert durch ein zu lange fortgesetztes oder zu starkes Glühen seine flockige Consistenz in eine körnige, und muß dann viel länger mit dem Firniß gerieben werden, ehe eine gleichmäßige Masse gebildet ist, als dies bei dem leichten, flockigen Ruß der Fall ist, welcher sich sehr leicht mit Firniß mischen läßt. Zum Aus= glühen des Rußes verwendet man Büchsen aus Eisenblech, welche, um das Metall zu schützen, außen mit einem Anstrich versehen sein müssen. Dieser Anstrich wird am besten aus Lehm und Haaren verfertigt. Man rührt zu diesem Zwecke den Lehm mit Wasser an, so daß er einen sehr dünnen Brei bildet, den man auf die Büchsen mittelst eines Pinsels ganz gleichmäßig aufträgt; nachdem der erste Au= strich trocken geworden ist, giebt man einen zweiten, dritten u. s. w. Wenn ein= mal das Metall vollständig mit Lehm bedeckt ist, giebt man mehrere Anstriche, welche aus Lehm und kleingeschnittenem Werg oder Kuhhaaren bestehen, und setzt dieses Anstreichen so lange fort, bis die Metallfläche mehrere Millimeter dick umhüllt ist. Ein auf diese Weise sorgfältig ausgeführter Anstrich hält sehr fest und können die so zubereiteten Büchsen durch lange Zeit verwendet werden, wäh= rend sie ohne den schützenden Ueberzug in kürzester Zeit verbrannt wären.

Ganz besondere Sorgfalt ist auf die Anfertigung der Büchsen selbst zu ver= wenden; der Boden muß sehr genau eingepaßt sein und soll, um einen ganz siche= ren Verschluß herbeizuführen, mit Lehm verstrichen werden. Die Deckel der Büch= sen müssen ebenfalls ganz genau passen und erhalten, nachdem sie aufgesetzt sind, gleichfalls eine Dichtung durch Lehm. Man schüttet den auszuglühenden Ruß zuerst locker in die Büchsen und drückt jede Partie mittelst eines scheibenförmigen Stöpsels ziemlich fest, so daß der Ruß ganz fest in die Büchsen eingepreßt ist. In den Deckeln ist eine sehr kleine Oeffnung angebracht, durch welche die flüchtigen Producte entweichen können. Beim Ausglühen legt man die Büchsen horizontal in den hierfür bestimmten Ofen und erhitzt die Büchsen zuerst an der Hinter= seite ganz mäßig. Man schreitet mit dem Erhitzen allmälig nach vorn und bringt die Büchsen endlich zur starken Rothglut, bei welcher man sie durch etwa eine halbe Stunde erhält. Bei dieser Temperatur verflüchtigen sich die der Kohle bei= gemengten Producte fast vollständig und nimmt der Ruß seine eigenthümliche schwarze Farbe an. Der Ruß wird in den Büchsen selbstverständlich ebenfalls glühend; da er in Folge seiner lockeren Beschaffenheit ein sehr leicht verbrennlicher Körper ist, so müssen die angegebenen Vorsichtsmaßregeln gebraucht werden, um den Ruß vollständig gegen die Einwirkung der Luft abzuschließen, und dürfen die Büchsen außer der in dem Deckel angebrachten, welche zum Abzug der flüchtigen Stoffe unerläßlich ist, auch nicht die geringste Oeffnung zeigen. Durch eine dem freien Auge unsichtbare Oeffnung dringt beim Auskühlen der Büchsen schon so viel Luft in dieselben, daß eine namhafte Menge von Kohlenstoff zu Kohlensäure verbrennen würde.

Um Verlust durch Verbrennen von Kohlenstoff ganz zu vermeiden, müssen beim Abkühlen der Büchsen ebenfalls besondere Vorsichtsmaßregeln angewendet werden. Nach beendetem Ausglühen zieht man die Büchsen mittelst einer Zange aus dem Ofen, und stellt sie aufrecht auf einen Steinboden. Beim Abkühlen der Büchsen dringt Luft in das Innere derselben und würde in Berührung mit dem glühenden Kohlenstoff einen Theil desselben zur Verbrennung bringen.

Man kann sich aber durch einen einfachen Kunstgriff hiervor schützen; man legt auf die enge, in dem Deckel angebrachte Oeffnung eine glühende Kohle; die Luft verbrennt in Berührung mit der Kohle zu Kohlensäure, so daß der Inhalt der Büchsen nur mit Kohlensäure in Berührung kommt. Sobald alle Büchsen aus dem Ofen genommen sind, öffnet man die Thür des Raumes, in dem die Büchsen stehen, so daß sie von einem Luftstrome getroffen werden und die Abkühlung ihres Inhaltes möglichst rasch erfolgt.

Da sein vertheilter Kohlenstoff schon bei einer weit unter der Glühhitze liegenden Temperatur verbrennt, so darf man die Büchsen nicht eher öffnen, als bis ihr Inhalt vollständig abgekühlt ist; ein Entleeren der noch heißen Büchsen könnte eine Entzündung des heißen Rußes zur Folge haben.

Die Qualität eines Rußes zu beurtheilen, ist nicht so leicht; dem ungeübten Auge erscheint ein Ruß von ganz tadellosem Schwarz, der für den Kenner deutlich braun gefärbt erscheint. Nur lange Uebung vermag in diesem Falle dem Auge die gehörige Schärfe zu geben, und sieht man die Farbe des Rußes am besten, wenn man denselben auf ein weißes Papier aufstreicht. Eine andere Probe besteht darin, daß man eine kleine Menge des zu untersuchenden Rußes mit einer rein weißen Farbe innig mengt; Bleiweiß und Zinkweiß eignen sich hierzu ganz besonders. Entsteht durch Mischen mit der weißen Farbe ein ganz reines Grau, so kann der Ruß als tadellos angesehen werden; enthält derselbe aber noch eine gewisse Menge der braunfärbenden Substanzen, so erscheint statt des reinen Grau eine unbestimmte, schmutzige Färbung und ist dieselbe ein sicheres Kennzeichen dafür, daß der Ruß noch einer weiteren Reinigung bedarf.

Um Rußе von großer Feinheit und tiefer Schwärze zu erhalten, genügt das einmalige Ausglühen nicht, und es muß die Prozedur des Calcinirens bis zu fünfmal und bei ganz besonders feinen Sorten auch noch öfter wiederholt werden.

Es bestehen allenthalben größere und kleinere Rußbrennereien, welche namentlich in Deutschland ganz gute und schöne Waare liefern, doch wird der Fabrikant von angeriebenen Druckfarben gewiß stets gut daran thun, wenn es seine Verhältnisse halbwegs gestatten, seinen Ruß, welchen er verwendet, selbst zu fabri-

ciren, da er dann jederzeit eine ganz gleiche Waare und aus demselben Roh-
materiale hat, was für seine Fabrikation von außerordentlichem Werthe ist. Die
Qualität der käuflichen Ruße ist stets verschieden, da der Fabrikant ja mit Materialien arbeitet, welche ihm gestatten mit Nutzen zu verkaufen, er auch nicht das
Interesse daran hat, für bestimmte Sorten stets das gleiche Rohmaterial zu ver-
arbeiten. Und doch ist gerade für den Fabrikanten von Buchdruck- und Lithogra-
phiefarben der Ruß von außerordentlicher Wichtigkeit! — Er muß, um mit demselben Firniß zu verschiedenen Zeiten dieselbe Farbe herstellen zu können, auch
denselben Ruß haben, denn ist der Ruß leichter, flockiger, so wird naturgemäß die
Farbe dicker — ist der Ruß schwerer, so wird die Farbe dünner — in beiden Fällen
erhält er aber eine Farbe, mit der seine Abnehmer unzufrieden sind. Auch für
die gewöhnlichsten Farben, muß man auf guten Ruß sehen, denn ist er schlecht
ausgeglüht, so trocknet die Farbe schlecht, ist nicht schwarz, sondern braun, und im
Verlaufe der Zeit bildet der Druck gelbe Flecken, da sich die nicht verflüchtigten
Oele ins Papier hineinziehen. Hieraus erhellt, daß der Fabrikant von Druckerschwärze in der Wahl seines Rußes sehr vorsichtig sein muß, denn dieser bildet
einen wesentlichen Factor für die Brauchbarkeit der daraus gefertigten Farbe.

Die Herstellung der Firnisse für Druckfarben.

Ich habe bereits in den allgemeinen Bemerkungen darauf hingewiesen, welche
Anforderungen man an eine gute Druckerfarbe stellt und sie gelten im Allgemeinen auch für den Firniß.

Er muß vor Allem die nöthige Stärke besitzen, vollkommen klar und rein sein,
ohne die geringsten fremden Beimischungen. — Er darf keine grießliche Beschaffenheit
und keinen zu starken Geruch haben; er darf nicht zu rasch und nicht zu langsam
trocknen und sich in den Formen nicht verharzen. Die Hauptsache aber ist, daß der
Firniß guten Zug habe, d. i. strengflüssig sei und doch nicht klebe, sondern bei
aller Consistenz fettig sei ohne selbst einen Fettfleck zu geben.

Diesen Anforderungen nun entspricht das dickgekochte Leinöl am besten, ja
es kann dieses allein für Stein- und Kupferdruck verwendet werden. Für Buchdruckfarben hat man, wie bereits erwähnt, aus Mischungen von Harz, Harzöl,
dickem Terpentin, weichen Seifen, Steinkohlentheerölen Firnisse zusammengestellt,
welche ganz gut entsprechen.

Ueber die Bereitung der Buch-, Stein- und Kupferdruckfirnisse habe ich
Seite 82 schon berichtet, doch sollen auch hier nochmals einige Notizen unter Anführung der Quellen folgen. So sagten z. B. de Champour und F. Mall-
pede in ihrem trefflichen Werkchen über „Fabrication des Encres".

„Der Behälter, in dem man den Firniß bereitet, kann von Eisen oder Kupfer sein; wenn er aus letzterem Metalle besteht, giebt man ihm gewöhnlich die Form einer Birne — man nennt diese Art Kessel auch Birne — die anderen sind ganz einfach in der Form gewöhnlicher Kessel. Aus welchem Materiale der Behälter aber auch immer sein mag, immer muß er einen Deckel von Kupfer haben, durch den man ihn ganz genau schließen kann. Derselbe muß gegen die Mitte hin zwei eiserne Ringe haben, die über das Niveau des Deckels hinausreichen, der ebenfalls seinen Knopf haben muß. Man steckt durch diese Ringe ein oder zwei Stangen, mittelst welcher zwei Menschen ohne Gefahr den Kessel transportiren können, wenn man ihn aufs Feuer stellen oder davon wegnehmen will.

Um sich gegen jedes Vorkommniß zu schützen, ist es geboten, die Fabrikation möglichst in einem geräumigen Garten, von Häusern isolirt, vorzunehmen.

Wenn man z. B. 50 kg Firniß sieden will, so hat man in die Birne 55 kg Oel zu thun, doch muß diese so geräumig sein, daß die Quantität den Kessel nur bis zu $^2/_3$ anfüllt, damit für die Ausdehnung des Oeles genügend Raum bleibt.

Sobald der Kessel in gehörigem Stande, schließe man genau die Oeffnung und bringe ihn auf ein helles Feuer, das gleichmäßig während zwei Stunden zu unterhalten ist. Wenn das Oel zu brennen anfängt, so hebe man den Apparat vom Feuer und umgebe den Deckel mit feuchten Tüchern. Man lasse das Oel einige Zeit brennen, fängt solches nicht von selbst Feuer, so muß man demselben diesen Hitzegrad verschaffen, d. h. so lange fortfeuern, bis es die zur Selbstentzündung nöthige Temperatur erreicht. Wenn das Feuer dann vermindert ist, so lüfte man den Kessel mit Vorsicht und rühre das Oel mit einem eisernen Löffel tüchtig um. Man kann diese Procedur nicht oft genug wiederholen, denn von ihr hängt größtentheils das gute Gelingen der Kochung ab. Wenn das Oel hinreichend gut gerührt ist, so bringe man die Birne auf ein weniger lebhaftes Feuer, und lasse auf diesem noch ungefähr drei Stunden fortsieden und zwar so lange, bis eine herausgenommene und in kleiner Menge rasch erkaltete Probe lange Fäden zieht und klebrig wie Vogelleim geworden ist.

Der Firniß, auf diese Weise fertig gemacht, muß dann in die Behälter kommen, in denen man ihn aufbewahren will; bevor er aber noch seine Leichtflüssigkeit verliert, muß man ihn verschiedene Male durch ein Stück gute Leinwand filtriren, damit sich alle Unreinigkeiten, namentlich die während des Kochens sich bildende Haut abscheiden. Man muß darauf sehen, daß man zwei Sorten Firniß bekomme; einen stärkeren für das warme, und einen schwächeren für das kalte Wetter. Es ist dies um so unerläßlicher, als man sehr häufig in die Lage kommt, die eine der Qualitäten mit der anderen zu vermischen.

Man kann den schwachen Firniß auf demselben Feuer machen wie den starken, jedoch in einem anderen Apparate, er fordert zu seiner Herstellung dieselbe Vorsicht und dieselbe Sorgfalt als der stärkere Firniß; der ganze Unterschied besteht darin, daß man ihn unter einem mäßigen Hitzegrad bereitet, und daß man ihn dessenungeachtet so kocht, daß er, zwar weniger gebrannt, weniger klebrig und dick, unter allen Umständen aber von ganz denselben guten Eigenschaften werde, wie der starke. Wenn man beide Firnisse von einem und demselben Leinöle bereiten will, so kann man einfach das Kochen unterbrechen, sobald der schwache

Firniß erzielt ist, das geforderte Quantum desselben wegnehmen und dann weiter kochen, bis das Oel dick genug ist.

Leinöl und Nußöl sind die einzigen Oele, die zu gutem Buchdruckfirniß geeignet sind. Das Nußöl verdiente in jeder Beziehung den Vorzug, aber es ist zu hoch im Preise. Was die anderen Oele anbetrifft, so sind sie nicht tauglich, weil man sie nicht gehörig entfetten kann; der Druck würde nicht rein zu erzielen sein und die Farbe immer mehr gelb werden, je älter sie wird. In einigen Druckereien verwendet man trotzdem Rüböl (!?) und Hanföl, jedoch nur zu ganz geringen Arbeiten; es ist dies übrigens eine sehr schlecht angebrachte Deconomie. , Es giebt Buchdrucker, welche glauben, man müsse Terpentin in das Oel thun, um es stärker und besser trocknend zu machen; es wird dies dadurch allerdings erreicht, doch entstehen daraus gleichzeitig mehrere Uebelstände. Die Hauptsache ist, daß man es bei der Kochung so genau trifft, daß der Firniß nicht allzu sehr verdickt werde, was man selten umgehen kann, der Firniß wird dann so stark und so dick, daß er das Papier auf der Form zerreißt und sie in kurzer Zeit untauglich macht. Wenn der Terpentin gehörig gekocht ist, so bildet er eine ziemlich flüssige Masse, die indeß voll kleiner Körnchen erscheint, hart wie Sand, die niemals zu verreiben sind.

Terpentin ebenso wie die Bleiglätte, die andere verwenden und womit ehemals ein so großes Geheimniß gemacht wurde, haben noch den anderen Uebelstand, daß es fast unmöglich ist, die Formen gut zu waschen, so heiß man auch die Lauge verwenden mag; außerdem trocknen und verhärten sie so rasch, daß sie zur Zerstörung der Lettern außerordentlich beitragen. Es geht dies so weit, daß man Typen, die noch sehr wenig gedient haben, wegwerfen muß. In dem einzigen Falle, wenn man aus Unachtsamkeit zur Firnißbereitung ein frisches Oel genommen hat, ist der Terpentin unerläßlich, weil es sich sonst nicht vermeiden läßt, daß der Druck Flecken bekomme. Dann kann man den zehnten Theil Terpentin, welchen man separat in gleicher Zeit und in einem ähnlichen Gefäße mit derselben Sorgfalt kochen läßt, dem Firniß hinzufügen. Man läßt ihn etwa während zwei Stunden sieden. Um seine Festigkeit zu probiren, taucht man ein Stück Papier ein; wenn der Terpentin sich brechen und zu Staub verwandeln läßt, ohne daß etwas am Papier hängen bleibt, wenn man es, sobald es hart geworden, in der Hand reibt, so ist der Terpentin gut. (Wenn man gleich Colophonium genommen hätte, wäre dasselbe Resultat erzielt worden.)

Dann nehme man den Firniß vom Feuer, gieße unter tüchtigem Umrühren mit dem Löffel den Terpentin hinein und bringe das Ganze nochmals aufs Feuer. Man lasse nun noch eine halbe Stunde kochen und rühre fortwährend um, damit sich Oel und Terpentin gut mit einander mische. Das Mittel, sich der Anwendung des Terpentins zu entheben, ist die Benutzung von Bleiglätte der einzige Weg, aber vor all den Unannehmlichkeiten, die sie verursacht, kann man sich nur dadurch schützen, daß man nur sehr altes abgelagertes Leinöl nimmt".

Herr Rouget de Lisle berichtet im Bulletin de la société d'encouragement:

„Es ist bekannt, daß die in Frankreich allgemein in Anwendung kommenden Druckfarben aus gebranntem Oel und Ruß zusammengesetzt sind. Wenn das Oel

schlecht gebrannt oder schlecht entfettet (!) ist, gilben die Farben mit der Zei
Seit einigen Jahren hat man in England wesentliche Verbesserungen in der Fc
brikation der Farben gemacht, indem man das gebrannte Oel ganz und gar wec
läßt. Schon vor vielen Jahren hatte Herr Rouget mehreren französischen Druckc
reien eine ähnliche Farbe vorgeschlagen, alle aber verwarfen sie und behaupteter
sie sei zu brillant und zu theuer. Später haben dieselben Drucker aus Englan
Farben bezogen, die ihnen auf 12 bis 24 Frcs. das Kilogramm zu stehen kamer
b. h. um das Doppelte und Dreifache theurer als jene, welche man ihnen mehrer
Jahre früher offerirt hatte. Die Leinöl- oder Nußölfirnisse sind sehr trockenfähi;
und die einzigen zur Buchdruckfarbenfabrikation geeigneten; die aus Nußöl würde
den Vorzug verdienen, weil es sich durch das Kochen weniger verdickt, jedoch komm
es zu theuer. Die Harze können bei der Fabrikation einer guten Farbe verwende
werden, aber das schwarze Pech (!) gereinigt und auf heißem Wege mit gelben
Wachse gemischt, muß in jeder Beziehung vorgezogen werden.

Die Balsame (Peruvianischer und Canada) mit Alkohol behandelt und destil
lirt, um das flüchtige Oel zu entfernen, geben der Farbe Lüstre; aber be
Balsam copaivae, von dem man durch Destillation das flüchtige Oel entfernt, be
gewöhnlicher Temperatur mit rectificirtem Steinöl behandelt, ist noch besser. Mar
mischt ihn warm mit gelber Seife und venetianischem Terpentin. Die gelbe Harz:
seife ist auch ein sehr nützlicher, ja sogar unentbehrlicher Stoff zur Herstellung
einer guten Farbe, denn ihm verdankt sie den Glanz und die Leichtigkeit, mit wel·
chem sie sich den Lettern und dem Papier mittheilt."

M. Savage veröffentlicht folgende Zusammensetzung eines Firnisses:

36 Theile Bals. Copaivae,
12 „ Harzseife

werden warm aufgelöst. Es ist dies wohl ein sehr einfaches Recept, aber es is
auch nicht viel werth, denn der Balsam copaivae ist ein viel zu theures Material
um verwendet zu werden, und da bleiben wir noch immer lieber beim Leinöle! —
Geringe Zusätze davon verleihen dem Firniß Glanz und ist er hierzu auch zu
verwenden.

M. F. Barrentrapp sagt über Buchdruckfarbenbereitung: „Die Drucke
können wie bekannt, ihren Firniß nicht durch Bleiglätte Consistenz verleihen, weil
dieser klebrig macht und die Lettern verschmiert. Und dennoch muß ihre Farbe
Körper, Consistenz und Gleichmäßigkeit haben. Das Leinöl allein durch di
Kochung zur gehörigen Dicke gebracht, liefert schon einen zu klebrigen Firniß, der sic
nicht leicht genug von den Lettern löst und sich nicht reinlich genug dem Papic
mittheilt, ebensowenig wie den äußeren Rändern der Typen. Man ist darum of
genöthigt, dem Oele nicht diese zu große Dicke zu geben und ihm die gewünscht
Consistenz durch Zusatz von Colophonium zu verleihen, welches man durch Aufrüh
ren in dem warmen Oele löst. Die leichte Waschbarkeit der Lettern erreicht mar
durch einen leichten Zusatz von Harzseife zu dem Firniß. Die Farbe wird da
durch kürzer zum Druck und verliert die Eigenschaft, Fäden zu ziehen, sie i
weniger klebrig ohne dicker zu werden. Die Seife wird in einer möglichst klein
Quantität Wasser gelöst und zum warmen Firniß gemischt, man kann auch, un

dies ist unbedingt besser, die Seife in feine Scheiben schneiden und in dem Firniß zerfließen lassen. Was die Bereitung bunter Buchdruckfarben und namentlich das Blau betrifft, so ist es gar nicht möglich, den Firniß durch Kochung zur gehörigen Consistenz zu bringen, ohne daß er sich trübe und somit die Nuance der gewünschten Farbe alterire; darum auch erscheinen all die bunten Farben schmutzig, die mit gewöhnlichem Firniß behandelt sind; ja sie würden noch nicht einmal von schöner Nuance sein, selbst wenn sie mit ganz weißem (!) Firniß präparirt wären. Man bringt also den Firniß bis zu demjenigen Hitzegrade, wo er noch ohne Farbe ist, und wo er noch keine so große Consistenz hat, verdickt ihn mit schönem Colophonium und setzt etwas Seife zu. Auf diese Weise bekommen die Farben mehr Feuer und viel mehr Ansehen."

H. Rösl in München ließ sich Ende der fünfziger Jahre folgende Composition patentiren:

     9 Theile dicken Terpentin,
    10 „ Schmierseife,
     4 „ Olein

werden warm mit einander gemischt. Diese Composition, welche der Erfinder — ein Buchdrucker — in seiner eigenen Officin anwendete, sollte folgende Vortheile bieten.

1) Ungemein leichte Herstellungsweise;

2) daß die Herstellungskosten bei einer überdies erhöhten Ergiebigkeit um mehr als ein Drittheil billiger sind;

3) daß diese Farbe neben ihrer genügenden Haltbarkeit auf dem Papier sich im Holländer ohne besondere Kosten zu verursachen, wieder auswaschen läßt, somit gedrucktes Papier zu reinem Papierzeug genommen werden kann.

Pratt in New-York war der erste, welcher vorschlug, das dick gekochte Leinöl durch Harzöl zu ersetzen, das billiger ist und sich leichter beschaffen läßt. Er nimmt

    1 kg Harzöl,
  400 g Harz,
  100 „ gelbe Seife,

die er in der Wärme und unter Umrühren auflöst. Wenn die Farbe mehr Consistenz haben soll, so vergrößert er die Quantitäten des Harzes und der Seife, und er vermindert sie, wenn erstere mehr flüssig werden soll. Nachdem diese Mischung vollständig erkaltet ist, verreibt er die Mischung mit Ruß.

Eine andere ähnliche Vorschrift für billigen Firniß lautet: Man nimmt

  500 g Harzöl,
  390 „ Harz,
   90 „ weiße Seife,

erhitzt fortwährend durchrührend, bis die Mischung vollständig sich vereinigt. Wenn man dem Firniß mehr Consistenz geben will, vergrößert man die Portionen Harz und Seife, im entgegengesetzten Falle vergrößert man die Quantität Oel.

Nach P. Mozard nimmt man von entfettetem (!) und gekochtem Leinöle 500 g, bringt dasselbe in ein passendes Gefäß, setzt dieses aufs Feuer, und wenn es siedet, fügt man drei Unzen pulverisirtes Guayakharz hinzu, rührt tüchtig um, bis sich alles gelöst hat, und giebt dann weiter drei Unzen Colophonium hinzu. — Man beläßt den Firniß auf Feuer so lange, bis sich alles vollständig gelöst hat.

A. Goyneau stellt folgende Formeln auf:

Erste Qualität Firniß

979 Theile Leinöl,
735 „ Harz,
245 „ Syrup,
125 „ Bleiglätte.

Zweite Qualität Firniß

400 Theile Leinöl,
980 „ Harz,
490 „ Syrup,
60 „ Bleiglätte.

Dritte Qualität Firniß

980 Theile Leinöl,
958 „ Harz,
980 „ Syrup,
122 „ Bleiglätte

und verfährt damit wie folgt: Das Oel mit der Bleiglätte wird tüchtig vermengt, unter dem Kessel ein langsames Feuer unterhalten, bis das Oel in Wallungen geräth und sein Schaum zu fallen beginnt. Das Colophonium verschmilzt man dann mit einer kleinen Quantität Leinöl, und ist dies geschehen, so giebt man es in das Oel in dem Augenblicke, wo der Schaum verschwindet. Dann rührt man gut um, läßt etwas erkalten und fügt schließlich auch den Syrup hinzu.

Dr. Thenius giebt folgende Vorschrift für die Bereitung eines Buchdruck-firnisses:

Man nimmt 25 kg Leinöl, 3 kg feine Bleiglätte und siedet so lange, bis das Leinöl anfängt beim Erkalten dick zu werden, dann läßt man ruhig absetzen. Ferner schmilzt man 10 kg lichtes amerikanisches Colophonium, setzt dieses dem dicken Leinölfirniß zu und siedet noch einige Zeit fort, zuletzt giebt man 5 kg Steinkohlentheerfirnißöl (Bereitung siehe Seite 127) dazu, erwärmt noch einige Zeit und rührt dann bis zum Erkalten. Der Firniß muß dickflüssig und von Honigconsistenz sein.

Wir sehen somit eine ganze Menge Vorschläge der verschiedensten Art und mit den verschiedensten Materialien gemacht, die aber alle weniger practischen Werth haben. Einestheils sind solche zu theuer, wie Balsam. Copaivae, andern-theils sind sie, wie z. B. dicker Terpentin, absolut unverwendbar, da sie mit den aufgestellten Principien durchaus nicht im Einklange stehen.

Wirklichen Werth als Surrogate für reines Oel haben nur Harz, Harzöl und Harzseife, und ich werde im Nachfolgenden einige Formeln aufstellen, welche in der Praxis erprobt und auch angewendet worden sind.

Ueber die Darstellung der aus reinem Leinöl erzeugten Buchdruck=firnisse habe ich bereits ausführlich berichtet und es bleibt mir hier nur noch-mals ausdrücklich zu erwähnen, daß zu diesen Firnissen unter gar keinen Umstän-den Trockenmittel, wie Glätte, Minium, borsaures Mangan=Oxyd oder =Oxybul verwendet werden dürfen, da solche auf den Firniß nur von ungünstigstem Einflusse sind, ihn harzig machen und auf Lettern und Walzen das Trocknen derart be-schleunigen, daß der Drucker unmöglich damit weiter arbeiten kann. Wenn man reinen Oelfirniß zur Farbe verwendet, so muß man ihn auch rein, ohne alle Zusätze nehmen. — Anhaltspunkte für die Stärke, d. i. für die Consistenz des Firnisses — stark, mittelstark und schwach lassen sich nicht geben — so viel muß der Fabrikant von der Farbe bereits verstehen, daß er die Stärken kennt; als Verdünnungsmittel für zu starke Firnisse beziehungsweise Farben nehme er auch wieder nur gut gekochtes Leinöl, welches, sobald es auf dem Feuer anfängt dick zu werden, von demselben entfernt und aufbewahrt wird. Dieses Product ist dann schwächster Firniß und kann in allen jenen Fällen, wo es sich um eine Verdünnung, um Schwächermachen von Farbe oder Firniß handelt, Verwendung finden.

Wenn wir nun uns jenen Stoffen zuwenden, welche wir als Surrogate und Verdickungsmittel des Leinöles verwenden, so kommen wir zuerst zu den

Firnissen aus Leinöl und Harz.

Auch hier ist die Grundlage wieder das dick gekochte Leinöl, zwar nicht so dick gekocht, als es für die geforderte Stärke nöthig ist, aber immerhin so lange und derart gekocht, daß es auf Papier keinen Fettfleck hinterläßt. Harz bildet hier das Verdickungsmittel und wir verwenden es deshalb, weil wir einen Firniß haben wollen, der die Consistenz des entsprechend starken reinen Oelfirnisses hat, der aber bedeutend billiger ist, da ja billige Farben damit hergestellt werden sollen.

Den reinen Oelfirniß stellt man hierzu besonders dar, läßt ihn ruhig ab-klären und versetzt ihn erst nach dem Lagern mit dem bestimmten Harzquantum. Das verwendete Harz muß möglichst licht und frei von Wassergehalt sein.

Das Harz wird in kleine Stücke zerschlagen, je nach dem zu fertigenden Quantum in einen der unter Fig. 16, 18 und 20 beschriebenen Kessel gefüllt und unter langsamem Feuer zum Fließen gebracht. Nachdem es vollkommen dünnflüssig geworden ist und etwas ausgeraucht hat (allenfalls enthaltenes Terpentinöl flüchtig-gegangen ist), setzt man die in kleine flache Stückchen geschnittene Harzseife zu, und wenn auch diese sich aufgelöst hat, den reinen Oelfirniß. Man rührt das Ganze tüchtig um, läßt noch eine halbe Stunde am Feuer bis Alles sehr dünnflüssig ge-worden und filtrirt dann durch feine Leinwand, damit alle Unreinigkeiten des Harzes ausgeschieden werden. Den nun fertigen Firniß bringt man so heiß als möglich zur Ruhe, damit allenfalls vorhandene staubartige Unreinigkeiten, welche in der dicken Masse nicht zu Boden gehen würden, sich absetzen können, decantirt oder zieht nach einigen Tagen ab und verwendet nun den fertigen Firniß.

Formel Nr. 1. Erste Qualität Firniß:

	Stark	Mittelstark	Schwach
Harz	25	25	25
Oelfirniß	100	100	100
Harzseife	3	3	3
Oelfirniß ganz schwach . .	—	4	7

Formel Nr. 2. Zweite Qualität Firniß:

	Stark	Mittelstark	Schwach
Harz	50	50	50
Oelfirniß	100	100	100
Harzseife	5	5	5
Oelfirniß gang schwach . .	—	6	9

Formel Nr. 3. Dritte Qualität Firniß:

	Stark	Mittelstark	Schwach
Harz	75	75	75
Oelfirniß	100	100	100
Harzseife	7	7	7
Oelfirniß ganz schwach . .	—	9	12

Ich bemerke hierbei, daß es ganz in der Hand des Fabrikanten liegt, diese verschiedenen Formeln nach Bedarf und nach dem erzielten Preise zu ändern; ein Mehrzusatz von Oelfirniß ist immer nur von Vortheil für die Farbe, — sie wird geschmeidiger, zügiger und druckt sich in Folge dessen bedeutend leichter.

Firnisse aus Leinöl, Harz und Harzöl.

Zur Darstellung derselben werden Harz und Harzöl, ganz wie bei den vorhergehenden Firnissen, zusammen aufgelöst, dann die Seife und zuletzt das gekochte Leinöl zugesetzt. — Bezüglich der Qualität des Harzöles ist zu bemerken, daß dasselbe nicht das rohe, bei der Destillation des Harzes übergehende Harzöl sein darf, sondern daß man nur das rectificirte dicke und dünne Harzöl zusammen verwenden kann; dieses muß von ziemlicher Consistenz, lichter Farbe und möglichst schwachem Geruch sein. Es ist daher von Werth, wenn der Farbenfabrikant dasselbe nur aus zuverläßlicher Quelle kauft, oder aber dasselbe selbst bereitet. Man benutzt hierbei den Seite 75 angegebenen Apparat und das erhaltene dicke und dünne Harzöl, mischt beide zusammen und verfährt nun behufs Rectification wie folgt. In einen geräumigen offenen Kessel bringt man 300 Theile rohes Harzöl, setzt 100 Theile Wasser hinzu und kocht einen Tag lang damit, wobei man das

verdunstete Wasser stets durch Hinzugießen ersetzen muß. Am anderen Tage, nachdem man das noch übrige Wasser abgezogen hat, verseift man das im Kessel befindliche Harzöl mit 15 bis 20 Theilen 36° B. starker Aetznatronlauge, bei
welcher Operation eine fast feste Masse entsteht. Diese Masse wird nun in den
gereinigten Destillirapparat eingefüllt, derselbe gut verschlossen und man destillirt hierauf so lange, als noch klares Coböl — Harzöl — übergeht. Dieses
Destillat kocht man nun neuerdings und zwar 300 Theile mit 100 Theilen
Wasser so lange, bis fast alles Wasser verdunstet ist. Dann versetzt man das
so behandelte Oel mit 15 bis 20 Theilen 36° B. starker Aetznatronlauge, füllt das
Ganze in den Destillirapparat und bestillirt über. — Das Oel bewahrt man am
besten in gehörig gereinigten Gefäßen, deren Böden man mit gebranntem Gyps
versieht, um allenfalls vorhandenes Wasser aufzunehmen, auf, und verwendet es
nach 8 bis 10 tägigem Lagern.

Formel Nr. 4. Erste Qualität Firniß:

	Stark	Mittelstark	Schwach
Harz	25	25	25
Harzöl	50	50	50
Oelfirniß	50	50	50
Harzseife	3	3	3
Oelfirniß ganz schwach . . .	—	4	7

Formel Nr. 5. Zweite Qualität Firniß:

	Stark	Mittelstark	Schwach
Harz	50	50	50
Harzöl	50	50	50
Oelfirniß	50	50	50
Harzseife	5	5	5
Oelfirniß ganz schwach . . .	—	6	9

Formel Nr. 6. Dritte Qualität Firniß:

	Stark	Mittelstark	Schwach
Harz	75	75	75
Harzöl	50	50	50
Oelfirniß	50	50	50
Harzseife	7	7	7
Oelfirniß ganz schwach . . .	—	9	12

Firnisse mit rohem Leinöl, Harz und Harzöl.

Diese Firnisse eignen sich ganz vorzüglich für billige, also für Zeitungsfarben, da sie den hier gestellten Anforderungen vollkommen entsprechen und trotz
des billigen Preises dem Fabrikanten immerhin einigen Nutzen lassen. Auch ist
die Darstellung eine vollkommen gefahrlose, da man hierbei das immer mit

Gefahren verbundene Kochen des Oeles vollkommen entbehrt und keine höhere Temperatur als 130 bis 140° C. nöthig ist.

Zur Bereitung bringt man Harz, Harzöl und Leinöl zusammen in einen geräumigen Kessel, feuert an und läßt Alles gehörig in Fluß kommen. Dann fügt man die Seife und den Terpentin hinzu und kocht das Ganze drei Stunden lang, damit sich alle Bestandtheile gehörig vereinigen und namentlich das Harzöl seinen Geruch so viel als möglich verliere. Nach Ablauf dieser Zeit seihe man den Firniß durch Leinwand und fülle ihn möglichst heiß in die Gefäße, damit er sich noch gehörig abkläre.

Formel Nr. 7. Starker Firniß für Maschinen.

209 Theile Harz,
241 „ Harzöl,
87 „ Leinöl, gewöhnliches,
5 „ Harzseife,
5 „ dicker Terpentin.

Formel Nr. 8. Mittelstarker Firniß für Maschinen.

209 Theile Harz,
241 „ Harzöl,
105 „ Leinöl,
5 „ dicker Terpentin,
5 „ Harzseife.

Formel Nr. 9. Schwacher Firniß für Maschinen.

209 Theile Harz,
241 „ Harzöl,
130 „ Leinöl,
5 „ Harzseife,
5 „ dicker Terpentin.

Formel Nr. 10. Starker Firniß für Handpressen.

100 Theile Harz,
80 „ Harzöl,
25 „ Leinöl,
7 „ Harzseife.

Formel Nr. 11. Mittelstarker Firniß für Handpressen.

100 Theile Harz,
87 „ Harzöl,
30 „ Leinöl,
7 „ Harzseife.

Formel Nr. 12. Schwacher Firniß für Handpressen.

100 Theile Harz,
93 „ Harzöl,
35 „ Leinöl,
7 „ Harzseife.

Formel Nr. 13. Firniß für Prachtwerke.

70 Theile Balsam. Copaivae,
50 „ Leinöl gewöhnliches,
110 „ Harz,
3 „ Mandelbenzoe,
2 „ Tolubalsam.

Formel Nr. 14.

85 Theile Balsam. Copaivae,
40 „ Leinöl gewöhnliches,
115 „ Harz,
3 „ Mandelbenzoe,
2 „ Tolubalsam.

Schwarze Buchdruckfarben.

Wir wissen bereits, daß die Farbe aus Firniß und Ruß besteht, ich habe oben klar gelegt, daß man je nach der geforderten Stärke der Farbe den entsprechend starken Firniß verwenden muß und daß das Verhältniß des Rußes zur Farbe ein feststehendes ist, welches auf die Qualität des Rußes zurückgeführt werden muß, und daß von diesem richtigen Verhältniß die Güte und Brauchbarkeit der Farbe abhängt.

Da ich die Qualitäten des Rußes, welche der eine oder der andere Fabrikant verarbeitet, nicht kenne, so muß ich mich hier nur auf allgemeine Formeln der Zusammensetzung der Farben beschränken, welche je nach Bedarf abgeändert werden können. Im Allgemeinen hat als Regel zu gelten, daß man von minderen Qualitäten Ruß mehr benöthigt, um eine gute schwarze Farbe zu erzielen, als von feineren, deßhalb variirt auch die Menge, die man zu nehmen hat, von 20 bis nahezu 40 Theilen Ruß auf 100 Theile Firniß, und meine Formeln richten sich in dieser Beziehung nach den voraussichtlich zur Verwendung gelangenden Rußsorten.

Die Buchdrucker verwenden folgende Farbenqualitäten:
Ordinäre Zeitungsfarbe,
Bessere Zeitungsfarbe,
Werkfarbe in verschiedenen Qualitäten für Maschinen und Handpressen,
Accidenzfarbe für Maschinen und Handpressen,
Illustrationsfarbe in verschiedenen Qualitäten für Maschinen und Handpressen,
Prachtfarbe für Maschinen und Handpressen,
welche der Fabrikant anzufertigen hat. Zu den Zeitungs- und Werkfarben kann

Andés, die trocknenden Oele ec. 12

man die Compositionsfirnisse verwenden, für Accidenz=, Illustrations= und Pracht=
farbe aber nehme man nur reinen Oelfirniß, denn es wird die Farbe so bezahlt,
daß man benselben unbedingt anwenden kann und vermeidet damit von vornherein
jeden Anstand, dem man mit Compositionsfirnissen hier und da doch ausgesetzt ist.
Somit haben wir nur mehr den Ruß in Betracht zu ziehen und dieser ist es,
der dann die eigentliche Qualität der Farbe bestimmt. — Man verlangt von den
besseren Farben nicht nur ein tieferes Schwarz, bei den Illustrationsfarben ein
Blauschwarz, man verlangt auch ein gewisses Lüstre der Farbe, welches nur mit
ganz feinem Ruß zu erzielen ist. — Ordinäre Ruße absorbiren in Folge der von
ihnen erforderlichen größeren Quantität den Firniß derart, daß derselbe keinen Glanz
geben kann; bei feinem Ruß, namentlich bei Lampenruß, ist dies anders. — Hier
kommt in Folge der äußerst feinen und farbenreichen Rußkörnchen und des hierdurch
bedingten geringeren Verbrauches an Ruß der Glanz des Firnisses zur Geltung.

Wir haben gesehen, daß alle, auch die feinsten Lampenrußsorten keinen blau=,
sondern einen braunschwarzen Ton haben und muß man bei den feinen Farben
diesen Ton verbessern, ihn in den geforderten blauschwarzen umändern. Dies
geschieht, indem man dem Ruße blaue Farben zusetzt, welche eine große Ausgiebig=
keit haben, und nimmt man hierzu Pariserblau, Stahlblau oder auch Indigo. —
Verwendet man Pariserblau oder Indigo, zwei ziemlich harte Farben, so muß
man dieselben in 96 Proc. Alkohol einige Tage einweichen, dann pulverisiren und
den Alkohol an der Luft verdampfen lassen.

Der bedeutenden Consistenz des Firnisses halber, welche bei Zusatz des
Rußes noch beträchtlich erhöht wird, ist es nöthig, den ersteren zum Mischen heiß
zu machen und entweder in dem schon Fig. 32 beschriebenen Geschirre oder der
Mischmaschine Fig. 35 anzumachen. — Zum Verreiben der Mischung bedient
man sich einer der bei Bereitung der Oelfarben beschriebenen Maschinen und
bildet die innige Mischung und feinste Verreibung aller, auch der billigsten Zeitungs=
farbe, ein Haupterforderniß neben der Qualität des Firnisses und des Rußes.

Zeitungsfarben:

175 Theile Firniß.   Formel 3,
 35   „   Ruß.

170 Theile Firniß.   Formel 6,
 32   „   Ruß.

170 Theile Firniß.   Formel 7 bis 9,
 30   „   Ruß.

150 Theile Firniß.   Formel 2,
 30   „   Ruß.

145 Theile Firniß.   Formel 6,
 31   „   Ruß.

Werkfarben:

125 Theile Firniß. Formel 1,
22 „ Ruß.

128 Theile Firniß. Formel 2,
21 „ Ruß.

75 Theile Firniß. Formel 1, 4, 5 oder 7 bis 9,
18 „ Ruß.

80 Theile reinen Oelfirniß,
18 „ Ruß.

Accidenzfarben:

100 Theile Firniß. Formel 1,
25 „ Ruß.

75 Theile Firniß. Formel 4,
20 „ Ruß.

75 Theile reinen Oelfirniß,
17 „ Ruß.

Illustrationsfarben:

30 Theile reinen Oelfirniß,
2 „ Pariserblau,
6 „ Ruß.

30 Theile reinen Oelfirniß,
1$\frac{1}{2}$ „ Pariserblau,
1 „ Indigo,
6 „ Ruß.

30 Theile reinen Oelfirniß,
10 „ Firniß. Formel 13,
1 „ Bleu d'acier,
7 „ Ruß.

Prachtfarben:

30 Theile Firniß. Formel 14,
15 „ reinen Oelfirniß,
2 „ Pariserblau,
6 „ Ruß.

25 Theile Firniß.   Formel 14.
20 „   reinen Oelfirniß,
 2 „   Pariferblau,
 7 „   Ruß.

A. Goyneau stellt für seine Farben folgende Formel auf:

Erste Qualität für Illustrationen,

979 Theile Leinöl   ⎫
735   „   Harz,   ⎪
245   „   Syrup,   ⎬ Firniß.
125   „   Bleiglätte,   ⎪
245   „   Ruß.   ⎭

Zweite Qualität (Werkfarbe),

491 Theile Leinöl,   ⎫
980   „   Harz,   ⎪
490   „   Syrup,   ⎬ Firniß.
160   „   Bleiglätte,   ⎪
245   „   Ruß.   ⎭

Dritte Qualität (Zeitungsfarbe),

980 Theile Leinöl,   ⎫
958   „   Harz,   ⎪
980   „   Syrup,   ⎬ Firniß.
122   „   Bleiglätte,   ⎪
491   „   Ruß.   ⎭

Die Bereitungsweise dieses Firnisses siehe Seite 175.

Man hat es auch verschiedenfach versucht, den Ruß, dessen Herstellung aus den verschiedenen geeigneten Stoffen in einer und derselben Qualität stets mit großen Schwierigkeiten verbunden ist, zu umgehen und dafür chemische Mineralfarben zu verwenden; doch sind diese Versuche bisher nicht so weit gediehen, um allgemeiner Verwendung zugänglich zu sein, da diese Farben sehr schwer und nur mit ganz besonderer Sorgfalt zum Buchdruck zu verwenden sind.

So hat Jul. Kircher aus Cannstadt vor einem Decennium in Oesterreich (und auch in Deutschland, Amerika ꝛc.) ein Patent genommen auf die Erzeugung einer schwarzen Buchdruckfarbe mittelst Eisenverbindungen und Schwefelmetallen resp. Schwefelwasserstoff, und hierbei hauptsächlich im Auge gehabt, daß diese so erzielte mineralische Farbe bei der Wiederverarbeitung des gedruckten Papiers mittelst chemischer Hilfsmittel wieder entfernt und das Papier als weißes Papier wieder verwendet werden könne. Die Staatsdruckerei in Wien hat mit diesen Farben Proben gemacht, die ein ganz gutes Resultat ergaben, doch sind sie nie in Oesterreich zu weiterer praktischer Verwendung gekommen und auch die Fabrik in Cannstadt hat meines Wissens nach das Zeitliche gesegnet. Hier das Kircher'sche Patent:

1) Man löse ein Eisensalz in sechsfachem Quantum reinen Wassers und fälle mit einem Schwefelmetalle, wasche den Niederschlag gut aus, trockne rasch und bringe solchen mit einem Firniß auf einer Farbreibmaschine in innigste Verbindung.

2) Man mische ein Aequivalent Schwefel mit einem Aequivalent ganz feiner Eisenfeile und erhitze gelinde in einem bedeckten Tiegel, pulverisire nach dem Erkalten aufs Feinste, und mische mit Firniß.

3) Man leite über in einer glühenden Röhre befindliches Eisenoxyd Schwefelwasserstoffgas, bis keine Zersetzung mehr stattfindet, lasse erkalten und reibe aufs Innigste mit Firniß.

4) Man reducirt schwefelsaures Eisenoxyd oder Oxydul mittelst Kohlen in nicht allzu hoher Temperatur, läßt erkalten und mischt mit Firniß.

Bunte Buchdruckfarben

werden für farbige Drucke, namentlich aber Roth, Gelb, Blau ꝛc. verwendet und zumeist von den betreffenden Consumenten hergestellt, indem sie die trockenen feinen Farben mit Buchdruckfirniß auf einer Stein-, Glas- oder Porzellanplatte mittelst des Läufers verreiben. Es hat diese Methode jedenfalls viel für sich, da man nicht mehr anzureiben braucht als man zu verwenden gedenkt, doch werden diese Farben nie so fein verrieben als dies auf der Maschine möglich ist. — In jüngster Zeit haben namentlich französische Fabrikanten wieder damit begonnen, bunte Farben in Firniß anzureiben, somit druckfertig zu liefern, und überschwemmen den ganzen Continent damit. — Sie haben das Gute für sich, daß der Consument sich mit der Selbstbereitung nicht mehr zu befassen braucht, aber sie bringen auch den Uebelstand mit sich, daß sie wenig haltbar sind und in nicht gut verschlossenen Gefäßen binnen Kurzem hart und unbrauchbar werden, so daß ein ziemlicher Verlust entsteht.

Zur Herstellung bunter Buchdruckfarben haben wir einfach den Farbekörper mit reinem Oel-Buchdruckfirniß zu mischen und innig zu verreiben. Ganz lichte und nicht genau definirbare Farben werden mit Cremserweiß und verschiedenen gelben, grünen, blauen und rothen, auch schwarzen Farben gemischt, entweder trocken oder schon gerieben.

Rothe Buchdruckfarben.

10 Theile reinen Oelfirniß,
6 „ Carminzinnober.

10 Theile reinen Oelfirniß,
4 „ Carminzinnober,
2 „ Orange-Mennige.

10 Theile reinen Oelfirniß,
2 „ Carminzinnober,
4 „ Orange-Mennige.

Blaue Buchdruckfarben.

10 Theile reinen Oelfirniß,
3 „ Bleu d'acier.

10 Theile reinen Oelfirniß,
2 „ feinstes Ultramarinblau,
2 „ Bleiweiß oder Cremserweiß.

10 Theile reinen Oelfirniß,
3 „ Pariserblau.

Grüne Buchdruckfarbe.

10 Theile reinen Oelfirniß,
5 „ Chromgrün.

Gelbe Buchdruckfarbe.

10 Theile reinen Oelfirniß,
4 „ feinstes Chromgelb.

Weiße Buchdruckfarbe.

10 Theile reinen Oelfirniß.
5 „ Cremserweiß.

Dies sind die Hauptfarben, welche gebraucht werden; sie lassen sich natürlich ullanciren je nach der Anforderung, außerdem aber werden auch noch eine Menge anderer Farben zu Herstellung bunter Buchdruckfarben verwendet, deren Benennung ich hier folgen lasse. — Ihr Verhältniß bezüglich des Gewichtes beim Mengen mit Firniß richtet sich nach dem specif. Gewichte der Farben. Bei schweren Farben bedarf man weniger, bei leichten Farben mehr Firniß, um eine druckfähige Farbe zu erzeugen.

Amarantroth, Carmin, Chromroth, Rosalacke, Violettlacke, Cobaltblau, Mahagonilacke, Cadmiumgelb, Chromorange, Mahagonibraun, gelber Lack, Neapelgelb, Ocker, Zinkgelb, Seidengrün, Cobaltgrün, Victoriagrün, Schweinfurtergrün, Carminlacke, Crapplacke, Scharlachlacke, Bergblau, Antwerpnerblau, Kaiserblau, Indischgelb, Mumie, Terra di Sienna, Umbra, Sepiabraun, brauner Lack u. s. w.

Steinbruckfarben.

Die Steinbruckfarben sind ebenfalls aus Firniß und Ruß zusammengesetzt,) ist hier der Firniß bedeutend stärker als der Buchdruckfirniß und der Zusatz Ruß ist ein größerer. — Vermöge ihrer bedeutenden Consistenz macht man Farben warm an, aber sie können nicht gerieben, sondern müssen wie ein Kitt ßlagen werden. Sie werden von den Lithographen unter dem Namen Feder»)e, Kreidefarbe, Gravirfarbe und Ueberbruckfarbe gebraucht. Ich lasse hier einige als bewährt angegebene Vorschriften folgen:

Federfarbe.

    3 Theile gelbes Wachs,
    1 Theil Hammeltalg,
    1   „   schwachen Oelfirniß.
    1   „   Ruß.

Kreidefarbe.

    ⎧ 2 Theile gelbes Wachs,
    ⎪ 1 Theil Hammeltalg,
    ⎨ 1½ Theile schwachen Oelfirniß,
    ⎩ 1½   „   Ruß.

    ⎧ 4 Theile gelbes Wachs,
    ⎪ 4   „   Hammeltalg,
    ⎨ 6   „   Indigo,
    ⎪ 100 „   Ruß,
    ⎩ 450 „   starken Firniß.

Gravirfarbe.

    40 Theile gelbes Wachs,
    20   „   Hammeltalg,
    10   „   Harz,
    10   „   Indigo,
    150 „   Ruß,
    700 „   starken Firniß.

Ueberbruckfarben.

    3 Theile gelbes Wachs,
    1 Theil Hammeltalg,
    2 Theile schwachen Firniß,
    1½   „   Ruß.

1000 Theile gelbes Wachs,
100   „   Hammeltalg,
300   „   weiße Seife,
500   „   Harz,
1500   „   schwachen Firniß,
600   „   Ruß.

750 Theile gelbes Wachs,
400   „   Hammeltalg,
500   „   schwachen Firniß,
100   „   Ruß.

100 Theile weiße Seife,
100   „   Leinöl,
80   „   Ruß,
125   „   schwachen Firniß.

Eb. Knecht berichtet über einen Firniß zum Steindruck:

Die Oelfirnisse behalten immer eine gelbliche oder grünliche Farbe, welche hinderlich ist, ganz reine Farben zu erzielen. Man ist daher sehr häufig gezwungen, die Farben nicht mit dem Firnisse zu drucken, sondern diesen allein aufzubrucken und erst später die Farben aufzustäuben. Um einen Firniß zu erzielen, mit dem dieses nicht nöthig ist, nimmt er

5 Theile venetianischen Terpentin,
15   „   Ricinusöl,
1 Theil weißes Wachs,

löst diese Stoffe im Wasserbade und verwendet sie dann zum Anmachen der Farben.

Lithographische Tinte zum Zeichnen und Schreiben.

Die zum Zeichnen und Schreiben nöthige lithographische Tinte setzt sich aus folgenden Bestandtheilen zusammen:

2 Theile Hammelfett,
2   „   weißes Wachs,
2   „   Schellack,
2   „   ordinäre Seife,
1/6 Theil uncalcinirter Ruß.

Man schmilzt das Fett und das Wachs in einem entsprechenden kupfernen Gefäß und giebt dann nach und nach die Seife hinzu, welche man in kleine Stücke geschnitten hat, indem man fortwährend umrührt, bis alles gelöst ist. Dann entzündet man das Gemenge, läßt einige Minuten brennen, löscht die Flamme wieder ab und fügt nun, ebenfalls nach und nach, den Schellack zu. Hierauf rührt man den Ruß hinein, gießt nach inniger Mischung das Ganze auf eine Marmorplatte, rollt aus und bewahrt so zum Gebrauche. Oder man nimmt

30 Theile weiße Seife,
30 „ Hammelfett,
30 „ Mastix,
30 „ Soda,
150 „ Schellack,
12 „ Ruß.

Man macht zuerst die Seife durch Erwärmen flüssig, fügt dann den Mastix unter fortwährendem Umrühren, darauf die Soda, und zum Schlusse den Schellack zu. Wenn Alles gut gemischt ist, giebt man den Ruß hinein, rührt gut untereinander und rollt die Farbe aus.

Oder
12 Theile weißes Wachs,
4 „ Rinderfett,
6 „ Seife,
1¹/₂ „ uncalcinirten Ruß.

Oder
8 Theile weißes Wachs,
2 „ gereinigtes Fett,
4 „ Seife,
2 „ Mastix,
1 Theil venetianischen Terpentin,
2 Theile Ruß.

Oder
8 Theile gelbes Wachs,
20 „ Olivenölseife,
6 „ geschmolzenen Hammeltalg,
40 „ Schellack,
4 „ Ruß.

Diese Compositionen sind vortrefflich und entsprechen den Zeichnern, welche mit dem Pinsel arbeiten, ganz besonders.

M. Knecht hat folgende Zusammensetzung gegeben:

400 Gramm gelbes Wachs,
300 „ Fett,
600 „ Schellack,
100 „ Mastix,
400 „ weiße Seife,
50 „ venetianischen Terpentin,
50 „ Olivenöl,
100 „ feinen Ruß.

Man schmilzt das Fett und das Oel, in welche man nach und nach den Ruß einträgt. Andererseits schmilzt man das Wachs, die Hälfte der Seife und den Mastix, zündet diese Mischung an und trägt während des Brennens den Schellack ein. — Sobald dies geschehen, löscht man die Flamme und giebt auch die andere Hälfte der Seife dazu. Wenn die Masse etwas abgekühlt ist, fügt man den Terpentin hinzu, dann das bereits früher vermischte Fett, Oel und Ruß, und rührt Alles gut durch.

Lithographische Kreide.

45 Theile weiße Seife,
60 „ Fett,
75 „ weißes Wachs,
30 „ Schellack,
15 „ Ruß.

Die Manipulation ist wie bei der lithographischen Tinte.

150 Theile Seife,
150 „ weißes Wachs,
30 „ Ruß.

Man schneidet die Seife in kleine Stücke, ehe man sie verwendet, und legt sie einige Tage in die Sonne, damit sie recht austrocknet. Dann giebt man sie in ein passendes Gefäß, schmilzt sie mit dem Wachse über Feuer und fügt dann den Ruß hinzu.

Oder

200 Theile Marseiller Seife,
200 „ weißes Wachs,
20 „ Schellack,
15 „ Ruß.

Lithographische Kreide nach M. Lemercier.

32 Theile gelbes Wachs,
4 „ gereinigtes Fett,
24 „ weiße Seife,
1 Theil Salpeter in 7 Thln. Wasser
7 Theile Ruß.

Man kocht das Wachs und das Fett, giebt dann die Seife in klein geschnittenen Stückchen hinzu und rührt andauernd. Wenn statt des zuerst erscheinenden grauen Rauches ein weißer Rauch sich entwickelt, nimmt man das Gefäß vom Feuer und giebt anfänglich tropfenweise, dann in größeren Partien die Salpeterlösung zu. — Man kocht dann weiter, entzündet das Ganze mittelst eines glühenden Eisens, läßt fünf Minuten brennen, löscht das Feuer wieder und rührt den Ruß hinein.

Lithographische Kreide nach M. Knecht.

1000 Theile gelbes Wachs,
750 „ Marseiller Seife,
125 „ Fett,
50 „ Schellack,
50 „ venetianischer Terpentin,
30 „ Potasche,
200 „ Wasser,
200 „ Ruß.

Das Verfahren ist dasselbe wie bei der vorhergehenden Farbe.

Radirkreide.

8 Theile weißes Wachs,
3 „ Fett,
6 „ Seife,
6 „ Schellack,
3 „ Ruß,

schmelze Alles gehörig zusammen und füge dann 8 Theile gewöhnliche Lithographie-farbe bei.

Oder

1 Theil Wachs,
2 Theile Fett,
3 „ Wallrath,
1 Theil Seife,
3 Theile Ruß,

25 Theile Wachs,
50 „ Fett,
75 „ Wallrath,
50 „ Seife,
70 „ Ruß.

Autographische Farben.

3 Theile Schellack,
1 Theil Wachs,
7 Theile Fett,
4 „ Mastix,
3 „ Seife,
1 Theil Ruß,

ober

100 Theile gereinigte Seife,
118 „ weißes Wachs,
50 „ Fett,
50 „ Mastix,
30 „ Ruß,

ober

100 Theile gereinigtes Hammelfett,
125 „ gelbes Wachs,
16 „ Seife,
150 „ Schellack,
125 „ Mastix,
16 „ Terpentin,
30 „ Ruß,

oder

  3 Theile weißes Wachs,
  5½ „ Hammeltalg,
  6 „ trockene weiße Seife,
  5½ „ Schellack,
  45 „ Maſtix,
  1 „ venetianiſchen Terpentin.

Farben zum Conſerviren der lithographiſchen Steine.

Man nehme

  125 Theile gelbes Wachs,
  125 „ gewöhnliche Seife,
  125 „ Talg,
  125 „ weißes Harz,

ſchmelze dieſe Subſtanzen in einem eiſernen Gefäße über Kohlenfeuer, zünde ſie einige Male auf kurze Zeit an und ſetze dann unter beſtändigem Umrühren

  125 Gramm ſtarken Firniß,
  250 „ Ruß hinzu.

Farbe für Kreideſteine.

Sie iſt zuſammengeſetzt aus

  330 Theilen Federfarbe,
  200 „ Wachs.

Farbe für Ueberdruckſteine.

  360 Theile Federfarbe,
  160 „ Wachs.

Farbe für Gravirſteine.

  375 Theile Gravirfarbe,
  125 „ Wachsfarbe.

Conſervirfarbe für Steine.

  100 Theile Wachs,
  100 „ Asphalt,
  40 „ Fett,
  20 „ Ruß.

Bei den Lithographen iſt es gebräuchlich, die bunten Farben ſich je nach Bedarf ſelbſt anzureiben und verwendet man hierzu Firniß aus reinem Leinöl und die Seite 181 bezeichneten Farben wie für Buchdruck. Der ſogenannte Goldfirniß iſt ein außergewöhnlich ſtarker Firniß, welcher für ſich ohne jede Miſchung von Farbe gedruckt, und auf den nach dem Druck die Gold-, Silber- oder Kupferbronce aufgeſtäubt oder das Blattmetall aufgelegt wird.

Kupferdruckfarbe

besteht ebenfalls aus Firniß und einer Schwärze, doch ist es hier nicht der leichte Ruß, welcher dazu genommen wird, sondern eine schwerere vegetabilische Kohle. — Man nimmt gewöhnlich solche aus jungen Weinreben, welche gut gebrannt und dann aufs Feinste pulverisirt werden, und vermischt solche mit dem Firnisse.

www.ingramcontent.com/pod-product-compliance
Lightning Source LLC
Chambersburg PA
CBHW021710210326
41599CB00013B/1601